U0236035

中国旅游院校五星联盟教材编写出版项目
中国骨干旅游高职院校教材编写出版项目

西餐工艺与实训

主编　陆理民　副主编　赵世和　高志斌

编　者　胡国勤　孙在荣

刘立新　吴兴树

王　东

中国旅游出版社

编辑出版工作指导委员会

魏洪涛　国家旅游局人事司　司长

段建国　中国旅游协会　副会长

　　　　中国旅游协会旅游教育分会　会长

郑向敏　华侨大学旅游学院　院长

　　　　教育部高职高专旅游管理类专业教学指导委员会　主任

杨卫武　上海旅游高等专科学校　校长

王昆欣　浙江旅游职业学院　院长

贾玉成　桂林旅游高等专科学校　校长

张新南　南京旅游职业学院　院长

狄保荣　山东旅游职业学院　党委书记

谢彦君　东北财经大学旅游与酒店管理学院　院长

李志庄　中国旅游出版社　社长

编辑委员会

（按拼音首字母的音序排序）

陈安萍　陈为新　陈增红　戴桂宝　邓德智　狄保荣　冯　翔
付　蓉　高元衡　黄国良　黄立萍　江　涛　匡家庆　郎富平
梁　赫　刘嘉龙　刘晓琳　芦爱英　任　鸣　邵万宽　孙育红
覃江华　唐志国　王　晞　王德成　王昆欣　王培来　韦夏婵
魏　凯　温卫宁　吴　云　徐云松　张浩宇　张念萍　张润生
赵建民　钟　泓　周春林　周国忠　周延文　朱承强

特邀模块主编

朱承强　王昆欣　黄国良　狄保荣
徐云松　陈增红　邵万宽　钟　泓

出版说明

　　把中国旅游业建设成国民经济的战略性支柱产业和人民群众更加满意的现代服务业，实现由世界旅游大国向世界旅游强国的跨越，是中国旅游界的光荣使命和艰巨任务。要达成这一宏伟目标，关键靠人才。人才的培养，关键看教育。教育质量的高低，关键在师资与教材。

　　经过20多年的发展，我国高等旅游职业教育已逐步形成了比较成熟的基础课程教学体系、专业模块课程体系以及学生行业实习制度，形成了紧密跟踪旅游行业动态发展和培养满足饭店、旅行社、旅游景区、旅游交通、会展、购物、娱乐等行业需求的人才的开放式办学理念，逐渐摸索出了一套有中国特色的应用型旅游人才培养模式。在肯定成绩的同时，旅游教育界也清醒地看到，目前的旅游高等职业教育教材建设和出版还存在着严重的不足，体现在教材反映出的专业教学理念滞后，学科体系不健全，内容更新慢，理论与旅游业实际发展部分脱节等，阻碍了旅游高等职业教育的健康发展。因此，必须对教材体系和教学内容进行改革，以适应飞速发展的中国旅游业对人才的需求。

　　上海旅游高等专科学校、浙江旅游职业学院、桂林旅游高等专科学校、南京旅游职业学院、山东旅游职业学院等中国最早从事旅游职业教育的骨干旅游高职院校，在学科课程设置、专业教材开发、实训实习教学、旅游产学研一体化研究、旅游专业人才标准化体系建设等方面走在全国前列，成为全国旅游教育的排头兵、旅游教学科研改革的试验田、旅游职业教育创新发展的先行者。他们不仅是全国旅游职业教育的旗帜，也是国家旅游局非常关注的旅游教育人才培养示范单位，培养出众多高素质的应用型、复合型、技能型的旅游专业人才，为旅游业发展做出了贡献。中国旅游出版社作为旅游教材与教辅、旅游学术与理论研究、旅游资讯等行业图书的专业出版机构，充分认识到高质量的应用型、复合型、技能型人才对现阶段我国旅游行业发展的重要意义，认识到推广中国骨干旅游高等职业院校的基础课程、专业课程、实习制度对行业人才培养的重要性，由此发起并组织了中国旅游院校五星联盟教材编写出版项目暨中国骨干旅游高职院校教材编写出版项目，将五校的基础课程和专业课程的教材成系统精选出版。该项目得到了"五星联盟"院校的积极响应，得到了国家旅游局人事司、教育部高职高专旅游专业教学指导委员会、中国旅游协会旅游教育分会的大力支持。经过各方两年多的精心准备与辛勤编写，在国家"十二五"开局之年，这套教材终于推出面世了。

中国旅游院校五星联盟教材编写出版项目暨中国骨干旅游高职院校教材编写出版项目所含教材分为六个专业模块：**"旅游管理专业模块"**（《旅游概论》、《旅游经济学基础》、《中国旅游地理》、《旅游市场营销实务》、《旅游服务业应用心理学》、《旅游电子商务》、《旅游职业英语》、《旅游职业道德》、《旅游礼宾礼仪》）；**"酒店服务与管理专业模块"**（《酒店概论》、《酒店前厅部服务与管理》、《酒店客房部服务与管理》、《酒店餐饮部服务与管理》、《酒店财务管理》、《酒店英语》、《酒店市场营销》、《调酒与酒吧管理》）；**"旅行社服务与管理专业模块"**（《旅行社经营管理》、《旅游政策与法规》、《导游业务》、《导游文化基础知识》、《旅行社门市业务》）；**"景区服务与管理专业模块"**（《景区规划原理与实务》、《景区服务与管理》、《旅游资源的调查与评价》）；**"会展服务与管理专业模块"**（《会展概论》、《会展策划与管理》、《会展设计与布置》、《实用会展英语》）；**"烹饪工艺与营养专业模块"**（《厨政管理》、《烹饪营养与食品安全》、《面点工艺学》、《西餐工艺与实训》）。本套教材实行模块主编审稿制，每一个专业模块均聘请了一至三位该学科领域的资深专家作为特邀主编，负责对本模块内每一位主编提交的编写大纲及书稿进行审阅，以确保本套教材的科学性、体系性和专业性。"五星联盟"的资深专家及五校相关课程的骨干教师参与了本套教材的编写工作。他们融合多年的教学经验和行业实践的体会，吸收了最新的教学与科研成果，选择了最适合旅游职业教育教学的方式进行编写，从而使本套教材具有了鲜明的特点。

1. 定位于旅游高等职业教育教材的"精品"风格，着眼于应用型、复合型、技能型人才的培养，强调互动式教学，强调旅游职业氛围以及与行业动态发展的零距离接触。

2. 强调三个维度能力的综合，即专业能力（掌握知识、掌握技能）、方法能力（学会学习、学会工作）、社会能力（学会共处、学会做人）。

3. 注重应用性，强调行动理念。职业院校学生的直观形象思维强于抽象逻辑思维，更擅长感性认识和行动把握。因此，本套教材根据各门课程的特点，突出对行业中的实际问题和热点问题的分析研讨，并以案例、资料表述和图表的形式予以展现，同时将学生应该掌握的知识点（理论）融入具体的案例阐释中，使学生能较好地将理论和职业要求、实际操作融合在一起。

4. 与相关的行业资格考试、职业考核相对应。目前，国家对于饭店、导游从业人员的资格考试制度已日渐完善，而会展、旅游规划等的从业资格考核也在很多旅游发达地区逐渐展开。有鉴于此，本教材在编写过程中尽可能参照最新的各项考试大纲，把考点融入到教材当中，让学生通过实践操作而不是理论的死记硬背来掌握知识，帮助他们顺利通过相关的考试。

中国旅游院校五星联盟教材编写出版项目暨中国骨干旅游高职院校教材编写出版项目是一个持续的出版工程，是以中国骨干旅游高职院校和中国旅游出版社为平台的可持续发展事业。我们对参与这一出版工程的所有特邀专家、学者及每一位主编、参编者和旅游企业界人士为本套教材编写贡献出的教育教学和行业从业的才华、智慧、经验以及辛勤劳动表示崇高的敬意和衷心的感谢。我们期望这套精品教材能在中国旅游高等职业教育教学中发挥它应有的作用，做出它应有的贡献，这也是众多参与此项编写出版工作的同人的共同希望。同时，我们更期盼旅游高等职业教育界和旅游行业的专家、学者、教师、企业界人士和学生在使用本套教材时，能对其中的不足之处提出宝贵意见和建议，我们将认真对待并吸纳合理意见和建议，不断对这套教材进行修改和完善，使之能够始终保持行业领先水平。这将是我们不懈的追求。

中国旅游出版社

2011年3月

目录
CONTENTS

目 录

前　言

在总结多年教学经验的基础上，本教材广泛征求了有关专家委员会及行业权威人士的意见，对相关院校、行业和广大读者进行了充分的调研，确立了编写原则和模式：针对行业需要，以能力为本位、以就业为导向、以学生为中心，着重培养学生的综合职业能力和创新精神。

本教材在体例上突破了传统教材的常规，特别是借鉴了欧美同类教材的体系，具有鲜明的实用性、先进性、国际性、权威性等特征。

本教材共分为10个模块，每个模块下设若干任务，每项任务以"活动"的方式进行；采用了模块描述、学习目标、任务分解、导入案例、主体内容、拓展知识、模块小结、复习与思考的结构模式，突出技能的训练、知识的运用，使学生真正做到"做中学，学中做"，并力求突出以下特点：

（1）从"理实一体化"的教学思路出发，在传承西餐烹调技艺的基础上，强调先行后知，知行合一，由浅入深，循序渐进。

（2）以西餐实用的烹饪技法为主，突出重点，照顾内容的完整性，避免理论的堆砌，强调实用有效的原则。

（3）注重基本功训练与创新能力相结合、教学实践与企业生产相结合，力求将现代西餐工艺知识融入企业实际经营业务背景之中。

（4）顺应"双证制"的要求，兼顾职业技能鉴定标准，将职业教育与职业资格认证紧密结合，避免学历教育与职业资格鉴定脱节。

本教材由南京旅游职业学院陆理民任主编，南京旅游职业学院赵世和、南京苏宁威尼斯大酒店西餐总厨高志斌任副主编。全书由陆理民编写大纲和体例，并进行统稿和总纂，并对部分模块内容进行了修稿和增补。模块一由胡国勤、陆理民编写，模块二和模块五由赵世和编写，模块三由孙在荣、陆理民编写，模块四由高志斌编写，模块六和模块七由刘立新、陆理民、王东编写，模块八由吴兴树、陆理民编写，模块九和模块十由陆理民编写。

　　本教材在编写过程中，参考了国外相关烹饪专业教材以及有关专业人员对西餐工艺研究的部分成果，同时得到了伊莱克斯商用电器公司（上海）的大力支持，在此，一并表示诚挚的谢意！由于编写时间仓促以及编者的水平所限，书中难免有疏漏和不足之处，恳请广大同行、读者提出宝贵意见。

编　者

2013年5月

西餐入门

"良好的开端是成功的一半"。本模块为西餐工艺的初学者专门安排，设计了西餐从业者入门级的知识和技能。通过相关内容的教学和实践，让学生自觉养成职业行为规范、初步形成基本职业素养，为西餐烹调技术的学习和提升打好坚实的基础。

本模块主要学习西餐工艺的入门知识和技能，按入职与入门、步入现代厨房、刀具与刀工分别进行讲解示范。围绕三个工作任务、若干主题活动展开教学和训练，让学生掌握西餐从业人员入门级的知识和技能，具备西餐从业人员的基本素质。

学习目标

知识目标

1 了解西餐的主要特点。

2 熟悉西式烹饪从业人员的职业素质要求。

3 掌握厨房安全基础知识和西餐厨房岗位设置与职能。

4 了解西餐厨房常用的设备与用具的特点与功能。

5 掌握各种刀工与刀法的操作要领。

6 熟悉常用料形的规格标准。

能力目标

1 养成良好的职业基本素养和行为规范。

2 能运用食品安全基础知识做好基本的食品安全工作。

3 能正确使用常用厨房设备与工具。

4 能安全有效地使用各种刀具，熟练运用不同刀法，加工切割常用料形，并符合规格标准。

任务分解

任务一　入职与入门

任务二　步入现代厨房

任务三　刀具与刀工

烹饪专业研修生的选拔

阿联酋阿布扎比某酒店筹备开业，总经理带着人力资源总监、行政总厨来到中国某旅游职业学院选拔烹饪专业研修生，研修期为2年。在研修期间，各研修生享有与岗位相应的薪酬。二年级有部分学生为圆出国梦，报了名，填好申请表，认真做好了选拔准备。

选拔分为操作测试与面试两大环节。操作测试内容为用指定原料在规定时间内完成三道菜肴。操作测试过程中，酒店的总经理、人力资源总监、行政总厨始终在现场，全程观看每位选手的操作，还不时用幽默的语言与操作学生作交流。行政总厨还不停地在每位选手的申请表上详细做记录。面试现场轻松而活泼。参选学生进入面试室，先由学生用英语作自我介绍，然后回答面试官的一些问题，比如，"你为什么要学烹饪?""你最喜欢吃哪道菜?""记忆中你妈妈的哪道菜最好吃?""将来环境变了你还会继续做烹饪吗?""你为什么选择我们酒店?"等等。他们还和学生聊一些轻松的其他话题。

操作测试与面试都结束了，有哪些参选者会成功被录用? 该酒店选拔烹饪专业研修生的标准又是什么?

本次参加烹饪专业选拔的学生共有24位，最终有10位入选。提到选拔烹饪专业研修生的标准，人力资源总监事后告诉我们：操作测试环节，除了测试选手烹调技能、菜肴品质外，还要观察选手的仪表仪容、着装规范，操作过程中的卫生意识、卫生习惯等基本素养，以及原材料的综合利用能力等；在面试环节，除了测试英语交际能力外，还要看选手的专业知识、人文知识、职业礼仪、应变能力，以及选手对烹饪职业认同感、对待企业的忠诚观、对待父母及家人的情感、价值观、团队合作意识等。总而言之，世界顶尖酒店烹饪选才标准体现在一个人的综合能力与素质上。

案 例 分 析

1. 请分析酒店选拔研修生标准的真正意义。
2. 请分析成为一名国际化烹饪人才应具备的综合素质。
3. 请谈谈自己的烹饪职业发展规划。

任务一　入职与入门

任务目标 »

　　了解西方烹饪的起源与发展；掌握西餐的基本特点；了解主要国家或地区的烹饪特色；养成职业基本素养和行为规范；掌握厨房安全知识，能做好基本的食品安全工作。

活动一　认识西餐 ‖‖‖

　　西餐是指以欧美国家尤其是法、英、美、德、意、俄等为代表的外国餐饮的总称。每个国家和地区由于社会经济、气候、地理条件的不同，以及政治、历史和人文状况的差异必然形成各自独特的烹饪方法和饮食习惯，欧美各国也不例外。但由于欧洲各国彼此相邻，历史上他们在政治、宗教、文化以及生活习俗方面早就有着千丝万缕的联系，并相互渗透，相互影响，在烹饪技艺交流方面尤为突出。因此，在菜点制作方法上和饮食习俗等方面有许多共同之处，于是人们就把欧美各国餐饮统称为西餐。

　　与中餐一样，西餐也有其悠久的历史，有产生、兴旺、衰退、再兴旺的发展过程。作为一名现代西餐从业人员，有必要对它的产生和发展过程做一些了解、研究，这对提高我们的西餐烹调技艺和餐饮服务水平，认识西方饮食文化，继承和发展前人开拓的事业，有很大的帮助。

（一）西餐烹饪的起源与发展

　　根据西方史学家和烹饪学家的研究，欧洲烹饪的起源与发展大致经历了以下几个时期。

1. 西餐烹饪起源于古埃及

　　埃及是四大文明古国之一，那里蕴藏着许多人类古老的文化。在西餐烹饪史上，有文字记载和实物佐证的最早阶段在古埃及。公元前 2000 年，埃及的城市已经出现，在当时城市的遗址中就发现有厨房和餐厅。尽管没有那个时期有关厨师的书籍、手稿和照片的记载，但金字塔里用象形文字撰写的墓碑铭文告诉人们，早在几千年以前，烹调艺术在埃及就已闻名于世。金字塔铭文中记载了当时尼罗河流域丰富的物产，包括蔬菜、水果、鱼类和禽类等，以及闻名遐迩的面包制作业和糖果业。当时包饼师很受人们的尊重，许多包饼师都是众多宴会里的政客。亚述人的国王撒丁最先创办烹调比赛，并提供成千的黄金奖赏那些创造新食品的人。果酱的制作最早是埃及人用波斯上好的水果加糖和酒制成，然后用精美的黄金器皿盛装，用于各种宴会。古埃及人创造的一些食品被人们一直食用到现在，并在世界各地菜单中继续发挥着重要的作用。

2. 西餐烹饪兴起于古希腊、古罗马时期

在欧洲，古希腊率先踏进人类文明的大门，这也许同它最先从埃及人那里先行学习先进的烹调和餐饮服务艺术有关，因为饮食文化的发展是人类文明发展的前提。由于人文地理的关系，古埃及的烹调艺术首先传给了地中海彼岸的古希腊人。大约在公元前 10 世纪的"荷马时代"流传的神话中，就有关于面包、烤肉和美酒的餐饮场面描述。公元前 5 世纪，古希腊人在继承和发扬古埃及烹饪文化的基础上，逐渐形成了自己的烹饪艺术特色，无论烹调方法还是烹饪原料的选用都比以前有很大的发展。古希腊烹饪艺术的产生和发展为以后西餐烹饪、餐饮服务的兴起和发展打下了基础，提供了模式。

18 世纪以前的欧洲，很长的历史时期内，影响人们饮食方式变化最主要的因素是政治因素，古希腊、古罗马烹饪艺术的兴起和饮食方式的变化便是如此。

公元前 8 世纪 ~ 公元前 6 世纪，古希腊发生了一次重要的移民运动，各城邦对外迁徙人口，移民分东、西、南 3 个方向，南面是埃及、利比亚，西面是今意大利南部和西西里岛（意大利是古罗马的发祥地），东面是黑海沿岸。公元前 70 年恺撒当选为古罗马帝国的执政官，公元前 45 年恺撒统治了古罗马全境，公元前 30 年，屋大维执政的古罗马帝国完全控制了古埃及。由于受到古埃及文化和古希腊文化的熏陶，古罗马帝国的饮食文化也发生了很大变化，烹饪技术和厨师的社会地位得到很大提高。

大约公元前 2 世纪，古罗马帝国宫廷的御膳房已经有了较细的分工，基本上由包饼、酿酒、菜肴和果品 4 个专业部门组成,其总管的身份与贵族大臣等同。公元 1 世纪以后,古罗马的烹调在食谱与烹饪方法上是最好的,这些都是从古希腊人那里及欧洲最早的烹饪书中学到的。古罗马人发展了他们的食谱,较之于古希腊更认真、更完美。到了 4 世纪,他们的宴会和饮食已极其奢侈,相当繁荣,为烹饪发展鼎旺盛时期。可以说古老的意大利饮食是传统西餐的鼻祖。

3. 中世纪以后西欧烹饪文化的发展

公元 475 年,西罗马被日耳曼民族所灭。公元 6 世纪初,日耳曼人建立了当时西欧最强大的国家——法兰克王国。公元 843 年,法兰克王国被国王路易的 3 个儿子瓜分成 3 个国家,即现在的法国、意大利和德国。随着罗马帝国不断征战以至衰落,烹饪艺术、文学艺术等都有所下降,只有修道院在保留这些艺术的活动方面起了积极的作用。公元 8 世纪末,查理大帝曾对朝圣者的投宿发布过一道敕令,命令通往朝圣地沿途的修道院和教会要设置接待朝圣者的设施,当时接待设施中有食堂、寝室、高级化妆室、面包房、酒店和啤酒冷藏室等。现代欧洲饭店起源于修道院之说,大概出于此。同时,基督徒加伦在瑞士以他精湛的烹调技艺,创办了第一所烹饪培训中心,闻名于世。

古希腊、古罗马文明带动了全西欧文明化。在饮食文化领域,罗马人的许多生活习惯、习俗礼节和烹调技艺很快传给了英国人。公元 5 世纪中叶起,法兰克王国的盎格鲁人、撒克森人和裘特人等日耳曼部落渡过北海入侵不列颠。日耳曼部落的入侵和扩充,发展了早期不列颠的烹饪文化。1066 年诺曼底公爵威廉征服英国,登上英国王位,开始了英国历史的"诺曼征服"时期。诺曼人进入英国是英国烹饪发展的转折点,他们把罗马人的许多生活习惯、生活方式和烹饪艺术带到了英国,对英国的饮食文化产生了极大的影响。英国烹饪学家认为,威廉一世大部分的食物制作法是从诺曼人那儿学来的,自然他的贵族们也同样如此。14 世纪的手抄食谱显示了法国烹饪对英国烹饪在术语和加工方法上的巨大影响,食谱记载的都是精美的菜肴,这就要求厨师有一定的艺术素养。英王查理二世时期,由有名望的厨师们编写的《烹饪技术要素》一书中就描述了许多流传至今的精美食品的制作方法。

中世纪英国食谱的另一个重要特点是懂得了怎样用香料和调料。从 11 世纪末开始的长达 2 个世纪的"十字军"东征,加强了东西方文化交流。"十字军"带回了大量关于使用香料、海枣、无花果、杏仁、果子露及蜜饯而使食物更加"文明"的技术。这些东西后来也成了那些从未离开英国本土的人们的必需品，使富人们的饮食更加丰富多样。

16 世纪英国烹饪开始走下坡路，其间发生了一些历史事件间接地影响了英国烹饪的发展，最重要的事件是 1534 年亨利八世拒绝罗马教皇的控制，解散了寺院。与罗马和其他天主教国家关系的破裂，意味着许多外来影响的结束。英国的民族个性以及岛国性有所发展，从而间接地影响了饮食习惯。

同样影响重大的是发生在 16 世纪 60 年代的抗议新成立的英国教会主教派组织的事件，清教徒运动取消了所有的筵席和宴会的习俗，而且圣诞节都被取消了，连酒和香料也遭到反对。对清教徒来说，任何肉体上的享受都是污浊的、实利主义的，都负有破坏英国优良的精神传统的罪名。更严重的是，他们对烹饪事业没有兴趣，缺乏支持。英国烹饪在清教徒的影响下从此停滞不前，中世纪以后没有什么发展和改变。

正当英国烹饪事业受到阻碍、遭到破坏的时候，法国的烹饪艺术竟不可想象地赶上了英国。1533 年，法王亨利二世娶了酷爱烹调艺术的意大利豪门闺秀凯瑟琳·美黛丝。美黛丝随身带去了许多著名的厨师，把意大利式烹饪技艺也带到法国，法国人从意大利人那里学到许多精湛的技艺，从此，富有传统色彩的法国烹饪与处于领先地位的意式烹饪二者有机融合，开创了法国烹饪的新时期。法国烹饪从此不断发展，到 17 世纪末，法国第一流的烹饪已在整个世界闻名。

法王路易十四的热心倡导奠定了西式传统烹饪法的基础。路易十四经常发起宫廷烹饪大赛，王妃还亲自给优秀厨师授勋，奖给蓝带金奖（Gordon Bleu），大大提高了厨师的社会地位，这种比赛受勋习俗一直保留至今。此后的路易十五、路易十六子承父业，人称"饕餮之徒"，于是上行下效，社会闲僚都以美食为话题。在这样的环境下，涌现了很多著名的厨师，大家争奇斗巧，创造出了许多美味佳肴。更重要的是，在这一时期一些有影响的美食家撰写出不少优秀的烹饪专著，餐桌上正式启用刀、叉、匙。这一切奠定了以后几百年中法式烹饪领先于欧美其他各国的崇高地位。

一流的法国烹饪艺术包括完美的计划菜单、优越的自然条件、新鲜高级的原料、厨师的天才和艺术修养、完美的礼仪，精细而又营养均衡的美味佳肴，以及具有较高欣赏能力和素养的美食者。

4. 近代欧美烹饪的发展

进入 18 世纪，欧美等国家已发展到相当高的文明时期，人们的生活习惯和生活方式也发生了很大的变化。

影响 18 世纪饮食方式变化的因素是多种多样的，但与以前不同，这时的变化主要是由于原料的因素而不是政治因素。在西欧，农业的发展，使一年四季都有优质的鲜肉供应，面粉的质量也有所提高，穷人吃的黑面包逐步被白面包所代替。殖民主义国家从殖民地国家和地区掠夺廉价食物原料，大大改善了人们的食谱，如食糖大量供给、价格下降，茶叶的销量也超过了咖啡和可可。到 19 世纪，茶已是标准英国餐式中的必备饮品，饮茶已成为英国人的一大饮食习惯；大量的鲜肉供应对传统烤肉方法的确立起到了积极的作用；尤其重要的是，从 17 世纪开始，土豆已成为西欧的主要食品：土豆首先在欧洲被广泛地种植和食用，对西餐烹饪的发展产生了重大影响，土豆的加工、烹调大大地增加了西餐食谱，土豆从此开始进入西式传统菜肴，土豆的多样烹饪也是形成西餐独特风格的一个重要因素。

另一个因素是欧洲的产业革命使西欧的饮食业得到很大发展，饮食方式发生了很大的变化。从 18 世纪中叶到 19 世纪初，英国发生了人类历史上史无前例的工业革命，促进了城市规模的迅速增长，促进了食品工业规模和品种的发展。农民大批进入城市，大量购买进口食品，中产阶级人数不断增多，都可看作 19 世纪欧洲烹饪发展的动力。不断增长的城市人口的吃饭问题成了食品工业发展的新动力。易腐食品难以大量贮藏和销售，所以要求食品工业发展新的贮藏方法。经过多年试验，脱水食品、罐头食品以及冷冻食品终于成功地送上餐桌，这些新型食品的发展同时带来了面包、黄油和牛奶加工的技术革新，又很快使得厂商们生产出罐装炼乳和奶粉。此时，一些快餐食品也孕育而出，如汉堡包、热狗、三明治等，冰淇淋已是当时普遍受青睐的新奇食品。

烹饪著述方面，生活方式的改变使得早期的烹饪书籍过时，因此需要编写新的食谱，法式烹饪在整个西餐烹饪术语方面影响相当大，凡是有些资历的作者都懂得并使用基本法语术语。当时影响较大的有著名的法国烹饪大师卡雷姆、于德、弗朗卡特利、索耶尔、艾斯可菲，他们纷纷出版菜谱书籍，并为职业厨师提供对古典法国烹饪详细阐述的烹饪书籍。许多大师不仅从法国、英国，还从意大利、西班牙、德国、俄罗斯以及斯堪的纳维亚半岛吸收最新烹调方法来改善本国的烹饪，在寻求革新的过程中，他们又不断收集本国本土的一些地方名菜。

都市文化生活的产生和发展，为传统的手工烹饪操作提供了更多的场所和更广阔的前景。自 16 世纪法国烹饪在西餐领域里一直独领风骚并影响到整个欧洲各国的饮食文化，进入 18 世纪，法国文化迅速崛起，成为当时欧洲文明最高水平的代表者，在烹饪方面更是如此。1765 年，一位名叫布朗格的人首先在巴黎的布利街开设了法国第一家小餐馆，小餐馆起初以出售各种各样的热汤作为速效营养食品，颇受群众欢迎，布朗格一举成名。一百多年以后英国也有了这种小餐馆，即 1873 年的伦敦威特利餐馆。自 19 世纪，各种咖啡店、小餐馆、小酒馆、小饭店在欧洲各国如雨后春笋，越来越多，繁荣了饮食市场。法国大革命后，贵族大多数衰落，小餐馆生意更加兴隆，门庭若市。当时最有名的是一位法国厨师开设的维里埃酒店。

餐馆业的兴起是近代西餐烹饪发展的一个重要标志，也是推动烹饪艺术继续向前发展的巨大动力。当时兴起的小餐馆除供应人们的饮食之外，还兼为贵族和富裕阶级培养和提供厨师，兴旺的餐馆业为有影响、有技术的法国厨师提供了施展才能的机会，由于法式烹饪在西餐中具有至高无上的地位，许多餐馆都纷纷聘任法国厨师掌勺，其中最有影响、最受欢迎的厨师是艾斯可菲（1847～1935 年），他在继承和创造西餐烹制方法等方面起了很大作用，他设计的菜谱一直沿用至今。

1899 年，艾斯可菲在助手的帮助下，在卡尔顿酒店试行"点菜"。过去那种把菜一次性全摆在桌上的方式被取消了，每道菜的内容也不再是固定不变的了，饮食清单当时已称为菜单，菜单上排着一道道菜，每道菜仅包含一两样精美的主食。由此发展起来的菜式和服务方式与过去全然不同了，各种各样能随时做好的菜肴层出不穷，并能依靠配料和调味品变化出各种花色，艾斯可菲借助法国烹饪建立了新的餐食制。

近代西餐烹饪发展还有一个重要特征，就是西餐烹饪的外延范围不断扩大，对世界各地的影响也越来越深。自 15 世纪哥伦布发现美洲大陆后，西班牙、法国、荷兰、英国等国殖民者相继入侵，殖民者争夺殖民地的斗争最终以英国人在北美占优势而结束。随着大批英国人的迁入，英国饮食文化在北美扎了根，现代西餐中的美国菜式是在英国烹饪的基础上发展起来的。由于美国人思想开放，富有不断进取、改革、创新的精神，而不是故步自封地保守英国的生活习俗和饮食习惯，对菜肴制作不断改良，因此，逐步形成了独具风味的美国菜式。美国烹饪的独到之处主要表现在色拉的精制和食用考究，以及利用新鲜水果入馔。

与此同时，随着英法等发达资本主义国家在海外大批建立殖民地，欧洲餐饮文化也影响到大洋洲、非洲以及亚洲等许多国家和地区，甚至同化了当地的饮食。

从19世纪以后欧洲各国的菜肴特色和饮食风格就基本定型了。

5. 现代欧美餐饮发展的趋势

从20世纪开始，特别是近半个世纪以来，随着国际间政治、经济、文化交流的日趋广泛深入，欧美饮食文化流传的范围也更广了。更重要的是生产的机械化、自动化程度日益提高，烹调工艺不断进步，特别是现代食品营养学和食品化学、生物学在饮食生产中的广泛运用，体现着欧美餐饮已进入了新的发展时期，其中由传统烹饪派生出来的西式快餐业和食品工业的兴起是现代西餐发展的一个重要标志。

（1）厨房设备的现代化和食品生产的机械化。厨房设备的现代化和食品生产的机械化对西餐烹饪的发展起了如虎添翼的作用。

在欧洲工业革命以前，由于厨房设备简陋、炊具单调，烹饪者较少使用煎、炸和烘烤等工艺，尤其是家庭更谈不上酿、腌、卤泡或罐藏食物。

欧洲古老的烤肉方法，是把肉、鱼、野味包上泥土放入窑中烧，或用叉子叉着食物在炭火上烤，面包、糕点、馅饼是在砌在墙里的砖炉里进行烘烤的。19世纪中叶，出现了一些专用炊具，如鱼锅、汤锅、土豆蒸锅、炒蛋平锅，以后又普及了隔水炖锅、各种各样制作果冻及奶油冻的模子、各种切菜的刀，以及馅饼盘等，虽然当时已发明了绞肉机，但别的省力器械还鲜为人知。到了20世纪，建筑师们开始更多地考虑厨房布局，注意到了总体的设计，厨房有炉灶台、切配台、出菜台，必备的炊具可固定放在工作台下面的柜子或抽屉里，煤气炉和电炉也有了很大的改进，炉灶绝热性更好，煤气灶和火头的使用效率也更高了，各种烤箱日臻完善，并出现了铁扒炉。

科技的进步改进并更新了烹调用具，出现了粉碎机、搅拌机、刨片机、切菜机、去皮机等机械。电气设备有了高压锅，还有可以调温的油炸炉。烹调设备的改善对烹饪方法产生了重大的影响，煮、炖、烤、煎、炸、烘等烹饪方法运用起来都比较容易达到更可靠、更理想的效果。

虽然烹调设备和工具在不断地发展变化，但就烹调艺术而言，这些烹饪条件的变化，不可能完全改变某一地区、某一民族的烹饪特色和烹饪技艺，因此，地区性、民族性的烹饪特色仍然会作为值得珍爱和保护的文化遗产流传下去，许多传统西餐的烹制方法沿用至今便是证明。

（2）现代科学知识的运用。人类社会发展到 19 世纪末，无机化学、有机化学、分析化学和物理化学相继产生，尽管各个国家、地区、民族都仍然按照祖宗遗传下来的生活方式去饮食，然而，化学革命还是对烹饪带来了冲击。首先从分子甚至原子层次上触动了古老的营养科学，回答了人类"为什么要吃"、"吃什么"、"怎样吃"，从而在总结传统营养科学成就的基础上产生了近代营养科学。在人类饮食文化中，最早最具体地应用营养科学的是西餐烹饪。

合理膳食、平衡营养与饮食卫生是现代烹饪的重要组成部分，人们不仅要接受卫生科学的告诫，还要接受营养科学的指导，遵守营养科学的规律。在现代西方国家，不论从客人点菜用的菜单还是销售的食品，人们都不仅可以清楚地看到主料、辅料、调料的名称，还可以看到其中所含的各种营养成分，甚至具体的数量及配比。在营养科学的指导下，人们不断创造出规格化、标准化食谱，并在烹调中采取更科学的操作程序和烹调方法，尽量减少营养的损失，另外还研制出许多食品添加剂、改良剂和强化剂等，它们的运用既丰富了食品品种，又对改良食品品质和丰富食品营养起了很大的作用。

总之，现代科学技术和营养科学知识的广泛运用是现代西餐烹饪发展的一个重要标志，也是推动人类饮食更健康、更文明地向前发展的强大动力。我们应迎头赶上世界先进潮流，在挖掘和继承前人传统烹饪技术的基础上，不断学习，钻研业务，不断提高自身的专业技术水平。

（二）西餐的主要特点

随着科技、文化、经济的飞速发展，尤其是交通、通信的快速便捷，世界范围内的交流日益广泛和深入。人类的饮食也在不断变化，各式餐饮相互学习、相互借鉴、相互融合，逐步打破门户之见，趋向一个共同的目标——合理烹饪与合理膳食。西方餐饮的发展变化很快，可以说日新月异。同时，食用西餐的地区很广并不断扩大，各地区之间的差异很大。故而很难全面准确地概括出西餐的特点。如果要让大家认识西餐，就一定要谈西餐的特点，因此，只能把西餐发展到最接近现阶段的状态与同期中餐的状态相比较，从整个西餐状态中找出它们的共同之处，但是，与日益发展变化的西餐现实相比，总还是有一段距离的，有待进一步丰富完善。

1. 用料精选

西餐选料精细，在质量与规格上要求很严，特别是对动物原料，善于根据其不同部位的肉质特点采用最合适的加工烹调方法。家禽通常只用腿与胸部；水产鱼类通常要斩头去尾，去皮去骨；家畜肉类十分讲究部位的选择，尤其是牛扒，主要选用腰背部加工制成，包括西冷牛扒、排骨牛扒、总汇牛扒、T骨牛扒、石本口牛扒、牛柳扒等，羊排、猪排则选用肋背部加工制成。

2. 香醇浓郁

西餐的基本风味以香醇浓郁为特征。"中菜宜于口，西菜宜于鼻，和菜宜于目"道出了中、西、日三类菜的基本风味特征，西餐的特点突出地表现在气味上，芳香浓郁。

（1）特殊原料的使用。

①广泛使用乳品。西餐从菜肴到点心，从冷菜到热菜皆大量使用乳品。牛奶大量用于汤、少司、甜品中；芝士（cheese）有一种独特的浓香，尤其是经过烤或焗后，香气四溢，是西餐常用的原料；还有黄油、奶油、酸奶油等品种。乳品的普遍和大量使用，使得西餐菜、汤、点心都具有浓郁的奶香味。

②大量使用酒类。"西餐用酒如用水"这句话虽有点夸张，但说明了西餐用酒之多，尤其是法国菜，特别讲究酒的运用，讲究不同的原料使用不同的酒进行调制，例如，"法式红酒鸡"是把红酒当水用的。西餐中的很多汤、菜点，尤其是少司，都用大量的酒来调味，因而带有浓烈的酒香气味。

③大量使用香料。西餐香料品种繁多，洋葱、胡萝卜、芹菜被称为"三大蔬菜香料"，使用极其广泛，它们相当于葱和姜在中餐中的应用；香叶、百里香草、鼠尾草、玫瑰玛丽香草、他拉根香草、番茜、玉桂、紫苏、莳萝、薄荷、丁香、胡椒、芥末、番红花、辣椒粉、甜椒粉、香油等，都是常用的香料品种。实践中，也讲究各种香料在不同菜肴中的使用，尤其是在法国菜中。香料的运用，是形成西餐特殊风味最为关键的因素之一。

（2）独特烹调方法的运用。西餐中代表性的烹调方法有铁扒、烧烤、烘烤、焗等，铁扒最为典型。这些方法的运用，使原料表面迅速脱水而焦化，形成焦黄（或金黄）色的外表，产生浓郁的焦香气味。

3. 工艺独特

（1）烹法独特。不同于中餐，西餐烹调方法独特，因此其制品风味别具一格。其中，铁扒是西餐中最为典型的烹调方法，因此，正宗的西餐厅也被称为"扒房"。

（2）料形粗大。原料通常加工成大块，如各种牛扒、羊排、猪排、鸡排、鱼柳和鱼排等，一般重量达 100 ~ 200 克，甚至更重，有时就保留整块（如家畜的腿、肋背）、整只（如家禽）、整条（如牛柳）加热制作，很少像中餐一样，将原料切成细小的料形。

（3）投料和操作规格化、标准化。食谱中的各种原料要求精确，操作过程中，使用称量工具严格按照标准分量和规格对原料进行称量、分份，并按照规范的操作程序进行加工制作，这样，确保了成品的量和质，同时有利于成本的控制。

（4）主、配料分别制作。主菜的主、配料通常都是分开单独加热烹制的，如一份西冷牛扒，主料西冷上扒炉扒制，土豆则进烤炉烤制，应时蔬菜入锅炒制，最后再分别装入同一菜盘中。

（5）少司另制，确定口味。少司，即"调味汁"，由专门的少司厨师单独调制，一般不与主、配料一起加热制作。装盘时，浇于主料上，或盛入少司盅随菜一起上桌。

4. 讲究老嫩

西餐，尤其是法国菜中，有些肉类（包括牛、羊、鸭胸及部分野味）非常讲究生食、嫩食，常见的成熟度有：生、四成、五成、七成、全熟。

5. 设备考究

由于烹饪工艺特殊，西餐对于设备、工具要求较高，现代化的设备和工具充分体现了人性化的设计，安全高效、省事省力、节约人力。

6. 就餐别致

（1）就餐形式。西餐的就餐形式包括正式宴会、冷餐酒会、鸡尾酒会、自助餐、点菜、套菜、快餐等，它们各具特点，适应于不同场合、不同阶层、不同对象，并且已影响到传统的中餐用餐方式。

（2）餐具与餐桌。以刀、叉、匙为主要用餐工具，并且每道菜均有相应的餐具，特殊菜肴配专用餐具；餐桌以方桌、长条桌为主。

（3）上菜顺序。西餐的上菜顺序为：开胃头盘（Appetizer）、汤（Soup）、副盘／鱼盘（Entréeée/Fish）、主菜（Main Course）、甜品（Dessert/Sweet）。有时在副盘和主菜之间安排一道雪吧（Sherbet），以清洁口腔，从而更好地品尝主菜，有时也在主菜和甜品之间加一道芝士，以增加营养。

（4）酒水搭配。西餐对于酒水的搭配非常讲究，正式就餐前有开胃酒；餐中有佐餐酒，主要是葡萄酒，水产等清淡鲜美的菜肴配白葡萄酒，味浓的肉类菜肴配红葡萄酒；餐后有甜酒。

（5）食制。西餐菜肴在烹调时进行各客加工，各客上桌，是典型的分餐制，这是一种安全、卫生、合理的用餐方式，且已冲击着传统的中餐用餐制——共食制。

（6）氛围。西餐厅宁静、幽雅、温馨、浪漫，完全不同于中餐厅的热闹、祥和。

（7）就餐礼仪。西餐的就餐礼仪体现在衣着、礼品、问候、言谈举止、吃法吃相、敬酒、道谢道别等方方面面，很多方面与中餐有着天壤之别。

7. 营养卫生

（1）选料讲究、搭配合理。西餐选料多选营养丰富的原料，如西餐点心多用鸡蛋、牛奶、奶油、水果、糖、面粉、巧克力等作原料，几乎不用水。西餐讲究原料搭配，主餐的大菜通常由肉类、淀粉类、蔬菜类、少司组成，搭配合理，营养丰富而全面。

（2）料形粗大，营养损失少。一般来说，烹饪原料切得越细，对原料细胞破坏越大，细胞汁液流失越多，营养素损失越多，西餐多使用大块原料或整只、整条原料加工制作，这样可以减少原料在切配、清洗、加热过程中营养素的损失。

（3）讲究科学的生食嫩食。西餐更多地从有利于人体健康的角度考虑生食嫩食，如肉类，除牛肉、羊肉外，家禽、猪肉等要求全熟，因为，牛与羊是纯草食性动物，肉里的寄生虫、细菌含量少，嫩食不危害健康。同时，牛羊肉在嫩食时必须放消毒杀菌的调料。西餐蔬菜生食的较多，生菜、黄瓜、西红柿、洋葱、西芹、包菜等最为常见。

（4）各客制安全卫生。西餐每人一份，避免了共食制交叉污染的可能性，无疑是先进合理的，代表了全人类就餐方式的发展方向。

（5）每道菜一副餐具。用刀、叉、匙作为进食工具是西餐的一个显著特征，而且是一道菜一副餐具，吃一道菜，换一副餐具，以保证各菜各味，避免串味，这显然要比冷菜、热菜、点心或吃鱼吃肉全靠一副筷子合理、卫生。

另外，汤安排在前，这样有利于胃酸分泌，刺激食欲，有助于消化吸收。

当然，无论哪种餐式，都有其合理性与不合理性两个方面，关键在于我们要善于发现，善用总结，不断改良，使之日趋完善。

（三）欧美主要国家的餐饮特点

由于历史的原因，西方各国餐饮在世界上流行较广，影响较大的主要有法国菜、英国菜、美国菜、俄罗斯菜和意大利菜等。

1. 法国菜

法国菜是国际上公认的传统的、典型的、正宗的西餐代表。几百年来，法国烹饪一直引导着西餐的新潮流，在西餐历史上占有极其重要的地位。

法国人的早餐通常是典型的欧陆式早餐，法式面包和热饮料是早餐的主要食品。但是法国人对午、晚餐比较重视，特别是晚餐，通常要吃好几道菜肴，菜肴的质量要求较高，一般餐后要有冰淇淋、水果、咖啡、薄荷酒等，用餐时间长，讲究排场。

法国人除了平时把酒当作饮料外，在餐桌上也备有各种酒类，而且讲究菜肴与佐餐酒的搭配。在烹调过程中，也必须采用相应的酒来调味，如清汤通常配雪利酒；海鲜水产多配白葡萄酒或白兰地；家禽肉类应配雪利酒或麦台酒；野味要配干红葡萄酒；火腿、火鸡则配香槟酒；各种点心和水果多配甜酒等。

传统法国菜的特点是：选料广泛，用料新鲜，烹调讲究，装饰美观，品种繁多。现代法国菜在口味、色彩、调味等方面都有新的发展，口味偏淡，色彩偏重原色、素色，汤菜讲究原汁原味，不用有损于色、味、营养的辅助原料；特别注重少司的制作及香料、酒的运用；法国菜常用地名、物名、人名来命名，佳肴典故，相映成趣。鲜嫩的小牛肉、牛肉、羊肉、鸡鸭鹅、海味水产、蛋类及各种水果和时鲜蔬菜等一般在法国菜里都有运用。法国人还非常讲究蔬菜的运用，每道荤菜里都要配上 2～3 种不同的蔬菜。

由于法国人偏爱生嫩食品，故调料方面，特别是杀菌消毒助消化的调料用得较多，如生洋葱、蒜头、芥末酱、白醋、各种酒类等。

常见的法国菜有鹅肝酱、洋葱汤、牛肉菜汤、海龙王汤（马赛鱼羹）、巴黎龙虾、焗蜗牛、蒜头烤羊腿、各式牛扒、法式红酒鸡、拿破仑千层酥等。

2. 英国菜

英国人的传统习惯是早晨起床喝一杯浓红茶——也称"被窝茶"。早餐为典型的"英式早餐"或称作"皇式早餐"，主要有果汁、麦片粥或玉米片、各类鸡蛋带培根或火腿、面包、咖啡或红茶等。午餐比较简单，往往是一个汤、一道菜、咸面包或吐司、咖啡等，有时甚至吃些三明治等快餐。一般情况下，英国人在下午四五点钟有喝下午茶的习惯，同时要吃些蛋糕、三明治、饼干之类的点心。英国人对晚餐比较重视，往往当作正餐。晚餐时，有质量较高的烧烤禽类和牛排等大菜，有海鲜小盆，有汤，甚至有冷盘，还有一道大家喜爱的甜点。

英国人用餐讲究菜肴的质量而非数量，讲究花色搭配。英国菜的特点是清淡少油、鲜嫩焦香，烹调中很少用酒，其他调味品也少用，盐、胡椒粉、色拉油、芥末酱、醋、辣酱油、番茄少司以及各种酸果等调味品都放在餐桌上，由客人用餐时自己选用。选料喜用牛肉、小牛肉、羊肉、鱼虾、家禽肉、野味、蛋类以及番茄、黄瓜、生菜等各种时鲜蔬菜。英国人爱吃点心，特别是各种松软的隔水蒸的热布丁。

英国的传统名菜有：爱尔兰烩羊肉、英式各色铁扒、西冷牛排鳀鱼黄油、英式焗鱼蘑菇少司、牛排腰子布丁、烤羊鞍、栗子司刀粉烤火鸡、明治派等。

3. 美国菜

虽然美国菜脱胎于英国，并且其历史也不太长，但美国人善于汲取他人之长，勇于改革创新，因此近百年来美国在经济飞速发展的同时，在饮食方面也很快显示出自己的特色，而且对世界的影响越来越大。在西餐中，美国餐式事实上已成为一个独立存在的餐式了。

美国人的早餐结合英式早餐，再加上各种果汁、瓦夫饼、热饼、油炸水果、唐纳子等而有美式早餐一说。午餐以快餐、便餐为主。汉堡包原是 19 世纪 50 年代由德国移民带入美国，历经上百年演变，已成为典型的美国快餐食品。晚餐比较丰盛，大致与英国人相同。

美国人喜爱甜食，尤爱吃冰淇淋。对色拉感兴趣，色拉原料大多采用水果，如香蕉、苹果、梨、菠萝、柚子、橘子等。对西红柿尤为钟爱，或生食，或做色拉，或夹在汉堡、热狗、三明治中，在吃面包、牛排、炸土豆条和面条时，常伴以大量番茄少司。

美国菜的特点是咸中带甜，其突出的特色：一是水果广泛地用作主、配料；二是"铁扒"类菜肴（杂扒）较普遍；三是各种色拉制作较讲究。美国人对辣味不感兴趣。

常见的名菜有：华尔道夫色拉、橘子烤野鸭、苹果烤鸭（或鹅）、美式什锦铁扒、菠萝丁香焗火腿、华盛顿奶油汤等。

4. 俄罗斯菜

由于受民族习惯和地理位置的影响，传统俄国菜与英、美、法等国家的菜肴差别较大，有其显著的特色。

俄国人一般对早餐和午餐较为重视，而晚餐则比较简单。早餐通常少不了一杯酸奶、烤面包或黑面包、各种蛋类配火腿或香肠等，点心喜爱奶渣或奶渣饼，糖油煎饼和糖油吐司也爱吃，最后喝一杯咖啡或红茶。午餐一般要有冷小吃、汤类（主要是各种红菜汤）、主菜、甜点（主要是一杯带有汤汁的各种"烩水果"或"山楂冻"），外加饮料等。而晚餐则较简单，一般不喝汤，仅有一个冷盘或一道主菜，甚至吃些炒土豆配酸包菜或酸黄瓜等，外加一点发面点心或其他干点心、一杯红茶即可。绝大多数俄国人爱喝烈性酒，如"伏特加"、"白兰地"等，而且酒量大，一口一杯，一饮而尽。俄国人用餐时间较长，尤其是晚餐。

俄国菜偏咸、辣、酸、甜，口味重，油腻大，所以烹调上大都用酸奶油、奶渣、柠檬、酸黄瓜、白醋、辣椒、黄油、小茴香、香叶、黑椒籽等作调味品。常用的烹调方法有：烩、焖、炸、烤、煎、炒等。

俄国人特别喜食三文鱼、咸鲱鱼、红黑鱼子酱及用碎肉或老蛋碎和包菜碎混合制成馅心的炸发面包子。常用的原料有猪肉、牛肉、小牛肉、羊肉、海鲜水产、家禽、野味及土豆、包菜、红菜头、黄瓜、番茄、洋葱等，但肉类、家禽和各式肉饼非要烧得很熟很透才食用。

俄式传统名菜很多，如：黄油鸡卷、罗宋汤、莫斯科红汤、俄式冷盘、高加索羊肉串、莫斯科蔬菜色拉、俄罗斯牛肉丝面等。

5. 意大利菜

古往今来，意大利人形成了自己独具一格的饮食习俗，意大利烹饪是欧洲烹饪的始祖，意大利传统烹饪对现代法国烹饪的影响是巨大而深远的，一些法国菜显然带有意大利菜的特点。历史悠久、不断创新的意大利烹饪技艺的确可与法国烹饪技艺相媲美，在世界上享有很高声誉。

意大利人的早餐很简单，往往是一杯咖啡、一块夹火腿的面包。午餐是一天的主餐，以面食为主，选择很多。晚餐通常八九点开始，是午餐的浓缩。

面食多、花色丰富是意大利菜的突出特点，各种意大利面条、馄饨享誉世界。烹调方法常以焖、烩、炒、焗为主，煎、炸、烤、铁扒等方法较少使用。调味品以盐、胡椒粉、番茄酱（少司）、橄榄油、红花粉为主，其他调料则较少使用，因而菜肴呈现原汁原味的特点。意大利盛产芝士，因此许多菜肴都用芝士调味。由于意大利还盛产香肠，故许多菜肴又用香肠当配料。意大利人忽视蔬菜，这与法国人有较大区别。

传统意大利名菜有：米兰猪柳、意大利杂菜汤、意大利味饭、意大利焗鱼、意式焗鸡面、肉酱意粉、各色通心粉、宽面和馄饨、罗马魔鬼鸡、那不勒斯烤龙虾、佛罗伦萨烤牛扒、蜜瓜巴马腿、比萨等，甜品有提拉米苏等。

拓展知识 🔍搜索

西餐菜点的名称

1. 西餐菜点名称的来历

西餐菜点的名称，因各国、各地区、各民族的文化习俗、风土人情而呈千姿百态，其来历也纷繁复杂。西方尤其是法国的著名烹饪大师对烹饪文化进行了大量而细致的挖掘整理和总结，并撰著了许多烹饪权威书籍，根据19世纪法国烹饪大师艾斯可菲的见解，以及西餐发展至今的特点和影响，可以总结出西餐菜点名称的由来有以下规律性。

（1）地名与主料（或其他）相结合

用地名来命名菜肴，说明该菜肴起源于该地，往往折射出三种含义。

①这种菜肴使用了当地的某种土特产原料。如："Oie a l'alsace" 阿尔萨斯焖全鹅。Alsace是法国一地名，当地盛产蔬菜，其罐装酸包菜是该菜肴不可缺少的配料之一，故而得名。

②该地区在烹饪上独具特色，而该菜肴正好具备了这种烹调特色。如："Lyonnaise Potatoes" 洋葱炒土豆或称里昂式炒土豆。里昂是法国一地名，当地盛产洋葱，多数菜肴使用洋葱碎，于是形成了独特的里昂式烹调特色。又如："Hungarian Goulash" 匈牙利红烩牛

肉。一般匈牙利菜肴均要撒或拌入 Paprika（甜红椒粉），这是匈牙利菜肴的一大特色，这种产于匈牙利的甜红椒粉世界著名。

③某地发生过重大事件，以示纪念。如："Chicken a la Marengo" 马伦戈鸡。"Marengo" 是意大利一地名，法兰西帝国向外侵略扩张时，拿破仑曾在此率军打了胜仗，为庆贺胜利，随军厨师用士兵找来的鸡、面包、小龙虾等为他做了个菜，以示纪念，故得此名。

（2）人名与主料（或其他）相结合

一般以人名来命名菜肴都具有纪念意义。

①纪念该菜肴的发明创制者。如："Chicken a la Mancini" 曼西尼焗鸡面。"Mancini" 是意大利一位著名烹饪大师，为纪念他的创作，故而得名。又如："Consommé Julienne" 蔬菜清汤。"Julienne" 是法国18世纪的一位烹饪大师，他创造了许多菜式，多以加工成幼条的蔬菜为辅料，后人便以其名命名这些菜肴。

②纪念一位有特殊影响的人物。如："Cream Washington" 华盛顿奶油汤，是为纪念美国开国总统华盛顿。

（3）艺术名称与主料（或其他）相结合

这种方式通常都含有某种象征意义。如："Monalisa Salad" 蒙娜丽莎色拉。"Monalisa" 是意大利文艺复兴时期的画家达·芬奇的一幅名画《永恒的微笑》上的一位面露微笑、安详恬静的中产阶段妇女形象，在此，比喻该色拉色彩丰富柔和，味道完美，令人回味无穷。

（4）当时所宴请贵宾的身份与主料（或其他）相结合

这种方式主要出现于法国菜中。如："Consommé a l'ambassadrice" 大使夫人清汤，"Chicken a la King" 白汁鸡王饭。

（5）主料与菜式（或其他）相结合

这种方式命名的菜肴，字面意义浅显易懂，一目了然。如："Vegetable Salad" 蔬菜色拉，"Apple Pie" 苹果派。

（6）节日与主料（或其他）相结合

这些菜仅占少数，主要是西方节日的传统食品，如："Christmas Pudding" 圣诞布丁，"Easter Cross Bun" 复活十字包。

（7）烹调方法与主料、调味汁相结合

这是目前新菜肴最流行的命名方式，简明扼要，通俗易懂，直观性强。如：

"Grilled Sirloin Steak Black Pepper Sauce" 西冷牛扒黑椒少司，"Deep-fried Fish Tartar Sauce" 炸鱼太太少司。也可以只出现烹调方法与主料，如："Baked Seafood" 焗海鲜，"Fried Eggs" 煎鸡蛋。也可以仅出现主料与调味汁，如："Pork Chop with Onion Sauce" 洋葱猪排，"Minute Steak with Mushroom Sauce" 薄牛扒蘑菇少司。

（8）调制方式与主料（或其他）相结合

这种方法多见于一些传统菜点，它们在制作时沿用了传统的调制方式，这些调制方式往往对辅料的搭配、调料的使用或菜肴的造型等方面有明确或严格的规定和要求。如："Roast Fillet of Beef Jardinière"园丁式烧牛柳，"Jardinière"是"园丁式"的意思，它要求选用鲜嫩的蔬菜作配料。又如，"Entrecote Maitre D'hôtel"西冷牛扒店主式，"Maitre D'hôtel"是"店主式"的意思，这种菜式必须以"Maitre D'hôtel Butter"（管事牛油）确定菜肴的口味。

（9）幽默化

这种方法在西餐菜肴中只是少数，而且常集中于英美菜式中，特别是美国人，生活中处处充满幽默感，饮食经营者也为捕捉顾客的好奇心，往往给新创制的菜肴取个稀奇古怪而又让人浮想联翩的名称，如："Hot Dog"热狗，美国的快餐食品，即面包夹红肠，而并未用狗肉作原料，仅仅是形象化，拟人化而已。又如，"Welsh Rarebit"威尔士白兔，英国威尔士的一种小食，也未用到兔肉。再如："Angels on Horse Back"神仙骑马，这是流行于欧美的小食，有人用于餐前，有人用于餐后，也有人用于舞会或自助餐。它与马和神仙均无实在的联系，仅使菜名幽默化，满足人们的好奇心而已。

2. 西餐菜点名称的翻译

将西餐菜点的原文名称翻译成中文，有着极其重要的意义，既有利于烹饪从业人员不断提高业务知识和技能，胜任本职工作，也有利于服务管理人员的推销和服务，做好经营管理工作，还便于普通大众了解西方餐饮，丰富饮食内容，促进西餐的大众化和普及化。

西餐菜点原文名称的翻译，是一项具体细致、复杂而又充满趣味的工作，它要求翻译者有较高的素质，不仅应具备精深的专业知识、技能、经验和相当的文化艺术功底、扎实的外语基础，还应了解西方各国家、地区、民族的历史、文化、风俗习惯及风土人情，只有在此基础上，才能使译后的菜名既忠实于原文内容，又通俗易懂，既能反映其文化内涵，又具专业特点，既指导专业人员的工作，又易于大众接受。

过去对西餐菜点名称的翻译往往受译者素质的限制，文化素养较高者，往往不懂专业知识和技能，而专业技能较强、经验丰富者，往往文化水平不高，所以习惯于或是音译，或是撇开原文的意译，凭经验而根据所用主料及烹调方法直接而生硬翻译过来，这样存在诸多缺陷，往往使译名要么缺乏直观易懂性，要么缺乏文化艺术性，但长期而广泛地为大多数专业人员所采用，也一直被沿用至今。

随着社会的进步和发展，国际间的交往和联系的不断频繁和深入，人们各方面的素养不断提高，特别是专业人员队伍的不断扩大和文化水平的不断提高，为做好西餐菜名的翻译工作创造了条件。因此，不能再一味停留于老观念、老习惯上。目前，一方面可以按照唯物辩证法继承的观点，根据"约定俗成"的原则，暂且保留前人留下的方法；另一方面，应当顺应目前改革开放形势的需要，充分发挥改革创新的精神，大胆尝试科学的方法，但应始终围绕或掌握清朝著名思想家严复关于"信、达、雅"的翻译原则，即忠实于原文内容，通顺流畅，文字典雅，注重修饰。

活动二　职业认知

**图1-1　来自国外某饭店餐厅的宣传画
"没有厨师，只有艺术家"**

厨师是以烹饪为职业，是制作美食的专业技术服务人员。饮食文化是人类文明的重要组成部分，厨师则是创造饮食文化的主人。在西方，厨师更是享有"美食创作艺术家"的美誉（图1-1）。

人类文明的迅速发展决定了社会对厨师的要求越来越高。厨师一般需要先在烹饪学校学习，熟练掌握烹饪专业应知、应会的知识与技能，熟练掌握入职基本的操作规程与厨师职业行为规范，应具备烹饪从业人员的职业道德与素质要求，并通过考试获得相应的上岗证书或毕业证书，方可满足行业的需要并胜任现代厨房的工作。

（一）基本职业素质要求

厨师的任务是发展烹饪技术，满足社会消费的需要；在为消费者提供优质服务获得社会效益的同时，为饭店创造相应的经济效益。厨师要完成上述任务，必须具备一定的基本条件。

1. 职业道德

烹饪是服务性工作，从业者应树立全心全意为宾客服务的意识，想顾客之所想。厨房工作劳动强度大，工作时间长，节奏快，需要从业者敬业爱岗，乐于奉献，认真对待工作，在技术上精益求精，不断提高自身的烹饪技术水平，保持健康积极的心态，保持互相协调的人际关系。厨房工作又是团体性的工作，分工细致，不管担任什么职务，你都是厨房团队的一员；不管在什么岗位，你的工作都是整个厨房工作的一部分。

2. 知识技能

应该接受良好的职业教育、培训，必须掌握烹饪原料学、烹饪化学、烹饪生物学、营养学、食品卫生学、数学、财务等学科的知识，掌握各种烹饪原料及其加工、切配方法，做到烹饪方法准确，创造出色、香、味、形俱佳的菜肴，并能有效合理地控制、核算成本。从业中，更应不断汲取新知识、新技能，提升自己的职业素养。同时，作为职业厨师也应当加入相关的职业协会或组织，加强与同行的交流，拓展视野。

3. 身体素质

厨房工作是一项艰苦、繁重的创造性的体力劳动，要求从业者必须有强健的体魄、充沛的精力和吃苦耐劳的精神。厨房生产直接接触食品，从业人员必须健康，无传染性疾病，不携带传染病菌，必须持证上岗。

（二）仪表仪容规范

人的第一印象非常重要，良好的第一印象能赢得他人的欢迎，并建立起良好的关系；糟糕的第一印象则遭人讨厌甚至唾弃。而第一印象一般是通过其外表建立起来的，如外表看起来干净、整洁，就会给人好的第一印象。

良好的仪表是餐饮行业员工的基本要求。企业招聘时，招聘者往往把应聘人员的仪表仪容看作个人品质的外在反映。在对客服务中，顾客往往将工作人员的仪表仪容看作自己是否受到尊重的一种体现。因此，作为一名餐饮从业人员做好仪表仪容规范具有极其重要的意义。其具体要求包括：

- 精神饱满，仪态端庄，坐有坐相，站有站姿。
- 讲文明，懂礼貌，尊重他人，不说粗话、脏话。
- 男员工不蓄胡须，不染发，头发不过耳背，不留长指甲。
- 女员工不烫发、染发，长发盘起，发型符合卫生要求；不留长指甲，不涂指甲油。
- 不戴戒指和其他手指装饰物。
- 熟记"卫生五四制"，做好个人卫生。
- 不随地吐痰。

● 工作场所严禁吸烟。

● 按职业要求，规范着装（图1-2、图1-3）。

图1-2 厨师着装规范（男）　　图1-3 厨师着装规范（女）

活动三　厨房安全

（一）食品安全

据公共健康机构调查，人类疾病中有40多种是通过食物传染的，许多导致严重疾患，部分甚至导致死亡。因此，严格执行食品安全和卫生标准并为顾客提供洁净的就餐环境和安全营养的食品是每个餐饮企业的重要职责。遗憾的是，食品从业者（包括直接或间接接触食品的人）的不当操作往往是食源性疾病的主要原因。

不安全的食物通常由于污染所致，污染是指食物中出现了有害物质。危害食品安全的因素包括生物性因素、化学性因素、物理性因素，其中，生物性因素对食品安全的威胁最大，导致疾病的细菌（致病菌）是大多数集体食物中毒事件的罪魁祸首。那么，实际工作中，食品如何会变得不安全呢？通过调研发现，采购的食品原料本身不安全、烹调加热未达要求、食品在不当的温度下保存、使用被污染的厨具、不良的个人卫生等是实际烹调工作中造成食品不安全的常见原因。因此，实际加工烹调中，应主要在这些方面做好预防工作，以确保食品的安全可靠。

1. 食品安全基本措施

● 患有急性病、痢疾或刀伤感染的病人不得接触食品。

● 工作开始前，上完厕所后，加工处理过家畜、家禽、海鲜后，都要用肥皂洗手。工作中，每4小时至少洗手一次。

● 选择有资质的供应商，采购有卫生检疫合格证的食品原料。

● 水产等原料送达时，应严格检查其新鲜度。

● 不要让食品保留在危险温度区域（图1-4）超过4小时。

● 不要将罐头食物保存在打开的罐头瓶中。

● 冰箱是最重要的控制细菌生长的厨房设备，应每天检查其温度情况。

● 对用于加工潜在危险食物的设备工具要进行清洁并消毒，刨片机、绞肉机、砧板、罐头刀、刀具等要特别注意。

● 彻底清洗家禽原料的肚腔。

● 水果、蔬菜使用前要彻底冲洗干净。

● 尽可能保持食品封装完好或加盖。

● 只使用经过巴氏消毒的牛奶。

● 不要重复冷冻已解冻的肉、鱼、蔬菜等。解冻并再冷冻导致细胞破裂，提高

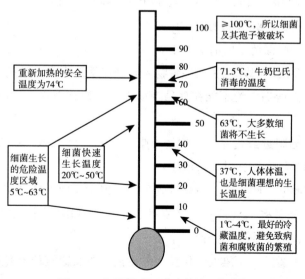

图1-4 危险温度区域（单位：℃）

了腐烂的感染性。

- 解冻食物应当在5℃以下的冰箱中进行。
- 使用清洁的烹饪工具，工作区域使用完毕，要清洁并消毒。
- 使用合格的专业工具用于食品的加工烹调。
- 加热热的食物尽可能快速，并保持在63℃及以上；冷却冷的食物尽可能快速，并保持在5℃及以下。
- 一次不要准备过多的食物。
- 小心处理剩饭剩菜，尽快放入冰箱保存。重新加热应快速加热至内部温度达到74℃。
- 加热食物至其内部温度达到最低安全温度，并对用过的温度计进行清洁消毒。
- 保持脏的餐具、工具、抹布远离食品。
- 及时并恰当处理厨房垃圾。

2. 卫生实践

（1）个人卫生。实践证明，任何一项洁净卫生的工作，95%靠人的努力，5%靠硬件（设备工具）。因此，员工是餐饮企业实施卫生计划最重要的角色，他们的个人卫生意识和习惯的养成尤为重要。餐饮业从业人员必须始终保持良好的个人卫生习惯，以防细菌和疾病的传播。良好的个人卫生要求做到：

- 按规定体检，持健康证上岗。
- 勤洗手，始终保持手的清洁卫生。
- 只有在需要用手时才用手接触食物，并确保手是干净卫生的。
- 有刀伤或其他伤口绝不能在食品现场工作。如有需要，伤口应当包扎并戴上手套。
- 不得在食品附近或食品生产现场咳嗽、吐痰、打喷嚏。咳嗽应用手挡住，打喷嚏要用手帕遮掩，并立即洗手。
- 生病或有呕吐、嗓子痛、发烧等现象，要报告管理人员并在家休息。
- 工作服穿戴整齐、规范，包括衣裤、帽子、领巾、围裙、鞋，并应勤洗涤、勤更换，保持工作服的洁白、平整、干净。
- 勤洗头，不烫发，不染发。保持头发清洁，头发应梳理整齐并置于帽内。
- 每天洗澡，保持身体清洁。

- 工作时不吃口香糖，不抽烟。
- 不留长指甲，不涂指甲油，不贴假指甲。
- 不戴戒指和其他手指装饰物。
- 不用脏的工具、设备接触食物。

（2）洗手。餐饮行业的从业人员都必须掌握正确的洗手方法，以保持手及手臂裸露部分的清洁卫生。以下是洗手的标准程序：

- 用温水（37℃）淋湿手和前臂。
- 打上肥皂液，搓出泡沫。
- 用泡沫用力搓洗手指、指尖、指缝、手及手臂，至少15分钟。
- 用指甲刷刷洗指甲内外缝隙处。
- 用清洁的温水冲洗手及前臂。
- 拿取纸巾，将水龙头关闭。
- 用一次性纸巾将手擦干或用烘手器将手烘干。

在下列情况下，厨房员工必须按规范洗手：

- 开始工作前；
- 上完厕所后；
- 接触过头发、脸或其他身体部位后；
- 咳嗽、打喷嚏后；
- 吃喝、抽烟后；
- 接触生的畜肉、禽肉、鱼后；
- 处理化学药品后；
- 接触过钱币后；
- 接触过未消毒的设备、工作台面、抹布后；
- 搬运垃圾后。

（3）器具洗涤。许多食品安全问题也可能是餐具、厨具的不正确洗涤引起的。因此，餐饮从业人员必须掌握正确的洗涤方法。正确的洗涤程序是，一刮，即刮去脏物；二洗，即用加有洗涤剂的热水洗涤；三冲，即用清洁的热水冲洗；四消毒。不管是什么用具，洗涤时，水温应不低于71℃，冲洗时水温应不低于82℃。

（4）食品运输。大型餐饮活动，通常要将准备好的食物运送到指定用餐场所，这就对食品安全提出了更高的要求。运送过程中必须确保食物不被污染，细菌不会生长繁殖。运送过程中应注意以下方面：

- 承载食品的设备、容器必须干净整洁，可以密封。
- 承载食品的设备、容器应配备可以冷藏或加热的装置，以保持恰当的温度。冷藏温度 5℃或以下，保温温度 63℃或以上。
- 选择最短路径送达指定用餐地点，最大限度地缩短装卸的时间。
- 自助餐陈列食物在室温下不得超过 1 小时。冷菜保存在冰槽或冷藏装置内，温度不超过 5℃；热菜用保温炉保温在 63℃以上。
- 食物陈列区上方应配有玻璃防护罩，避免客人打喷嚏、谈话等而污染食物。

（二）操作安全

烹调工作中，若有操作不当，可能造成员工伤害，引发安全问题。厨房里最常见的伤害有刀伤、烫伤、跌伤、扭伤和拉伤。专业厨房里，应配置医药箱，配备基本的医护用品，如创可贴、消毒纱布、绷带等，用于一般事故的简单护理。

1. 刀伤

刀伤是厨房中最常见的伤害事故，因为刀是厨房使用频率最高的手持工具之一，稍有不慎，就可能切伤手指。正确使用刀具，是预防刀伤的最有效措施。一旦发生刀伤，应立即进行正确的处理。

- 治疗伤口的人应戴上一次性手套。
- 用止血布轻压止血。
- 血止住后，清洗伤口处。
- 涂撒消炎药以防伤口感染。
- 用绷带或消毒纱布包扎伤口。

2. 烫伤

烫伤比较疼，而且比刀伤难恢复。轻微烫伤可能会由飞溅的油滴或用潮湿的抹布拿取烫的锅具而引起。轻微烫伤应按如下方法护理：

- 用自来水冲洗降温（不得使用冰块）。
- 涂抹烫伤膏。
- 用绷带包扎。

3. 跌伤

在厨房里，跌倒可能导致严重的伤害事故，必须引起重视。跌倒可能由湿滑的地面、食物的水滴、油滴、破损的地垫、破裂的地面导致。因此，厨房地面要保持干燥整洁，员工最好穿厨房专用防滑工作鞋。

4. 拉伤和扭伤

拉伤和扭伤一般不会像其他事故那样严重，但是疼痛难忍，会导致无法工作。拉伤是因肌肉和韧带组织受到过度拉牵而引起的。扭伤是由于韧带组织受到特殊的牵拉而导致的。搬运物品是厨房常见的工作，一次搬过重、过大或过多的东西，往往造成拉伤或扭伤。因此，搬运物品时，应掌握正确的搬运技巧，最好穿防滑工作鞋，并确保通道畅通。一旦拉伤或扭伤发生，应正确处理。

- 立即停止工作，需要的话用夹板固定受伤肢体。
- 让受伤部位休息，避免任何活动。
- 用绷带轻压受伤部位。
- 尽快冰敷受伤部位，避免肿大。但不能冰敷过久，以免造成韧带组织的伤害。
- 抬高受伤部位，避免肿胀。

避免伤害事故发生的最好方法，就是对员工恰当的培训、养成良好的工作习惯和精细的管理。以下是厨房伤害事故的预防措施：

- 有水滴或油滴滴落地面，应立即擦干。
- 学会正确使用设备工具，按规范程序操作。
- 工作服穿戴整齐；不戴首饰，以免被机械卷入而造成受伤。
- 根据需要和用途选用刀具、用具。
- 在厨房里只行走，不跑动。
- 保持出口、通道整洁、畅通。
- 工作中，始终用干布拿取锅具。
- 所有锅把不得挡在过道，以免碰撞。
- 搬运重物时，使用推车。
- 搬起物品时，使用腿部肌肉，避免背部扭伤。
- 易破碎物品远离食品保存和生产区域。
- 当拿着热锅走在他人后面时，应不断提醒。

课堂思考

职业西餐厨师的基本职业素质要求包括哪些方面?

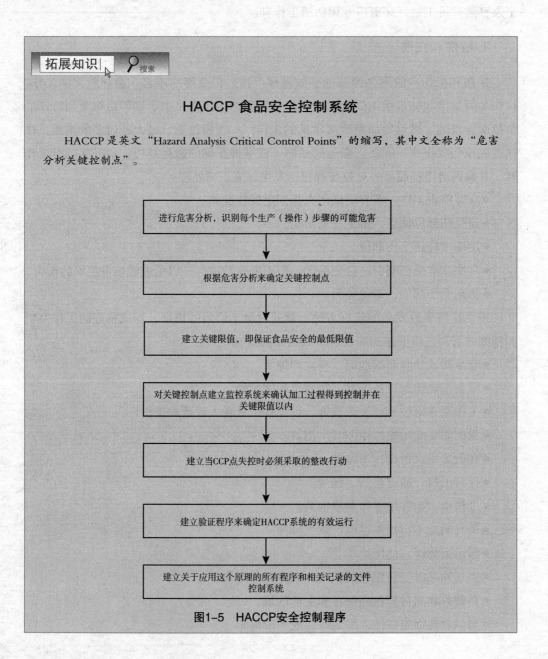

拓展知识 🔍 搜索

HACCP 食品安全控制系统

HACCP 是英文 "Hazard Analysis Critical Control Points" 的缩写,其中文全称为 "危害分析关键控制点"。

进行危害分析,识别每个生产(操作)步骤的可能危害

↓

根据危害分析来确定关键控制点

↓

建立关键限值,即保证食品安全的最低限值

↓

对关键控制点建立监控系统来确认加工过程得到控制并在关键限值以内

↓

建立当CCP点失控时必须采取的整改行动

↓

建立验证程序来确定HACCP系统的有效运行

↓

建立关于应用这个原理的所有程序和相关记录的文件控制系统

图1-5 HACCP安全控制程序

20 世纪 70 年代初，美国的食品生产者与美国航天规划署合作，首次建立起了 HACCP 系统。它是以科学为基础，通过系统性地确定具体危害及其控制措施，以保证食品安全性的系统。HACCP 的控制系统着眼于预防而不是依靠最终产品的检验来保证食品的安全。

应用于餐饮业，其含义是对食品加工过程的各个环节可能引入的危害因素进行分析，确定控制哪些危害因素对于保证食品的安全卫生是关键环节，然后针对关键环节建立控制措施（表 1-1），最终通过对全过程的控制保证食品安全。

HACCP 管理体系近十几年来在世界范围内得到广泛的应用，一些发达国家或地区，相继制定或着手制定与 HACCP 管理相关的技术性法规或文件，作为食品企业强制性的管理措施或实施指南。

表1-1　HACCP 分析与预防——烹饪生产流程

控制点	可能危害	预防措施	关键限值（要求）
原料接收	污染或变质的食物原料	从可靠供应商订购原料	供应商应持有权威机构颁发的卫生安全许可证
		接收恰当温度的原料	潜在危险食物的温度应在 5℃ 或以下
		尽快将易变质的原料冷藏	危险温度区域存放不超过 4 小时
原料（食品）储存	交叉污染；细菌的生长；腐败	避免交叉污染	直接食用的食物不接触生的食物（生熟分开）
		保持适当的温度	5℃ 或以下温度保存易变质食物；-18℃ 保存冷冻食物
加工准备	细菌生长；交叉污染	控制细菌生长	危险温度区域存放不超过 4 小时
		避免交叉污染	生熟分开；员工个人卫生；工具清洁消毒
加热烹调	细菌复活；物理或化学污染	加热至合适温度	蛋、鱼、肉 63℃；禽肉 74℃；蔬菜 60℃
		恰当保管食物	恰当保管食物（远离异物、化学品，严格控制添加剂的使用）
冷却食物	细菌生长	使用快速降温设备	2 小时内冷却至 21℃
		垫在冰水中搅动冷却	6 小时内冷却至 5℃

续表

控制点	可能危害	预防措施	关键限值（要求）
保存食物	细菌生长	热食物保存在危险温度区域以上	63℃以上
		冷食物保存在危险温度区域以下	5℃以下
重新加热	细菌复活和生长	快速加热至恰当温度	74℃

任务二　步入现代厨房

任务目标 >>

识别厨房常用设备和工具；掌握常用设备的操作规程；了解厨房岗位设置与职能。

专业厨房是快节奏的工作场所，是餐饮企业的心脏。专业厨房应该干净整洁、组织得当、设施完备、布局合理，厨房工作人员应该各就各位，各司其职。正如一支乐队，每位演奏家在舞台上都有自己的位置，一个专业厨房会被分成不同的部门执行各种任务，这些部门又被分成不同的区域甚至更小的岗位以执行特定的任务。正如演奏家没有乐器无法演奏一样，厨房每个部门、区域、岗位必须配置所需设备。

活动一　西餐厨房设置

厨房是指可在内准备食物，并进行烹饪的场所。它主要由生产人员、烹饪原材料、烹制食物的设施设备、所需的空间和场地以及能源等组成。厨房是美食制作的地方，也是烹饪艺术家创新开发的实验室，更是时尚美食的发祥地。

（一）西餐厨房的种类与功能

厨房可根据规模、餐别和功能等进行分类，通常有以下几种分类方法：

1. 按厨房的规模来分

（1）大型厨房。大型厨房通常是指生产规模较大，能提供众多宾客同时用餐的生产厨房。其生产设备齐全，场地面积较大，生产功能齐全，能适合各式菜点的制作。

（2）中型厨房。中型厨房通常是指提供较多宾客同时用餐的生产厨房。其场地面积、生产人员略少于大型厨房。

（3）小型厨房。小型厨房通常是指提供较少宾客同时用餐的生产厨房。小型厨房往往只提供一种菜点制作。

（4）微型厨房（又称超小型厨房）。微型厨房通常是指只提供简单食品制作，且场地小、生产人员少的生产厨房。

2. 按厨房的功能来分

（1）加工厨房。加工厨房也称屠宰间。主要负责其他厨房鲜活原料初加工预订的组织生产，使之符合菜肴加工规格标准，确保供给；汇总、审核厨房各制作间原料的预订单，组织预订；综合验收；协同盘点定期食品原料，核算食品成本，并管理好本岗位的设施设备。

（2）冻房。冻房又称冷菜厨房。主要负责西餐冷菜菜肴，包括早餐、午餐、晚餐、自助餐等菜单中冷肉盘、冷头盘、色拉等菜品的生产。

（3）咖啡厅厨房。咖啡厅厨房主要负责向饭店内咖啡厅、酒吧、茶座等场所提供一些制作简单的食品。

（4）扒房。扒房主要提供一些高档西菜的制作。大多数的菜肴往往是客前烹制，比如，串烧、铁扒等。

（5）包饼房。包饼房主要负责西餐的面包、西饼、甜品等制作。包括早餐、午餐、晚餐、自助餐等菜单中面包类、西饼类、甜品类等西点的生产。在确保供应的基础上，还要确保所有包饼、西点的规格。

（二）西餐厨房的布局

西餐厨房设备的布局一般应按照厨房生产流程进行，并本着安全便利、人性化的原则。当然，最主要的是要根据厨房的实际形状、面积进行设计。流行的布局模式主要是两种，即岛式和条式。

岛式布局。岛式布局就是将厨房主要炉灶设备按流程需要分为两组，背靠背摆放，这是西餐厨房首选的布局模式。这种布局适合于正方形（或接近正方形）的厨房，设备定位在厨房的中间，厨房员工分两侧面对面操作（图1-6）。

条式布局。条式布局就是将厨房主要炉灶设备按生产流程一字展开摆放。这种布局适合于长方形或长条形的厨房，设备一般背靠墙布局，厨房员工则同向操作（图1-7）。

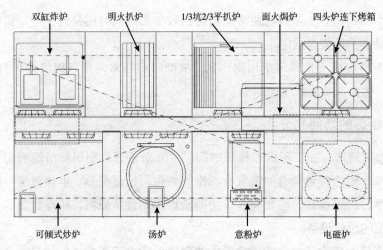

双缸炸炉　明火扒炉　1/3坑2/3平扒炉　面火焗炉　四头炉连下烤箱

可倾式炒炉　汤炉　意粉炉　电磁炉

图1-6　西餐厨房岛式布局

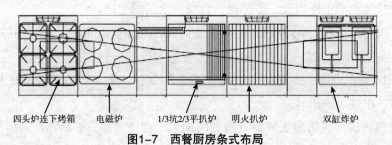

四头炉连下烤箱　电磁炉　1/3坑2/3平扒炉　明火扒炉　双缸炸炉

图1-7　西餐厨房条式布局

课堂思考

常见西餐厨房的布局类型有哪几种，各有何特点？

活动二　厨房常用设备及功能

职业厨房常用的设备按功能可以分为：加工处理设备、大型设备、冷藏（冻）设备。

（一）加工处理设备

加工处理设备包括电动和手动机械装置，用于食物的剁、制泥（酱）、切片、碾磨或搅拌混合。使用这类设备前应熟悉其操作程序和方法，千万注意操作安全，决不能将手伸入接通电源的机械中。电动设备在拆装、清洗或移动时应始终保持电源处于切断状态。

1. 刨片机

刨片机（Slicer）用于将肉、面包、芝士或生鲜蔬菜刨切成均匀的片，它装备有一高速旋转的刀片，可通过调节旋钮调整刨切厚度，食物可刨成相当薄的片。由于速度极快，对于加工大量原料相当方便。但操作完毕要花时间拆下清洗，所以对于少量原料的加工来说，就显得不实用（图1–8）。

图1-8　刨片机

2. 多功能食品加工机

多功能食品加工机（Food Processor）有一马达装置、一只活动容器和一"S"形刀片，用于加工泥（蓉）、粉碎果仁、制作混合黄油和乳化少司。待加工的原料通常切成片、条、丝等形状（图1–9）。

3. 粉碎机

粉碎机（Blender）类似于食品加工机，其容器高而窄，有四个尖齿形刀片，适合处理液体或多汁的食物，用于制作细滑的饮品、蓉汤或少司，或混合面糊及粉碎冰块（图1–10）。另有一种手持粉碎机（图1–11），一般将机头伸入锅中或容器中使用，主要用来混合少司或做蓉汤。

图1-9　多功能食品加工机

图1-10　粉碎机

图1-11　手持粉碎机

（二）大型设备

大型设备包括使用煤气、电或蒸汽，用于烹制、重新加热或装载食物的大型装置，也包括制冷设备。大型设备应根据厨房的操作流程、面积、空间安装在固定位置。

1.炉具

炉具（Stove）是厨房最重要的烹调设备，分气用和电用两种。配有单个或多个炉头，炉头有明火或暗火之分。明火炉快速、直接地提供热量（图1-12），暗火炉一般称作平头炉，用厚熟铁或钢板盖住明火，间接、温和地提供热量，它能支撑较大的重量，且大面积地加热食物（图1-13）。

图1-12　燃气四头炉带下烤箱

图1-13　电力平头炉带下烤箱

2. 平扒炉

平扒炉（Griddle）类似于平头炉，但它用的钢板较薄。食物直接置于钢板上加热烹制，而不再用锅，钢板表面应保持清洁。平扒炉面积宽大，可批量加工食物，多用于简餐、快餐的制作（图1–14）。

3. 烤炉

烤炉是烤制食物的设备，有气用和电用两种。烤炉烤制食物，实际上就是在一个封闭的空间中，利用干热空气对食物加热。常规烤炉一般与炉具设计为一体，置于炉具下部（图1–12），其热源来自烤炉底部，烤盘等炊具则放在炉内可移动的金属架上。当然，它也可以是独立的一个单元。常见的是层叠式烤炉，热源同时来自上部和底部，烤盘则直接放在炉底，而不用金属架。

万能蒸烤炉（Combination Oven）内置一风扇，运行时加快了热量循环，使食物受热更快速、更均匀。正因如此，使用万能蒸烤炉烤制食物时，所需温度一般比用常规烤炉低10℃～20℃。另外，它还有蒸和蒸烤同用的功能。一般还配备一灵敏测温探针，用来插入食物内部检测内部深处的温度，以此判断食物成熟情况（图1–15）。

图1–14　1/3坑2/3平扒炉

图1–15　万能蒸烤炉

4. 微波炉

微波炉（Microwave Oven）安装有微波发生器——磁控管，能产生频率非常高的电磁波。当磁控管发射出高频（2450MHz）微波时，置于微波炉内食物中的水分子以极高的频率振荡运行，分子间相互碰撞、摩擦而产生热能，使食物内部产生高热而将食物烹制成熟。微波炉用于烹调、食物的再加热或食物的快速解冻，它一般不会使食物上色，带烧烤的微波炉还具备普通烤箱的功能（图1-16）。

图1-16 微波炉

5. 扒炉和炙烤炉

扒炉和炙烤炉（Grill and Broiler）一般用于加工肉类、鱼类和家禽。扒炉的热源来自放置食物的炉栅下方（图1-17），有气用和电用两种。炙烤炉的热源来自食物上方，大多数炙烤炉使用煤气，而面火焗炉（Salamander）实际上是一种小型的炙烤炉，主要用于食物的最后加热或表面烘黄（图1-18）。

图1-17 扒炉

图1-18 面火焗炉

有一种旋转式烤炉（Rotisserie），类似于炙烤炉，将食物串在肉扦上，肉扦则位于靠近热源的前方，并不停地转动，它有敞开式或封闭式两种，主要用于烤制家禽和肉类。

6. 可倾式炒炉

可倾式炒炉（Tilting Skillet）是大型的独立式平底炒炉，锅深约15厘米，发热装置位于锅底部。由不锈钢制成，有活动的顶盖，摇动手曲柄装置可使炒锅倾斜，将锅内食物倾倒出来。它是一种多功能烹调设备，可用作汤锅、焖锅、煎锅、炒锅、平扒炉或蒸锅（图1-19）。

7. 可倾式煮锅

可倾式煮锅（Tilting Boiling Pan）是一种双层煮锅，即由两层不锈钢锅构成，二者之间注入水，通过加热外层，热量经中间的水传递给内层，因水温最高只有

100℃，能确保加热的食物不致焦糊，它主要用于大批量的汤、少司的制作（图1-20）。

图1-19　可倾式炒炉

图1-20　可倾式煮锅

8. 油炸炉

油炸炉（Deep-Fat Fryer）有气用和电用两种，一般配置有温控装置，保持预设温度的恒定，用于食物的炸制（图1-21）。

9. 意粉炉

意粉炉（Pasta Cooker）有气用和电用两种，配置有温控装置，可保持预设温度的恒定。用于煮制意大利面食，还可用来煮制蔬菜、米饭、鸡蛋、鱼丸等（图1-22）。速热系统缩短了加热时间，提高了生产力；自动除淀粉系统，延长了水的使用时间，确保在用餐高峰时间无须停机换水。

图1-21　双缸油炸炉

10. 一体式无缝整体炉具

随着全球多元文化进一步交融，顺应低碳绿色的诉求，近年来，一体式无缝整体炉具应运而生。欧美一些知名品牌厨具商，采用国际上前卫的"上下一体，一个整体框架"的设计理念，将多种不同功能的炉具集成一体，开发出"一体式无缝整体炉具"（图1-23）。由于它按客户需要量身定制，具有人性化、个性化的特点；由于它集不同炉具于一体，具有高效灵活、方便实用的特点；由于它实现了水、电、气一次性终端接驳，具有节能环保的特点；由于它采用高科技的生产工艺且兼顾艺术性，具有奢华、美观的特点。虽然一体式无缝整体炉具尚属新生事物，但它代表了未来专业厨房炉具的发展趋势。

图1-22　意粉炉

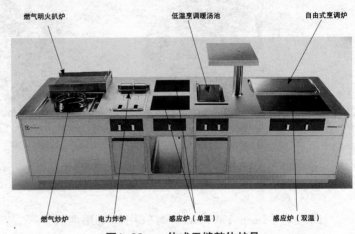

图1-23　一体式无缝整体炉具

（三）冷藏（冻）设备

图1-24　四门立式冰箱

冷藏（冻）设备是厨房必不可少的，因为许多食物必须存放于低温环境下以保持其质量。常用的冷藏（冻）设备有：复合式冰库、立式冰箱、卧式冰箱、色拉柜、三明治吧等。

复合式冰库是一个独立的单元，由冷藏、冷冻室构成，外室为冷藏，内室为冷冻，均配有可移动货架，用于大量食物的保鲜或冷冻。

立式冰箱也有冷藏、冷冻室，厨房各功能区域均需配置，方便食物的贮存、取用（图1-24）。主要用于少量食物的保存。

卧式冰箱实际上是带下冰箱的工作柜，又分箱式和抽屉式两种（图1-25）。用于少量食物的保鲜，存取食物十分方便。

色拉柜柜面是色拉制作的工作台，柜面以下是冰箱，用于色拉原料的贮存和保鲜（图1-26）。

三明治吧类似于色拉柜，用于三明治的制作与三明治原料的贮存和保鲜。

图1-25　卧式冰箱　　　　　　　　　图1-26　色拉柜

活动三　厨房常用工具及功用

本活动主要识别专业厨房常用的工具和设备，按功能将其分为：手持工具、衡量工具、炊具、过滤工具、砧板与切割工具等。

（一）手持工具

手持工具是指用于切割、成形、搬移、混合或搅拌食物的工具。刀具是厨房最重要的手持工具，将在下一个任务（刀具与刀工）环节中单独介绍，其他常用的手持工具有抹刀、蛋扦、炒勺、食物夹、铲、叉、刨子、挖球器、肉锤（图1-27）等。结实、耐用和安全是选择手持工具的重要原则，另外，还应便于清洁。

（二）衡量工具

衡量工具是指用于称重量、量体积、测温度、计时间的工具。食谱中各种原料的分量、大小都应当精确，这样就要用到衡量工具。称量一般以重量（克、盎司、磅等）和体积（茶匙、汤匙、杯、毫升、升）等单位计量，所以，厨房必须准备多种衡量工具，包括称、量杯和量匙等。温度计和计时器也是常用的计量工具。

图1-27 从左至右：蛋扦、炒勺、铲、肉锤

1. 秤

秤（Scales）是计量的必用工具，它一般由弹性装置、刻度盘和秤盘组成，计量单位有克、盎司、磅等。电子秤也使用弹性装置，但能给出具体数据，读取方便（图1-28）。

图1-28 电子秤

2. 体积计量工具

有些原料用量需要使用体积计量工具，如量匙（Measuring Spoon）、量杯（Measuring Cup）等。量匙一般成套配备，包括1/4茶匙、1/2茶匙、1茶匙和1汤匙（图1-29）。液体量杯多以毫升、升为单位（图1-30）。固体量杯套装包括1/4杯、1/3杯、1/2杯和1杯（图1-31）。一般不要选用玻璃量杯，因其易打碎，弯曲变形的量杯不准确，也不要使用。

图1-29 量匙

图1-30 液体量杯

图1-31 固体量杯

3. 长柄汤勺

长柄汤勺（Ladle）用于液体（汤、少司）的计量，容量单位多为盎司（ounce，简写为 oz.），标于手柄上，从 1/2 到 32 盎司（图 1–32）。

4. 球挖

球挖（Portion Scoops）主要用于冰淇淋的成形、计量，有不同大小，还用于色拉、蔬菜、面糊或其他软食物如土豆泥的分份（图 1–33）。

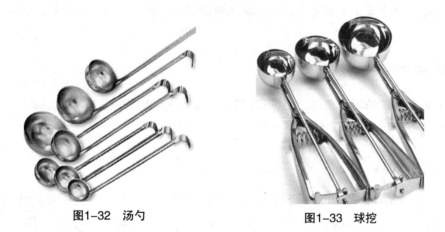

图1-32　汤勺　　　　　　　　　　　图1-33　球挖

5. 温度计

出于卫生与食品安全考虑，食品保存在或加热烹调至合适的温度是很重要的，这就需要使用温度计（Thermometers）进行测量。专业厨房里有多种温度计，但最常用的是速读温度计、糖和油脂用温度计、电子探针温度计、红外线温度计。

（1）速读温度计。由不锈钢探针和显示屏构成，显示屏有数字和机械两种。使用时，将探针插入食物内部，显示屏迅速显示内部实际温度。有一种小型的笔形温度计（图 1–34），可装入工作服口袋，便于携带，使用方便，能迅速反映实际温度。但使用时不能长时间置留在正在加热的食物中，否则会损坏。

（2）糖和油脂用温度计。这种温度计有长的不锈钢探针和大的显示屏，可以经受相当高的温度，主要用于测量加热烹调中食品（尤其是糖和油脂）的温度。它一般都有别钩，可以挂在锅边，可以让温度计保留在锅中，随时测量加热中食物的即时温度（图1-35）。但要注意的是，这种温度计刚从热的糖或油脂中取出时，不能接触很冷的物体，否则易导致温度计受损。这种从热到冷的瞬间温度变化叫作"热休克"。

（3）电子探针温度计。实际上就是带数字显示屏的速读温度计的放大版，不锈钢探针细而长，电子显示屏大而清晰，两者由导线连接起来。温度显示快速而精确，并且有摄氏和华氏两种温度显示。

（4）红外线温度计。红外线温度计不通过物理接触，而是运用红外线技术来测量食物的外表温度。只要将红外线温度计指向食物，就能立即得知其外表温度。红外线温度计主要用于测量色拉吧、暖汤池的温度，也用来进行接收原料时的温度检测。

6. 定时器

对忙于工作的厨师来说，便携式定时器（Timer）非常有用，可以让厨师同时进行多项事务，且放心地专注于手头工作（图1-36）。

（三）炊具

炊具（Cookware）包括用于炉头上的各式煎锅、少司锅、汤锅及用于烤炉内的各种烤盘和模具等。炊具应根据其大小、形状、材质和导热性能等进行选择。

1. 不同材质的导热性能及其应用

（1）铜。铜是热的优良导体，传热迅速、均匀，散热也快，无涂层的铜锅是

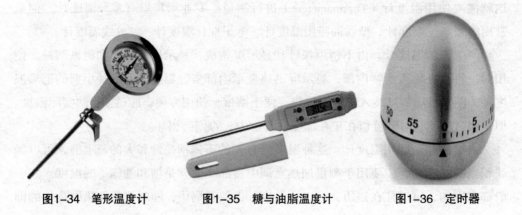

图1-34 笔形温度计　　　　图1-35 糖与油脂温度计　　　　图1-36 定时器

烹制糖和水果无与伦比的炊具，但铜炊具价格贵，分量重，需细心保管。而且，铜可能与某些食物发生化学反应，所以铜炊具内侧往往有锡涂层，而涂层柔软易被划伤。由于上述问题，现在通常将铜夹在不锈钢或铝锅锅底中间，仅利用其导热优良的特性。

（2）铝。铝是最常用的炊具制作材料，它质量轻，导热性能仅次于铜，但质软，需要细心使用和保管，以免变形。因为铝与许多食物发生化学反应，因此，不要用铝制炊具存储或加热酸性食物。浅色食物（如少司或汤）在铝锅中加热（尤其是用蛋扦或勺搅动）会导致颜色变暗变次。电镀铝表层色深、质硬、耐腐蚀，且防粘、防变色，是较好的炊具材料。

（3）不锈钢。虽然不锈钢导热性能较为逊色，但它坚固耐用，不会与食物发生化学反应。现在多将铜或铝夹入不锈钢锅底部，虽然这种锅较贵，但它兼备铜和铝导热迅速、均匀和不锈钢坚固耐用、不起化学反应的特点，广泛为职业厨房所采用。

（4）熟铁。熟铁炊具分散热量均匀，耐高温，分量重，质地脆，用于制造平扒炉和可倾式炒炉。

（5）玻璃。玻璃保温性能好，但传热性能较差，不会与食物发生化学反应，适用于做微波烹调器皿，但不能有金属花边或装饰。

（6）陶瓷制品。陶瓷制品包括陶器、瓷器和石器，主要用作烘烤器具。陶瓷制品传热均匀且保温性能好，不与食物发生化学反应，并且价格低廉，适宜作微波烹调器具，但因其易破裂，所以不宜直接置于火苗上加热。

（7）塑料。塑料器皿是厨房常见的储运工具，它们不能直接加热（除在微波炉中）。

2. 常用炊具

（1）汤锅。汤锅（Stockpots）圆形高边，通常带有一双环形耳把。根据容量分大小；根据材质，主要有不锈钢汤锅和铝汤锅（图 1–37）。主要用于吊制基础汤或炖煮食物等。

（2）焖锅。焖锅（Roudeaus / Braiser）圆形厚底，矮身阔口，双耳把。用于焖、烩和煎大块肉（图 1–38）。

（3）浅锅。浅锅（Pans）圆形矮边，斜边或直边，带一长柄，根据直径分大小。主要用于煎、炒、炸或浓缩汤汁、少司等。因用途不同，又有煎锅（Frying Pan）（图 1–39）、煎炒锅（Sauté Pan）（图 1–40）、薄饼煎锅（Crepe Pan）（图 1–41）、少司锅（Sauce Pan）（图1–42）。

（4）份数盆。份数盆（Hotel Pans）呈长方形或方形，深浅不一。有不同大小，通常用分数来表示，如1/2、1/4、1/8、1/16等。主要用于蒸、烤或盛装食物等，可用在烤箱、万能蒸烤箱、蒸箱中，但最好不要直接置于炉头上加热；还可用在暖汤池或自助餐炉上保温食品（图1–43）。带孔份数盆常用来过滤水分或蒸制食物。也有用厚塑料做的份数盆，虽不及不锈钢的耐用，但因为便宜得多，也常见于专业厨房，主要用于盛装食物。

（5）模具。模具（Molds）根据材质和功能有各种类型。肉批（Pâté）模有各种大小和形状，分合式肉批模主要用于酥批（Pâté en Croûte）的定型制作，其分合式

图1–37　汤锅　　　　　图1–38　焖锅　　　　　图1–39　煎锅

图1–40　煎炒锅　　　　图1–41　薄饼煎锅　　　图1–42　少司锅

图1–43　份数盆

结构便于成品取出。特林（Terrine）模一般由陶瓷材料制成，有圆形、椭圆形、长方形等不同形状。天宝（Timbale）模有金属或陶瓷材料的，用于啫喱冻的定型或慕斯（Mousse）、格司（Custard）或蔬菜的烘烤定型等。

（四）过滤工具

1. 滤篮

滤篮（Colander）为碗形的金属过滤工具，有不锈钢和铝质等不同材质。一般用于蔬菜、水果的沥水，也常用于煮熟的意大利面条的过滤和冲凉（图1-44）。

2. 网式/孔式滤斗

滤斗是倒圆锥形金属过滤工具。网式滤斗（Chinois Cap）（图1-45）由细金属网制成，而孔式滤斗（China Cap）（图1-46）则用带细密孔眼的不锈钢片制成。两者均用于基础汤和少司的过滤，网式滤斗更适用于高级清汤的过滤，孔式滤斗配合捣锤可用于过滤软烂的食物，制作泥蓉。

图1-44　滤篮　　　　图1-45　网式滤斗　　　　图1-46　孔式滤斗

3. 漏勺与笊篱

两者均带长柄，用于捞取液体中的食物。漏勺（Skimmer）一般由带孔不锈钢片与长柄构成，用于撇去汤、少司表面的浮沫，或捞取汤中的食物（图1-47）。笊篱（Spider）则由钢丝网（类似蜘蛛网）与长柄构成，用于捞取油脂中食物（图1-48）。

4. 泥蓉碾磨器

将软质或熟的食物放入泥蓉碾磨器（Food Mill）内，通过转动手柄，带动底部刀片，压迫食物通过带细孔的滤筛，使食物成为泥蓉（图1-49）。

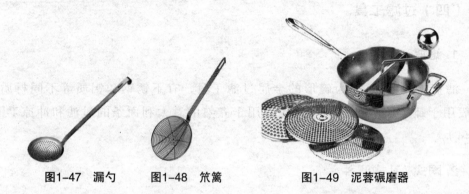

图1-47　漏勺　　　图1-48　笊篱　　　图1-49　泥蓉碾磨器

5. 薯泥夹

薯泥夹（Ricer）是通过加压上下手柄，将软质或成熟食物如土豆从底部细孔挤出，制得泥蓉（图1-50）。

（五）砧板与切割工具

常用的切割工具包括砧板、切菜器、礤床儿、鸡蛋切片器、水果去核器等。当然，刀具是最常用的切割工具，将安排在下一个任务（刀具与刀工）环节中讲述。

图1-50　薯泥夹

1. 砧板

砧板（Chopping Board）有多种类型，但专业西厨房中只使用塑料砧板。因为塑料没有孔不会吸收液体，容易清洗和消毒，降低了交叉污染的风险。专业厨房会配备不同颜色的砧板（图1-51），用于不

图1-51　塑料砧板

同食物的切割（表1-2）。

表1-2 不同颜色砧板的用途

砧板颜色	用 途
红 色	畜肉（raw meat）
蓝 色	鱼类（fish）
绿 色	蔬菜水果（vegetable/fruit）
白 色	乳制品（diary）
黄 色	禽肉（poultry）
肉 色	熟肉（cooked meat）

2. 手动多功能切菜器

手动多功能切菜器（Mandoline）用不锈钢材料制成，倾斜成45°角，通过更换不同的刀片，可加工不同的形状，用于切片、丝、网片等，一般用于加工少量的水果或蔬菜。为避免受伤，应使用护手或金属手套（图1-52）。

3. 礤床儿

礤床儿（Box Grater）一般由不锈钢材料制成，各个面有不同规格的刀孔，用于将食物擦成碎片或丝状，常用于擦芝士碎和柑橘类水果皮屑（图1-53）。

图1-52 多功能切菜器　　　　图1-53 礤床儿

厨房岗位体系

法国烹饪大师艾斯可菲对烹饪的一项巨大贡献是对当时贵族阶层混乱而冗繁的厨房进行了清理和整顿，创立了功能清晰、职责分明的经典厨房岗位体系（图1-54，表1-3）。

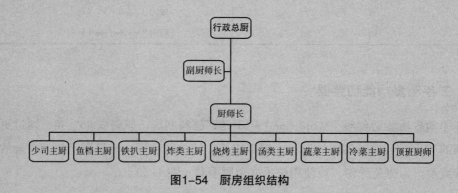

图1-54　厨房组织结构

表1-3　厨房岗位与职责

中　文	法　文	英　文	职　责
行政总厨		Executive chef	负责所有厨房的行政事务。协调厨房活动；指定厨房员工培训和工作；食品和人力成本控制；设计菜单，编制食谱；推行营养和安全卫生标准等
厨师长	Chef du cuisine		负责所有厨房的运行；制定菜单；确定厨房"音调和节奏"等
副厨师长	Sous chef	Second chef	总厨助手。负责调度人员；需要时顶替总厨或分点厨师长；有时也扮演叫菜员的角色，接收餐厅的点菜单，分派至各分点主厨，核对并检查出品质量
主　管	Chefs de partie	Station chef	直接对厨师长或副厨师长负责；负责生产菜品

续表

中　文	法　文	英　文	职　责
少司主厨	Saucier	Sauté station chef	负责所有煎炒菜品和大部分少司
鱼档主厨	Poissonier	Fish station chef	负责水产类菜品及其少司
铁扒主厨	Grillardin	Grill station chef	负责所有扒类菜品
炸类主厨	Friturier	Fry station chef	负责所有炸类菜品
烧烤主厨	Rotisseur	Roast station chef	负责所有烧烤类菜品及其少司（有时，铁扒、炸与烧烤合并为一）
汤类主厨	Potager	Soup station chef	负责基础汤和汤类
蔬菜主厨	Lcgumier	Vegetable station chef	负责蔬菜和淀粉类（有时与汤合并为一）
冷菜主厨	Garde—manger	Pantry chef	负责冷菜，也负责餐前开胃品、早餐菜品；监管屠宰主厨
加工主厨	Boucher	Butcher	负责宰杀和分割家畜和家禽
顶班厨师	Tournant	Roundsman /Swing cook	顶替需要的岗位
包饼主厨	Patissier	Pastry chef	负责各种烘焙产品，包括包饼、甜品。不同于其他主厨，包饼主厨不一定受管于副厨师长
主厨助理	Demi—chef	Assistant chef	
厨工（徒工）	commis	Apprentices	

任务三　刀具与刀工

任务目标 ≫

　　了解常用刀具的特点和功用；能安全有效地使用刀具；能运用不同刀法切割基本料形。

活动一　识别刀具

（一）常用刀具

刀是厨房中最重要的工具装备。拥有一把锋利的刀具，厨师能更加快捷地完成大量的工作，甚至比使用机械效率更高。好的刀具虽然价格昂贵，但若保管得当，可使用多年。工作中应选择刀锋锐利、构造恰当的刀具，握在手中感觉平衡、舒适，操作方便。在欧美国家，每一位职业厨师都有自己的一套刀具（图1-55），并能细心维护，伴随一生。常用刀具包括：厨刀、多功能刀、削皮刀、剔骨刀、厨叉、锯刀、刨皮刀、旋刀、蔬菜专用刀、挖球器、磨刀棒等。了解每把刀的不同功用，对于一名专业厨师来讲非常重要。以下对常用刀具做一些具体介绍：

1. 厨刀

厨刀（French Knife/Chef's Knife）刀刃长 8 ~ 14 英寸[①]，刀身宽，坚硬而不能弯曲，主要用于切、剁等（图1-55）。

2. 多功能刀

多功能刀（Utility Knife）刀刃长 6 ~ 10 英寸，坚硬而不能弯曲，形似厨刀，但稍窄，主要用于切水果、蔬菜和分割家禽等（图1-55）。

3. 剔骨刀

剔骨刀（Boning Knife）刀身较小较薄，刀刃长 6 ~ 8 英寸，主要用于剔除畜、禽、鱼的骨头（图1-55）。

4. 削皮刀

削皮刀（Paring Knife）刀身小而短，刀刃长 2 ~ 4 英寸，坚硬而不能弯曲，主要用于水果、蔬菜的去皮、分切和旋削等（图1-55）。

---

① 　1英寸 =2.54 厘米。

5. 旋刀

旋刀（Tourné Knife）大小、形状类似于削皮刀，但刀口弯曲，一般用于蔬菜、土豆等橄榄球形的旋削加工（图1-55）。

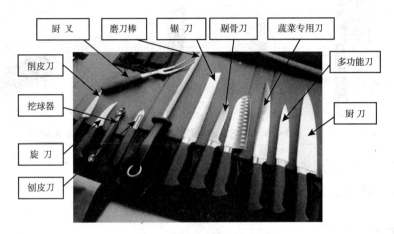

图1-55　常用刀具

6. 砍刀

砍刀（Cleaver）形大厚重，呈长方形，刀刃长 5 ~ 8 英寸。主要用于砍骨头等（图1-56）。

7. 片刀

片刀（Slicer）刀刃长而薄，有弹性，刀刃长 10 ~ 14 英寸。主要用于熟肉的切片（图1-56）。

8. 屠刀

屠刀（Butcher's Knife）刀刃长 10 ~ 14 英寸。一般用于切、整件或大块家畜肉的分割（图1-56）。

9. 鲜蚝 / 文蛤刀

刀刃短、硬，刀尖钝，只有文蛤刀有刀口。用于撬开鲜蚝（Oyster）、文蛤（Clam）的外壳（图1-56）。

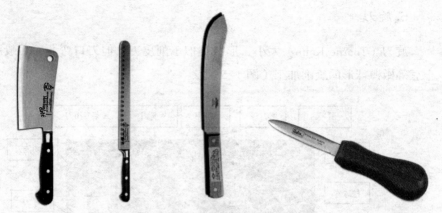

图1-56　从左至右：砍刀、片刀、屠刀、鲜蚝/文蛤刀

（二）磨刀工具

1. 磨刀石

磨刀石（Whetstone）通常有正反两个不
同的面，即粗砂面和细砂面。它一般用于新刀
的开口，或将钝刀口磨锋利（图 1-57）。

2. 磨刀棒

所有职业厨师的刀具箱（包）里都配备
有一支磨刀棒（Sharpening Steel），大约 18 英
寸长，用硬质钢材制成，陶瓷或孕镶金刚石表
面。磨刀棒的尖头部位是磁性材料，能吸住从刀口处磨下的金属碎屑。它主要用于
已开口的刀，进一步将开口磨得更锋利（图 1-55）。

图1-57　磨刀石

课　堂　思　考

西餐厨房常用刀具有哪些？说明其功用。

活动二 刀工与刀法

每个专业人员都必须具备使用相应工具的娴熟技能，职业厨师也不例外。作为一名烹饪专业学生，刀工是必须掌握的最重要的技能之一。熟练的刀工是成为一名成功大厨的基本技术，因为刀是厨房里最常用的工具。每个厨师在工作中，会花费无数的时间用于原料的刀工处理。所以，学会有效而安全地执行这些任务是我们专业训练的基本组成部分，安全使用刀具并运用恰当的切割技术是职业厨房工作的基础。

（一）用刀安全

刀因其刀口锋利而具危险性，不正确的使用会导致个人伤害，我们用刀的每个环节，包括握拿、切割、擦洗、保存，都应该有正确的方法。用刀安全的首要原则是考虑用刀做什么，其他基本原则是：

- 选用合适的刀具。
- 保持刀口锋利，钝刀更危险。
- 在砧板上切，不要使用玻璃、大理石或金属。
- 拿着刀行走时，刀尖向下，刀口向后，刀身平行并靠近你的腿。
- 刀掉落时，不要抢抓，退后一步，让其掉落。
- 不要将刀放在水池里，否则，可能会伤到使用水池的人，或刀可能被容器或其他工具碰伤。
- 擦拭刀刃时，刀口向外（刀背朝向手）。
- 使用结束，必须擦拭干净并消毒。
- 将刀保存在刀鞘、刀套里，以免伤人。

（二）磨刀技术

刀具使用前，都应检查刀口是否锋利。相对于钝刀，用锋利的刀切割时无须用太大的压力，因而不易伤人。通常情况下，在专业厨房里，常用的磨刀工具有磨刀石和磨刀棒。

1. 磨刀石磨刀

磨刀石一般用于新刀的开口或钝刀的重新打磨。一般经磨刀石开口的刀，最好再用磨刀棒细磨刀口，确保其锋利无比。磨刀石磨刀的程序是：

- 一手握刀，将接近于刀尖处的刀口部分置于磨刀石上，保持刀刃与磨刀石的夹角为 20°（图1–58），另一只手除大拇指以外的四指轻抵刀刃。
- 双手配合，握刀的手将刀沿刀身方向平滑地推送，从刀尖磨至刀根部，并始终保持 20° 夹角（图1–59）。如此反复若干次。
- 翻转刀身，按同样方法磨刀的另一面。
- 一定要两面磨同样的次数，以确保磨得均匀的刀口。

用磨刀石磨刀应掌握"先粗后细"原则，即以粗砂面开始，以细砂面结束。

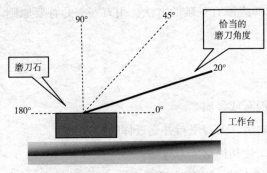

图1-58　磨刀石磨刀角度

图1-59　磨刀石磨刀

2. 磨刀棒磨刀

经磨刀石开口后，通常再用磨刀棒进一步磨锋利，其方法类似于磨刀石。其程序如下：

- 一手持磨刀棒，尖端朝上，另一只手握刀，刀口紧贴磨刀棍，刀身与磨刀棒夹角为 20°。
- 将刀身拖拽，从刀根部平滑地磨至刀尖，并保持 20° 夹角（图1–60）。
- 每磨一次，换磨另一面。如此重复 3～5 次。
- 擦净刀身。

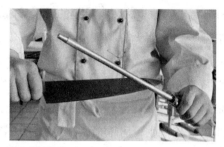

图1-60 磨刀棒磨刀

（三）刀工与刀法

刀工是指运用刀具对原料进行切割的技能，包括运刀的姿势、运刀的速度以及运刀的效果。刀法是指切割原料时应用刀具的方法，包括对刀具的使用、刀刃运动的方向以及用刀的力度。刀工和刀法是紧密结合在一起的，相辅相成，难以分割。刀工离不开刀法，刀法是刀工的基础。

1. 刀工的操作规范

虽然刀工操作的机械化已经实现，并应用于批量的、标准化的加工生产，但是，厨房内刀工应用主要还是以手工操作为主。手工操作具有一定的劳动强度，特别是长时间操作。因此，刀工的规范化直接关系到操作者的安全和身心健康。正确操作对提高工作效率、节省体力、减少创伤事故具有重要意义。

（1）刀工操作前的准备。

①工作台的位置。工作台周围空间应宽松，离过道应有足够的距离，以无人碰撞为宜；其高度一般以人体的腰部高度为宜。

②工具准备。台面上应配备相应的工具，如刀、砧板、料盆、抹布等，这些工具的陈放应以方便、整洁、安全为准。

③卫生准备。操作前应对手及使用的工具进行清洗消毒，操作者穿戴好工装，台面与地面应保持清洁。

（2）操作姿势。对于一名职业厨师来说，掌握正确的操作姿势是至关重要的。它不仅从外观上使人感到轻松优美，而且有利于提高工作效率，减少疲劳，保证安全。

①站立方法。a. 八字步。要求两腿直立，两脚自然分开，呈外"八"字形站稳。上身略前倾，但不要弯曲腰背，目光注视两手操作的部位，身体与砧板保持大约10

厘米的距离。这种步法两脚承担的重量均等，不易疲劳，适宜长时间操作。b.丁字步。要求左脚竖直向前，右脚横立于后，呈"丁"字形。重心主要落在右脚上。上身略向右倾，头微低，双目注视两手操作的部位，身体与砧板保持大约20厘米的距离。

②握刀方法。握刀有多种方法，没有固定的标准。因为刀具不同，握刀的方法也不完全相同；被切原料的性质不同，握刀的方法也可以不同。但对于学生来说，应该首先学会专业厨房里最常用的握刀方法，这种方法安全性高、操控性强。其方法是，用拇指和食指捏住刀刃后根部，其他手指钩握住刀把，要握紧，不使刀松动，但是不要握死。

③运刀方法。运刀主要在于刀的运动和双手配合的协调性。运刀做上下运动时要垂直运动，运刀用力主要以手腕和肘部。当然任何刀法的运刀都离不开整个臂力的协调。运刀时要用力均匀，作弹性切割、匀速运行。通常情况下，左手按住原料，不让其移动，右手握刀；操作时，用右手小臂和手腕的力量运刀，左手均匀后移；同时注意两手的相互协调、配合。

2. 刀法及应用

刀法是切割原料时具体应用刀的方法。根据刀刃与原料的接触角度，刀法分为直刀法、平刀法、斜刀法和其他刀法。

（1）直刀法。直刀法是实际工作中运用最为广泛的一种刀法，包括切、剁等。其特点是刀刃垂直于砧板。

①切。使用非常广泛的刀法。这种刀法的要领是：刀和砧板呈垂直状态，右手握刀，左手按稳原料，用食指、中指和无名指的第一骨节抵住刀左侧，均匀地控制刀的后移，从上向下操作。这种方法主要用于加工一些无骨的原料。切又可分为直切、推切、拉切、推拉切、锯切、滚切、跳切等方法。

a.直切。即刀做垂直上下的运动。操作要领是，用刀笔直地切下去，一刀切断，切时既不前推，也不后拉，着力点在刀的中部。这种刀法主要适宜切脆性的原料，如各种蔬菜。

b.推切。即刀做垂直前推的运动。操作要领是，刀由上往下压的同时，向前推动。由刀的中前部下刀，最后的着力点在刀的中后部。这种刀法适宜切较厚的脆性原料，如土豆、萝卜等，也适宜切略有韧性的原料，如质地细嫩的肉类。

c.拉切。即刀做垂直后拉的运动。操作要领是，刀由上往下压的同时，向后拉动。由刀的中部入刀，最后的着力点在刀的前部。这种刀法适宜切较细小或松脆性原料，如黄瓜、洋葱、芹菜、西红柿等。

d. 推拉切。即刀先做垂直前推运动，后做垂直后拉的运动。操作要领是，刀由上往下压的同时，先向前一推，再向后一拉。向前一刀是向原料入刀，向后一拉是将原料切断，这样推拉各一次不重复。由刀的中部入刀，最后的着力点在刀的中前部。这种刀法适宜切韧性较大而质软的原料，如各种生的肉类等。

e. 锯切。即刀做重复来回推拉运动。操作要领是，刀由上往下压的同时，先向前一推，再向后一拉，这样反复数次，最后切断。由刀的中部入刀，最后的着力点仍在刀的中部。这种刀法适宜切较厚并带有一定韧性的原料，如火腿、面包、蛋糕等。

f. 滚切。操作要领是，用刀由上往下直切下去，切一刀滚动原料一次（180°），着力点在刀的中前部。这种刀法适宜切圆柱形、质地脆硬的原料，如萝卜、胡萝卜等。

g. 跳切。即刀做快速的垂直上下的运动，实际上就是直切法的娴熟表现形式。

②剁。剁也是经常使用的方法之一。操作要领是，右手握刀，刀尖处贴住砧板，左手展开，压住刀尖处的刀背部位，以刀尖部位作支点，快速而连贯地将刀压下、抬起，如此重复，直至原料成需要的形状、大小。

（2）平刀法。平刀法是刀刃与砧板保持平行，从右向左运动的一种刀法。成形的原料平滑宽阔而扁薄，术语中也称为"批"。操作要领是，左手按稳原料，手指略上翘，刀与砧板平行。这种方法适宜加工无骨的原料，如虾的蝴蝶形的加工。由于原料的性质不同，批的行刀方法也有差别。实际操作中，又有直刀批、拉刀批、推拉刀批。

①直刀批。操作要领是，刀与原料平行，从右侧入刀，平行向左推进，一刀到底，着力点在刀的中部。这种刀法适宜加工形状较小、质地较嫩的原料。

②拉刀批。操作要领是，从原料右前方入刀，入刀后由前向后拉一刀，将原料批开或批断。这种刀法适宜加工形状较小，质地细嫩的原料，如鸡肉、鱼肉、虾等。

③推拉刀批。操作要领是，从原料中部入刀，入刀后先向前推再向后拉，可反复1~2次，最后将原料批断。这种方法一般由原料的下方出片。这种刀法适宜加工韧性较大的原料，主要是各种肉类。

（3）斜刀法。斜刀法是刀刃与原料在小于90°角状态下的运刀方法。它包括正斜刀法和反斜刀法，成形的原料有一定的坡度。这种刀法又俗称为"斜刀批"。斜刀法适用于将熟制的动物性原料或成品批成薄片，如火鸡、鸭脯、猪腿等。由于原料的性质不同，在刀法上可分为正刀批、反刀批。

①正刀批。刀口向里，与砧板成 0°～45° 角，用拉刀批的方法从食物的上面批下。这种方法适宜加工形状较小、质地娇嫩的原料，如里脊、鱼、虾等。

②反刀批。刀口向外，与砧板成 135°～180° 角，用直刀批或推拉批的方法由原料的上面批下。这种方法适宜加工大型、带骨且具有一定韧性的熟料，如烤羊腿、烤小牛腿等。

（4）其他刀法。

①拍。拍也是西餐原料加工中常用的刀法。拍有专门的拍刀或拍锤，适用于肉类原料的加工。加工的目的是将较厚的肉拍薄，截面积变大，表面平整，厚薄均匀。操作要领是要根据肉的老嫩度适度用力，不得将肉的纤维拍烂。对于特别细嫩的里脊肉，在拍压之前可先用洁净的白布包裹起来，其作用是：破坏原料的纤维，使原料的质地由老韧变松软；使原料的形状变薄，平面面积变大；使原料的表面平整均匀。拍的操作要领是，把切割好的原料横断面朝上放在砧板上按平，右手握住拍刀向下拍。用力的大小根据原料的质地而定，原料的纤维越粗硬，用力就越大。若原料带骨把，则用左手按住骨把进行操作。

②削。一般用削皮刀操作，左手持料，右手握刀，悬空削去原料的老根和表皮。削有直削和旋削等方法。主要用于加工根茎类蔬菜和水果，如腰鼓土豆、橄榄形胡萝卜、土豆球等。

3. 常见料形的切割与标准

（1）细丝。细丝（Chiffonade）切法用于叶菜类蔬菜或已切成薄片的蔬菜。方法较为简单，要求刀身与砧板垂直，运刀均匀。加工成品主要作冷菜的垫底或装饰用（图 1-61）。

（2）圆片。圆片（Rondelles）切法用于圆柱形或修成圆柱形的蔬菜或水果。要求刀身与砧板垂直，刀身纵轴与原料纵轴成 90° 夹角，加工成品呈正圆形（图 1-62）。

（3）椭圆片。椭圆片（Diagonals）切法用于圆柱形或修成圆柱形的蔬菜或水果。方法类似于圆片的加工，要求刀身与砧板垂直，刀身纵轴与原料纵轴的夹角大于90°，加工成品呈椭圆形（图 1-63）。

（4）滚料块。滚料块（Oblique/Roll-cut）切法主要用于胡萝卜和欧洲防风根。

图1-61　细丝　　　　　图1-62　圆片　　　　　图1-63　椭圆片

要求刀身与砧板垂直，刀身纵轴与原料纵轴的夹角大于 90°，每切一刀，将原料滚动 180°，加工成品呈特殊的滚料块（图 1-64）。

（5）细条（粗丝）。细条（Julienne）切法主要用于胡萝卜、土豆等。要求刀身与砧板垂直，先将原料切成长为 2.5 ～ 5 厘米，厚度为 3 毫米的长方形片，并将片码整齐，顺其长切成细条（粗丝），其规格标准为：3 毫米 ×3 毫米 ×（2.5 ～ 5）厘米（图 1-65）。

（6）条。条（Batonnet）切法主要用于质地脆硬的蔬菜，如胡萝卜、土豆等。要求刀身与砧板垂直，先将原料切成长为 5 ～ 6 厘米，厚度为 6 毫米的长方形厚片，然后顺其长切成条，其规格标准为：6 毫米 ×6 毫米 ×（5 ～ 6）厘米（图 1-66）。

图1-64　滚料块　　　图1-65　细条（粗丝）　　　图1-66　条

（7）方片。方片（Paysanne）切法主要用于土豆、胡萝卜、萝卜等。要求刀身与砧板垂直，按切条的方法，先将原料切成断面为 1.2 厘米 ×1.2 厘米的条，然后，刀身纵轴与条纵轴成 90°，将其切成厚度为 6 毫米的正方形片，其规格标准为：1.2 厘米 ×1.2 厘米 ×6 毫米（图 1-67）。

（8）丁。丁（Dice）切法主要用于质地脆硬的蔬菜，如胡萝卜、土豆等。要求刀身与砧板垂直，先将原料切成断面为需要规格的条，然后，刀身纵轴与条纵轴成90°，将其切成需要规格的正方体（图1-68），其规格通常有三个标准，即大丁1.5厘米×1.5厘米×1.5厘米，中丁9毫米×9毫米×9毫米，小丁6毫米×6毫米×6毫米。

（9）粒。粒（Brunoise）切法要求刀身与砧板垂直，按粗丝（Julienne）的方法，先将原料切成断面为3厘米×3毫米的粗丝，然后，刀身纵轴与丝纵轴成90°，将其切成小正方体，其规格标准为：3毫米×3毫米×3毫米（图1-69）。

图1-67　方片　　　　　　　　图1-68　丁　　　　　　　　图1-69　粒

（10）洋葱粒。切洋葱粒（Diced Onion）是相对比较复杂的技术，有一定难度，有不同刀法的组合，需经过先切、后批、再切的过程。

- 切去洋葱两端（根端保持相连以免散开）；去皮洗净。
- 顺两端将洋葱一切为二，切面向下放在砧板上（茎端朝向握刀的手）。
- 从根端向茎端，将洋葱切成均匀的片（根端不得切断）。
- 从茎端向根端，将洋葱平批2～3刀（视洋葱大小而定，并不得批断根端）。

图1-70　洋葱粒

- 最后，刀身垂直从上而下将洋葱切成粒（图1-70）。

（11）番茜末。番茜末（Chopped parsley）的切法步骤如下：

- 将番茜用冷水洗净，摘下叶片，放在砧板上。
- 一手握刀，刀尖处贴住砧板，另一只手展开，压住刀尖处的刀背部位，保持刀尖在砧板上。

● 以刀尖部位为支点，快速而连贯地将刀压下、抬起，直至番茜成所需要的末状（图1-71）。

图1-71　番茜末

（12）蒜蓉。蒜蓉（Minced Garlic）的切法步骤如下：

● 将蒜头剥出蒜瓣，用厨刀将其压裂，去皮取肉。

● 与番茜末的加工同法，将其剁切成蓉状（图1-72）。

图1-72　蒜蓉

（13）橄榄形。橄榄形（Olivary）切法多见于土豆、胡萝卜、萝卜等，运用旋削的刀法切成。这是西餐中常用的一种原料成形技法。经加工的原料呈橄榄球形，有均匀的7个曲面，两端平（非尖头）。成品大小可以不同，但最常见的大小是5厘米 ×（2 ~ 2.5）厘米，即5厘米长，中部最粗部位直径2 ~ 2.5厘米（图1-73）。

模块小结

本模块对西餐工艺专业基础知识进行了系统阐述，对职业技能、职业素养等进行了基本介绍。通过本模块的教学，学生能基本掌握入门级的专业知识和技能，具备西餐从业人员的基本素质，为今后的学习和工作打下良好的基础。

图1-73　橄榄形

？ 思考与训练

一、课后练习

（一）填空题

1. 在西餐烹饪史中，有文字记载和实物佐证的最早阶段在＿＿＿＿＿＿＿＿。

2. 法国国王＿＿＿＿＿＿＿＿经常发起宫廷烹饪大赛，王妃还亲自给优秀厨师授勋，颁给＿＿＿＿＿＿＿＿。

3. "中菜宜于＿＿＿＿＿＿，西菜宜于＿＿＿＿＿＿，和菜宜于＿＿＿＿＿＿"，道出了中、西、日三类菜的基本风味特征。

4. 西餐的上菜顺序为：＿＿＿＿＿＿、＿＿＿＿＿＿、副盘/鱼盘、＿＿＿＿＿＿、甜品。

5. ＿＿＿＿＿＿＿＿烹饪是欧洲烹饪的始祖。

6. 厨师以＿＿＿＿为职业，是制作美食的专业技术服务人员。在西方，厨师更是享有＿＿＿＿＿＿的美誉。

7. 食品保留在危险温度区域不能超过＿＿＿＿小时。

8. 严格执行＿＿＿＿＿＿并为顾客提供洁净的就餐环境和安全营养的食品是每个餐饮企业的重要职责。

9. 烹调工作中，若有操作不当，可能造成员工的伤害，厨房里最常见的伤害有＿＿＿＿＿＿＿＿、＿＿＿＿＿＿＿＿、＿＿＿＿＿＿＿＿、扭伤和拉伤。

10. 刀是厨房中最重要的工具装备，工作中应选择易于＿＿＿＿＿＿的刀具，握在手中感觉＿＿＿＿＿＿，操作方便。

（二）选择题

1. 国际上公认的、传统的、典型的、正宗的西餐代表是（   ）。

A. 法国菜　　　　　　B. 英国菜　　　　　　C. 美国菜　　　　　　D. 意大利菜

2. 下列属于意大利菜的是（   ）。

A. 鹅肝酱　　　　　　B. 肉酱意粉　　　　　C. 黄油鸡卷　　　　　D. 华尔道夫色拉

3. 食品危险温度区域是（   ）。

A. −10℃～0℃　　　B. 0℃～5℃　　　　　C. 5℃～63℃　　　　D. 70℃～100℃

4. 食品重新加热的内部安全温度应达到（   ）。

A. 37℃　　　　　　　B. 45℃　　　　　　　C. 50℃　　　　　　　D. 74℃

5. 磨刀时，刀刃与磨刀石的夹角应保持在（   ）。

A. 10°　　　　　　　　B. 15°　　　　　　　C. 20°　　　　　　　D. 30°

（三）问答题

1. 欧洲烹饪的起源与发展大致经历了哪几个时期？

2. 西餐的主要特点是什么？

3. 为什么西餐具有"香醇浓郁"的特点？

4. 谈谈法国、意大利、英国、美国、俄国烹饪的主要特色是什么。

5. 实际工作中，食品是如何变得不安全的？

6. 说说标准的洗手程序是怎样的。

7. 西餐厨房按规模来分有哪几类？

8. 列举出5种常用的烹调加热设备，并说明其功用。

9. 列举砧板的不同颜色，并说明其用途。

10. 列举常见切割料形和规格标准。

二、拓展训练

（一）运用不同刀法，按规格要求加工切割8种常用料形。

（二）名厨访谈：以小组为单位，选择酒店或餐饮行业知名西餐大厨进行访问交流。

烹调基本原理

烹调菜品质量的好坏取决于厨师的操作技能，而技能的高低来自实践、来自对食物原料的恰当运用和对烹调基本原理、烹调方法的掌握和应用。通过本模块阐述的烹调基本原理的学习，你能比较全面地理解食物成分和其在加热过程中的变化以及各种烹调方法的理论依据，这对实践操作具有很强的指导意义。

本模块主要学习烹调基本原理，按食物成分及受热变化、热传递方式、常用烹调方法分别进行阐述，围绕三个任务和若干活动展开教学，掌握常用烹调方法的基本原理和操作程序、要领等，为后续实践实训打下基础。

学习目标

知识目标

1. 了解食物成分及加热对食物产生的各种影响，懂得烹调过程中热传递的基本原理，包括传导受热、对流受热、辐射受热等。
2. 了解各种烹调方法的特点和在实践中的操作要领。

能力目标

1. 能解释食物成分在烹调过程中发生的不同变化。
2. 能分析烹调过程中热量传递的基本原理。
3. 能根据不同烹调方法的特点和程序进行基本操作。

任务分解

任务一　食物成分及加热对食物成分的影响

任务二　热传递与火候

任务三　常用烹调方法

案 例

奶油浓汤和红烩牛肉的烹制

在一次实训教学课中，实训的内容是制作奶油浓汤和红烩牛肉。老师先做了示范操作，随后全班分成6个实训小组，领取了同等的食物原料，按照老师的要求分别进行操作练习。学生们非常认真，也表现得十分好奇和兴奋。实训教室里，同学们不亦乐乎地忙开了。有的实训小组全体组员只顾一股脑儿地埋头操作，全神贯注于锅里的美食，对老师的提醒浑然不觉，他们还不时地品尝锅中的食物。1小时后，各组任务完成，学生们把各组作品展示在老师面前。经品鉴，老师发现第二小组的奶油浓汤很稀薄，没有一点黏性，颜色也暗淡，经调查原来是在奶油汤调味的时候，有个同学用汤匙多次从汤锅里舀汤品尝，原本浓稠适当的奶油汤瞬间变得稀薄无光泽；第五小组的红烩牛肉出现了原汁糊底现象，也有少量牛肉焦煳，经查，是在烩制开始时加入了较多的油面酱。

案 例 分 析

1. 请分析奶油浓汤突然变稀薄的原因。
2. 请解释红烩牛肉原汁糊底现象产生的原因。

任务一　食物成分及加热对食物成分的影响

任 务 目 标 ≫

了解食物的主要成分及其特性；懂得加热对食物成分的影响。

食物的营养成分是由蛋白质、碳水化合物、脂肪、水、维生素及矿物质六大类组成，同时食物中还含有小量的酶与色素等物质。烹调的目的在于有效地改变食物的性态，而食物所发生的许多变化都涉及食物中的各种成分。有经验的厨师知道如何用正确的方法来改变食物的性态以提高食物的食用价值。因此，我们在烹调食物之前，有必要研究和知道为什么加热食物时或与其他食物混合时会发生一定程度的变化，怎样控制这些变化往有利于食物更有营养、更显美味的方向转变。

活动一 碳水化合物

碳水化合物即人们通常所说的糖类，是由碳、氢、氧三种元素组成的一大类化合物，占我们日常所吃食物的 50% 以上。碳水化合物存在于许多食物中，如粮食、蔬菜、瓜果、豆类、坚果等，鱼类及肉类中也含有少量的碳水化合物。碳水化合物相对来说价格便宜且便于储存，是人们日常生活中最为经济的热量来源之一。

碳水化合物被认为是由单糖、低聚糖及多糖等组成的化合物。低聚糖与多糖可通过加热水解而变成单糖，且碳水化合物摄入人体后便产生能量。单糖类的食物主要有：水果、蜂蜜、黄豆等；低聚糖中常见的双糖类食物主要有：甘蔗、甜菜、牛奶、谷物（麦芽糖）；多糖类的食物主要有：玉米、小麦、马铃薯、植物的叶脉与茎秆纤维、菊芋、番薯、水果与蔬菜中的果胶质、海藻等。在烹调过程中，碳水化合物会产生下列变化。

水解反应。双糖等低聚糖或多糖在酸性条件或水解酶的催化作用下可以水解成为单糖，如蔗糖加水溶解，并加入适量稀酸加热处理，蔗糖便水解形成单糖类，这时的酸起到了催化剂的作用。现在用碱处理淀粉糖浆的方法会使葡萄糖部分转化生成果糖，从而形成果葡糖浆，即人造蜂蜜，这一原理被广泛应用于糕点制作以及发酵甜酒、黄酒的生产中。

发酵作用。发酵是碳水化合物发生的化学变化，即在无氧条件下，糖类通过微生物的作用分解成不彻底的氧化产物，并释放出较少能量的过程。单糖及双糖类很容易被细菌和酵母菌发酵，如水果和蔬菜腐烂的同时会发生葡萄糖的分解，并产生酒精；生产含酒精饮料的基本原理就是利用酵母菌使葡萄糖发酵；制作酸乳饮料、泡菜和腌菜的发酵过程主要就是乳酸发酵产生乳酸的作用，从而使其具有独特的风味。

淀粉的糊化。淀粉是存在于植物和谷物（如土豆、小麦、米和玉米等）中的碳水化合物群，淀粉不溶于冷水，当其存在于已加热的水中，淀粉颗粒就会吸收水分而膨胀、变软，变成半透明状的淀粉糊，在进一步加热时，淀粉颗粒继续膨胀并难以相互穿过，结果增大了混合物的黏度，这就是淀粉的糊化，这是加热时淀粉与水发生的化学变化，其又被称为"淀粉胶化"。含有淀粉的液体显著变稠就是因为水分被吸收，淀粉颗粒膨胀并占有越来越大的空间产生的效果，商业用淀粉主要有玉米淀粉、小麦淀粉、土豆淀粉等。淀粉的糊化是少司变稠和制作面包、蛋糕的主要依据，其特性也广泛应用于烹饪中的挂糊、上浆、勾芡等操作中；淀粉糊化的温度范围为 66℃ ~ 100℃。由于每种植物都有其本身特有的淀粉颗粒，故而使得不同淀粉的糊化温度也有所差异。

焦糖化反应。糖类在高温（150℃ ~ 200℃）条件下发生降解作用，降解后的产物经过聚合、缩合而生成黏稠状的黑褐色物质，称为焦糖化反应。糖的焦糖化反应主要应用于许多少司、糖果和甜点的制作中，部分也被应用于形成面包风味及其表面色泽、肉类和蔬菜（干烹法）的表面焦糖上色的过程中。事实上，糖的焦糖化作用对食物风味的影响有很重要的意义。如蔗糖在 170℃时开始焦化，麦芽糖、乳糖和果糖也会出现焦糖化作用，但温度不同。焦糖化反应对温度要求较高，所以大多数食物仅是表面变黄上色，而内部没有焦化，并且仅在干烹法过程中发生，因为水不可能超过 100℃，所以湿烹法如煮、烩等加热的食物无法获得足够的温度而发生焦糖化反应。

活动二　蛋白质

蛋白质是构成生命的物质基础，是人类不可缺少的营养素，其广泛存在于各种生物体内（包括动植物），如肉、禽、鱼、蛋、乳、豆类、坚果及其各种制品中，它不仅对人体具有非常重要的营养价值，而且具有特殊的生理意义。

（一）等电点

氨基酸在溶液中的带电情形，随着溶液的 pH 值而改变，当溶液达到一定酸碱度的时候，某种氨基酸中的氨基与羧基的解离程度完全相等，溶液中的正离子数等于负离子数，溶液呈电中性，这时溶液的 pH 值称为该氨基酸的等电点，以 pI 表示。不同的氨基酸，由于其结构的不同，等电点也存在差异。例如，食用胶的等电点的 pH 值是 4.7。大多数蛋白质的等电点在 4.5 ~ 7.0 之间。蛋白质在等电点时处于中性，稳定性也较弱，这时蛋白质均能与酸碱化合而获得正电荷或负电荷。这就意味着能用加入一种可改变蛋白质的酸性或碱性物质的方法而使溶液中的蛋白质发生沉淀现象。因此，在生活当中会出现，稍具酸性的牛奶在温暖时或加热时会发生凝固现象；炼乳中加入酸性物质如柠檬酸也能搅打起泡；向蛋清中加入酸能提高起泡能力；泡沫形成后的稳定性取决于所产生的酸度，这些原理广泛应用于食品加工中。

（二）凝固与变性

蛋白质在受热时，逐渐失去水分而萎缩、变硬的现象是一个众所周知的由液态变为固态的过程，这一过程被称之为凝固现象，这种转变是不可逆转的。常见的实例有，蛋清受热从清澈的液态变为白色的固体；肉纤维受热变硬；面包烘烤时，小麦蛋白（如胶原蛋白）的结构固定。一般情况下，蛋白质在 71℃ ~ 85℃ 的温度下完全凝固。

动植物中所含的蛋白质叫天然蛋白质，若对蛋白质食物加热、加酸、加碱、加以搅动或施加高压时，蛋白质的结构就会发生变化，称之为变性蛋白质。经过变性后的蛋白质在天然蛋白质可溶的溶液中变得不可溶解，这种情况发生时，便产生了蛋白质沉淀。

食物中的蛋白质变性一般是由于加热引起的结果，但也可以通过其他方法使之变性。影响蛋白质变性的其他因素有：pH 值、温度、盐的浓度、糖的存在、机械作用以及冷冻方法（冷冻肉中的压力可增大到促使其蛋白质变性的程度）。如天然蛋白质处于等电点时是不稳定的，很容易变性；糖能提高鸡蛋蛋白的凝固温度，从搅打蛋清这一过程就可以看出：搅打开始前加糖会增大形成蛋清泡沫的难度，但在搅动开始后不久再加糖就能较容易地获得泡沫，泡沫的稳定性也较强，且泡沫更具持久性。

（三）水合作用

蛋白质的另一化学性质是能与水形成水合物，如小麦面粉的独特之处就是能与水形成面团，即小麦蛋白质与水结合并经搓揉就得到一种黏性的可延伸的面筋质团块，从而使得小麦面团在保持发酵时逐渐产生气体，经烘烤或蒸制后便是膨松柔软的面包、馒头。面团的 pH 值以及含有其他吸水物质（如糖和盐）的多少等因素均能影响蛋白质的水合作用。

活动三　脂肪

脂肪是贮存于动植物体内的能源，光滑而油腻，不溶于水，室温下，脂肪可以是液体或固体。液体的脂肪叫油，固体的脂肪熔点各不相同。受热时，脂肪逐渐软化，然后液化，但不蒸发。大多数脂肪可加热至很高的温度而不燃烧，它们可以用作使食物表面焦化的传热介质。

脂肪的水解。脂肪与淀粉一样能被水解，脂肪水解后的产物是甘油和脂肪酸。酸、热蒸汽或酶都能引起脂肪的水解。这是制作肥皂的基础。脂肪与碱结合便产生肥皂，甘油则是重要的副产品。当热量足够高时，脂肪所含的甘油酯便由于水解作用而部分地分解，脂肪就会迅速变质冒烟，最终产生一种丙烯醛的物质，它是一种刺激眼睛的化学剂，对人体有害。能使这一现象发生的温度，叫作油的沸点，沸点高的脂肪是炸制食品的主要传热介质。

油脂的返原。精制的豆油与豆油制品——人造黄油、起酥油能产生气味返原现象。在使用过程中，如长时间搁置与出现酸败以前，会产生豆腥味或鱼腥味，这可能是由亚油酸变质所引起的。

氢化作用。脂肪饱和或硬化就叫氢化。经过氢化处理的油脂叫起酥油化合物，它具有猪油的黏稠度和可塑性，大量的起酥油被用来制作重油起酥类点心，如牛角包、酥皮、曲奇饼与脆饼干等。氢化脂完全没有刺激性，耐贮存，西点中用途十分广泛。

脂肪酸败。脂肪长时间存放会产生酸败现象，会有刺激性的哈喇味。这是脂肪在存放过程中部分地水解和一些由于水解而产生的化合物的氧化造成的。氧、光、热和某些金属（如铜或锌）的存在会加速这种变化。

活动四　矿物质、维生素、色素

矿物质和维生素都是人体所必需的重要营养物质，食物原料中固有的色素是影响食品外观、味道，并决定食物是否诱人、令人开胃的重要因素之一。因此，完好地保存这些物质是烹调的一个重要原则。

（一）褐变反应

某些蔬菜和瓜果在切开后会产生褐变，这叫作酶促褐变，裸露在空气中时间越长越明显。橘子汁和一些干果长时间贮存后也会产生不正常的颜色，这也是褐变反应所致。酶常能引起食物中某些化合物的变化。解决这一问题的有效办法，是将切开的植物原料浸没在酸性果汁中，酸分可降低果蔬中的 pH 值，并能延缓出现褐变。

（二）pH 值的影响

烹调用水的 pH 值对绿叶蔬菜的颜色变化有明显的影响。提高烹调介质的 pH 值至 8.0 左右就能很好地保持豌豆的绿色。但是，pH 值过高的烹调用水，能加速纤维素的分解，并使食物产生一种黏糊状质地，也能加速维生素 C 与维生素 B_1 的破坏。

含酸量低的水果不能产生像含酸量较高的水果所生成的那么好的胶冻。果汁的 pH 值不降到 3.6 是不会形成胶冻的。胶冻的 pH 值低于 3.1 时就可能出现脱水现象。pH 值低的食物，如水果、番茄等，所需要烹调的热量要比 pH 值高的食物要少。

未烹调的食物原料的 pH 值是判断其新鲜度的重要指标。鲜肉的 pH 值是 7.0 或低一些，但肉分解时其 pH 值显著提高。

（三）烹调的负面影响

矿物质、维生素、色素这些物质主要存在于新鲜蔬菜和瓜果中。烹调蔬菜的目的应该是保持营养成分和获得最好的可口性。烹调好的蔬菜最理想的效果是柔嫩而致密，保持特有的颜色，美味爽口。蔬菜不仅味美，而且营养价值高，所以必须使用能够把营养价值损失减少到最低限度的烹调方法。烹调对植物类原料的影响有以下几种情况：

1. 烹调过程中营养素受到损失

有些营养素会溶解于烹调的液体中。如糖、矿物质、水溶性维生素是可溶的，它们会因洗涤、汤汁过滤或直接丢弃而损失掉。随着烹调液体增多、蔬菜切口面积增大以及烹调时间延长，损失就更大。极端高温和水的酸碱度变化会提高损失。蔬菜过度烧煮可增加维生素 C、硫胺素因氧化和渗入烹调介质中而造成很大损失。

2. 烹调对色素的破坏

保持良好的颜色是烹调蔬菜很重要的一点。但在烧煮绿色蔬菜时，释放于烹调水中的非挥发性酸，如柠檬酸、苹果酸、草酸等会扩散于绿色蔬菜的质体中，并通过叶绿素分子置换出氢而使镁分离，结果形成一种黄褐的橄榄绿色，这是形成脱镁叶绿素所致。绿色蔬菜的颜色变化是不可逆转的。解决这个问题的最好办法是缩短烹调时间，最好在起初的3分钟开盖烧煮，以促使各种挥发性有机酸挥发掉。

紫包菜、苋菜、红菜头等蔬菜属于红色蔬菜，它们所含的色素是花色素苷一类色素。这类色素存在于植物细胞液中，并能高度地溶解于烧煮的水中。这类色素有这样的特性：其红色在酸性介质中可得到加强；在碱性介质中，颜色会由红变为紫色，进而变成蓝色、绿色。红色蔬菜的颜色变化是可以逆转的。加入适量的稀酸如醋酸或柠檬酸就可使原料中的红色还原；紫包菜在烧煮时要是不加点稀酸就不会长时间保持红色。倘若烹调的液体碱性过大，紫包菜会变成毫无吸引力的绿色。煮红菜头最好带皮煮，以保持更好的红色。对煮红色蔬菜来说，最好的办法是用沸水下锅并盖上锅盖，加入少量的醋或柠檬汁效果更好。

胡萝卜、番茄、辣椒等属于黄色蔬菜。蔬菜中的黄色来源于类胡萝卜素。它存在于植物细胞的体质中，不大受烹调条件的影响，几乎不溶于水，受热时稳定并不受蔬菜所含酸类的影响，但类胡萝卜素会少量地溶于油脂。过度烧煮的胡萝卜的颜色有点变暗可能是由于溶于烹调水中的焦糖化反应的结果，而并非本身黄色素的分解。烧煮黄色蔬菜的最好方法是烹调时间短、用沸水下锅和加盖烧煮。

白色蔬菜如包菜、大白菜、花椰菜等含有各种黄酮色素，亦称花黄素。黄酮色素可溶于水，在碱性介质中易变成米黄色，过度长时间烧煮后，米黄色又变为深褐灰色。有人提出这种暗灰色化合物是由铁和硫化合而成的，或者是由黄酮与铁化合而成。不论其原因怎样，白色蔬菜只有在过度烹调时才形成这种暗灰色。因此，白色蔬菜最好烧至柔嫩成熟即可。烹调液体中加入少量的酸分有助于保持白色。但这样也会使植物原来的柔嫩变得韧硬。

活动五　水分

水在烹饪过程中具有十分重要的意义。一是用于烹调的食材绝大部分都含有水分，有些食物，尤其是鸡蛋、牛奶、叶类蔬菜等几乎全是水分，生肉甚至含 75% 的水分。二是烹调菜肴过程中几乎都需要用到水，水是作用于多种食物的溶剂，如茶和咖啡的特殊香味是靠水能溶解其中芳香物质的能力；着色剂与水溶性营养成分也离不开水；食物中水分的含量多少决定了食物的口感、滋味和观感；水与食物的腐败也关系密切。

（一）水的烹调作用

分散剂的作用。例如，浓汤中的蛋白质较均匀地分散在整个液体中，使汤汁鲜美；淀粉使用到液体中，随着液体温度上升，整个液体就慢慢变稠，这是水把淀粉颗粒均匀地分散在液体中的结果。水有助于分散蛋白质和淀粉这样的颗粒物质。

化合的作用。有许多物质与水化合成水合物。水合物即氢氧化合物，是一种易于分解而还原成水的物质，且易于重新合成。食材中的盐类、淀粉和蛋白质形成了食物中的水合物。风干了的食物可经水浸泡或烧煮进行水合作用而恢复其原料的体积。胶与面筋是吸水蛋白质的极好例子。肉蛋白质的持水性可能影响动物肌肉的嫩度。

促进化学变化的作用。发粉的作用就能有力地说明这一点。只要发粉保持完全干燥就不会发生任何化学变化。但若发粉中加水并混合于食物中，它的化学剂的作用便立即表现出来，并放出气泡。

蒸发的作用。蒸发是液体的根本属性。液体分子之间存在一种运动，水分子便是在不断游动，但总是受到约束，一旦不足以把它们保持在适当位置时，其中一些水分子便跑到液体表面并逸出，这就是气态分子了。因此，液体总是不断地趋向于变为气态，流失到空气中，无论置于容器中的液体，还是食物原料内部的液体，过一定时间后液体就可能完全消失。这种变化速率决定于液体的性质、液体的温度、装液体容器的形状、对液体施加的压力大小等。水分的蒸发会使加热过程中的食物变干。若容器有密封的盖，则液体变为气体的过程会受到阻碍，加盖烹调食物时，变为蒸汽的水分部分逸出，不再返回锅中，部分会凝聚在锅盖上形成水滴返回锅里。是否加盖烹调要根据烹调的需要而定。

（二）水与食物的腐坏

水与食物腐坏密切相关。不少含水量低的食物，如豆类、大米、玉米等，只要暴露在相对湿度在 75% 或以上的空气中，就会因吸收水分而使细菌和霉菌滋长，引起腐坏，并产生水和食物腐烂物。因腐坏释放出来的水能加速附近食物的腐败。

但是，盐水是一种高渗透压的水，食物泡在其中可以抑制起腐坏作用的微生物，由此可以延长保存时间。同时由于盐的高渗透压又可以把食物细胞中和微生物体中的水分挤压出来，从而也抑制了微生物的生长，这是腌鱼、腌肉的理论基础，即脱水保存原料。

任务二　热传递与火候

任务目标 »

> 了解传导、对流、辐射受热的特点及其实践意义；理解火候与热传递的关系，并灵活应用。

要把食物烹调成熟，就必须使热量从热源传递到食物中去。热量能通过影响食物的分子结构，进而改变食物的色泽、滋味、香气、形态、质地以及营养等方面。了解热传递方式和变化有助于厨师更好地掌握好火候，积极有效地控制好烹调全过程。

热，是一种能量。物质受热，其分子吸收能量，便快速运动起来，运动过程中，与附近的分子发生摩擦碰撞，便将能量传递给它们，物体内部分子运动越快，其温度就越高。热传递的方式归纳起来有传导、对流和辐射三种。这三种热传递方式的基本原理我们必须加以深刻理解和正确运用。

活动一　传导

传导是热传递最直接的方式，实际上就是通过直接接触，热能从某一物体转移给另一物体。例如，炉火接触锅底，热能便传递给锅，锅再把热能传递至锅中的食物表面。

不同材料导热的速度有差异，水要比空气导热快，所以土豆在开水中煮比在烤炉内烤成熟快；手不能伸入 100 ℃ 的开水中，但能伸入 200 ℃ 的烤炉内，甚至可以停留片刻。一般而言，金属是优良的热能导体，但不同的金属传热速度也有差别：铜、铝的传热速度快，不锈钢传热速度慢；液体传热速度较慢；玻璃、陶瓷传热速度更慢；空气传热速度最慢。

传导是较慢的热传递方式，因为必须有物理接触，一种方式是把热量直接从一物体传递给另一物体；如：炉灶眼上的火将热传给放在上面的锅底，再从锅体传递到锅里的液体，从液体传递到汤里的物体上；另一种方式是热量从物体的一部分传递到同一物体相邻的部分。试想当一金属汤勺放于正在炖汤的锅中会发生什么？起先汤勺柄是冷的，但渐渐地热传上手柄，使它越来越热，直至烫手。锅里的食物从表面成熟直至中心部分也成熟就是这个道理。

传导在所有烹调方法中最为重要，因为它将热量从食物表面传入内部。当食物近表的分子集聚能量后，它们运动越来越快，在运动过程中，它们把热量传递给附近的分子，这样不断将热量由表及里地传送，这一传递运动一直继续到远离热源的分子接到通过传导而来的热能为止，而使食物成熟。这一现象的产生是由于被加热物质的性质决定的，即物质的热的传导性。物体各部分相互之间没有运动也是如此。

在常规加热方法中，热能导致食物内部分子大规模由表及里地移动，温度由表及里递减。这意味着在食物内部明显升温前，其表层已焦化并形成一层脆皮，这就是牛扒表层可以完全加热成熟，而内部还是生的的原因。

活动二　对流

对流传热是由于运动的物体能把热能从一处带到另一处而产生的。由对流来传递热只限于空气、蒸汽和液体（包括热脂肪）这样的物质，这些物质能把本身来源于传导的一部分热能从一个地方传到另一个地方。不管是空气还是液体在加热时，对流就以相同的方式从较密集的地方向较稀疏的地方流动。最靠近热源的那部分空气或液体首先变热但变得不会很热，于是就开始上升，它的位置被这种物质较浓密的部分（低热部分）所取代。对流有两种方式，自然对流和机械对流。

自然对流。较热的液体或气体上浮，而较冷的下沉。如此不断重复，就形成了自然对流。它导致热量的不断循环。通常，对流的总方向是垂直方向。有固态物质妨碍对流进行时，对流便沿着固态物质能通过的最近点流过。因此，在一次性烹制较大量食物时，锅中食物的摆放状况对热流的穿梭至关重要。

机械对流。利用风扇，使热量循环更快、更均匀，使烹调速度加快。对流式烤炉、蒸柜装有一风扇，以加快热气流循环，这样能加快食物成熟的进程。而常规烤炉则利用气流的自然循环传递热量。当然，烘烤食物也包括少量辐射热。

搅动也是机械对流的一种方式，搅动有助于食物受热更快更均匀。黏稠的液体中热量循环速度要比稀薄液体热量循环慢，自然对流速度也慢，这是黏稠的汤与少司容易焦煳的原因。因为热量不能迅速地从锅底部传递到别处，而停留在底部，易把食物烧焦。搅动会使热量分布比较均匀，可以避免焦煳。

活动三　辐射

辐射是热通过发射高频振动能量波并快速在空间传播产生的。热与光波一旦被触及的物体吸收，便加快了该物体分子的振动，从而使温度升高。不同于传导和对流，辐射无须物理接触或中间介质，所以，辐射热可以在真空中传播。

烹调中，辐射热接触到食物时，仅使食物表面受热，食物内部则以传导的方式进行热传递。所以，用辐射方式加热烹调食物，实际上是辐射和传导共同作用的，有时，对流也参与作用。辐射应用于厨房烹调有两种形式：

红外线辐射。受热电器元件或陶瓷元件产生红外线热波，它们以光速向各个方向发射，被食物吸收。炙烤是最常见的用红外线烹调食物的方法。红外线烹调的设备有：多士炉、炙烤炉、烤炉、面火焗炉等。另外还有高强度的红外线炉具，它能快速烧熟食物。

微波辐射。微波炉或电子炉里的磁控接通电源后电磁管产生高频电磁波，渗入食物内部，激活水分子，水分子剧烈运动，摩擦产生巨大热量。微波烹调要比其他烹调方法快捷，因为电磁波可渗入食物内部几厘米深处，激活大量水分子，热量快速而均匀地从各部位产生。但微波烹调不会使食物上色，并且常使肉类质地干燥，这是它无法取代传统烤炉的原因。微波加热时间过长，食物会脱水，巨大的热量使食物产生焦化反应而焦煳。为避免微波烹调时食物水分损失过多，可在烹制的食物上加盖，但这会增加烹调时间。另外，某些食物并不是靠水分来使微波能变成热能，而是靠脂肪，并且比水的变热时间要快两倍。这是由于脂肪的比热（0.5）较水的比热（1.0）低，脂肪提高1℃所需热量仅是水的一半。微波由食物表面穿透到食物中间的距离为 5 厘米左右。大块食物的中心部分是以传导方式加热成熟。微波烹调食物要控制的是时间而不是温度。因为微波辐射只影响水分子，完全无水材料（如盘子）得不到热量，人体感觉到的盘子的温热是盘中的食物传递出来的热量引起的。微波烹调要求使用特殊的炊具，通常是耐热玻璃或微波用塑料器皿，但玻璃易碰碎，不宜用于职业厨房。铝和不锈钢器具是职业厨房最常用的，但不能用于微波烹调，因为金属会反射电磁波，从而损坏微波炉。

在实际工作中，热的传递往往不是以一种形式独立进行的，而是由几种传热方式相继或同时完成的，只不过有主次之分而已。

活动四　火候

火候是在烹制食物时根据食物原料的性质、大小、厚薄以及所要达到的烹调效果而对总热量的掌控。它是一个操作过程，由热源的强度、热传递的方式、食物原料的导热性能和烹调的时间等要素组成。

烹饪用的热源能量由炉灶的火力或电能转换成热能的大小决定。这些都是由现代烹饪设备的调控部件来调节的。通常除了炙烤或铁扒可把热量直接传到原料表面以外，其他烹调方法是靠热源把热能传给热传递介质，如锅底、空气、油、水等，再进一步传给食物原料。

不同的传热方式，实际上指的是传热介质的不同，不同的介质其热量传递的速度也不同。譬如，空气传热慢，蒸汽传热快。对流烤箱比传统烤箱加热速度快。传热快的介质能缩短食物的成熟时间。

食物成熟速度的快慢首先取决于原料在烹调时的环境温度，即传热媒介的温度，其次是原料自身的温度、大小和老嫩程度。从理论上讲，原料的环境温度越高，成熟速度越快，但在实际操作中往往不一定是这样。因为传热媒介温度的高低只决定媒介与原料之间传热流量的大小，而不能决定食物原料吸收热量的多少。食物要吸收足够的热量以达到烹调的目的必须要经过一定的时间才能实现。质地老韧的原料需要小火慢炖才能酥烂可口就是这个道理。

由于食物种类的多样化，影响热量传递的因素也是多样的，所以，在整个烹调过程中热源的强度、热媒介质温度的高低、原料的老嫩、烹调时间的长短应完美地协调好，这样才能获得烹调的最佳效果。许多食谱上提供的菜点所需的烹调精确时间其实是无法确定的，这要靠我们在烹饪实践中不断地去摸索，去积累经验，并根据当时的具体情况来灵活运用，准确把握。

课堂思考

同样温度条件下，食物是在常规烤炉中成熟快还是对流式烤炉中成熟快？为什么？

任务三　常用烹调方法

任务目标 »

了解常用烹调方法的基本原理；掌握常用烹调方法的操作关键；掌握常用烹调方法的基本操作。

食物原料可在空气、油脂、液体或蒸汽中进加热烹调，这些就是烹调过程中的传热介质。根据介质的不同，烹调方法可分为三大类，即干烹法、湿烹法和混合烹调法（表2-1）。

表2-1　烹调方法分类

烹调方法		介质	使用设备
干烹法	炙烤	空气	炙烤炉、面火焗炉、旋转式烤炉
	铁扒	空气	扒炉
	烧烤	空气	烤炉
	烘烤	空气	烤炉
	嫩煎（炒）	油	炉具
	煎炸	油	炉具、可倾式炒炉
	炸	油	油炸炉

续表

烹调方法		介质	使用设备
湿烹法	汆	水或其他液体	炉具、热汤炉、可倾式炒炉
	炖	水或其他液体	炉具、热汤炉、可倾式炒炉
	煮	水或其他液体	炉具、热汤炉、可倾式炒炉
	蒸	蒸汽	炉具、对流式蒸箱
混合烹调法	焖	先油后液体	炉具和烤炉、可倾式炒炉
	烩	先油后液体	炉具和烤炉、可倾式炒炉

活动一　干热烹调法

这类烹调法以空气和油脂为传热介质，成品具有金（焦）黄的色泽、浓郁的香气等特点。

（一）炙烤

炙烤（Broiling）是利用来自食物上方的辐射产生的强热快速加热食物的烹调方法，热源的温度可达1千多摄氏度，食物先放置在预热的金属炉栅上，再送入炙烤炉，上方的辐射热便会加热食物，而下方滚烫的炉栅则会给食物底面烙上焦黄色的交叉烙印。精细的食物原料也许会因直接置于金属炉栅上而损坏外表，而有些食物表面则不需要烙印，那就将它们放在预热过的耐热烤盘中，再送入炙烤炉，利用上方的辐射热和下面预热的烤盘同时对食物加热。由于炙烤是一种用强热快速烹调食品的方法，因此通常选择较嫩的肉、鱼、禽类和部分蔬菜来烹调。炙烤食物时要注意以下方面：

- 调试烤炉的开关是否灵敏，因为烹调食物的温度是靠开关来调节控制的。同时还要调试所有的温度范围。
- 用较低一点的温度烤制大块、厚块和需要全熟的食物。用高些的温度烹制小件、薄的和需要三四分成熟的食物。这样可以保证食物里外具有相同的成熟度。
- 炙烤炉要事先预热，这样容易使食物快速烹调好。炙烤食物前，应把食物在油里浸泡一下，然后沥掉多余油脂，这样预防食物粘在金属炉栅上或烤干。若食物本身脂肪含量高，就不必如此。

● 炙烤过程中食物只需翻身一次，两面都烤好即可。

● 烤肉、禽类食物要考虑到高温烹调下食物的后熟作用，应恰当提前将炙烤的食物取出，并停放一段时间（视食物形态大小而定）再切割装盘上桌。

（二）铁扒

铁扒（Grilling）是西餐中最典型的烹调方法，又叫"架烤"，类似于炙烤。但这种方法的热源在食物下方，食物是放在平行的架炉上，即扒炉上进行烹调。扒炉有电用和气用的，还有用木炭的。特定的取材（如豆科灌木、山核桃木或葡萄藤等）会使食物具有独特的风味。此法烹制的成品表面留有美观诱人的焦黄色交叉烙印（图 2-1）。

图2-1　铁扒成品的表面效果

铁扒和炙烤实际上属同种原理的烹调方法，只不过热源方向不同，其适用范围及成品效果也基本一致，因此，许多专业人士将它们统一称为"铁扒"。另外，使用平扒炉加热食物，即铁板煎，也被称为"铁扒"，这是人们习惯的称法，其实与真正的铁扒有着天壤之别，实际上属于"煎"的范畴。炙烤和铁扒适用于肉类、家禽、水产及蔬菜等食物原料。

（三）烧烤和烘烤

烧烤（Roasting）和烘烤（Baking）是将食物置于密封干热的环境下烹制的方法，通常使用烤炉，利用热空气对流和辐射换热原理使食物成熟或达到所需成熟度，以至表面脱水焦化而呈金（焦）黄色。英文"Roasting"和"Baking"实际上是同种方法的两种不同称法而已。"Roasting"是指肉类和家禽的烤制，而"Baking"则是指鱼、水果、蔬菜、淀粉类及面点的烤制。另有一种烧烤称"Barbecue"，则是指一种在野外进行的自己动手参与的烧烤形式，通常是把食物用肉扦串起放在木炭或干木柴明火上烧烤，这是近年来较为流行的一种休闲方式。烧烤食物时要注意以下规则：

- 烧烤食物通常无须加盖。
- 通常在食物底下垫上蔬菜香料或同类肉的骨头，以免油汁浸入肉中，也可以保证热气在肉的四周循环流通。
- 由于各种原因，有时烤箱内的热量不均匀，通常烤箱里侧的温度高于烤箱门边的温度，所以在烧烤食物时要仔细观察，适时调换一下烤箱内食物的位置。

（四）烟熏

烟熏（Smoking）的方法有敞开式和封闭式。西餐都是采用封闭的方式烟熏，是指把食物放在位于炉子上方的密封容器里，容器的底部铺一层碎木块、锯木屑、茶叶等，上放网架，将食物平放在木屑网架上，用另一个盖子或铝箔盖紧。将封好的容器置于炉灶上或烤炉内（要打开换气扇）加热，木屑被加热并产生烟雾，将食物熏至所需要的成熟度后取出即可。烟熏过程中，木屑燃烧时分解产生的酚、烟酸和其他衍生物，使食物产生特有的烟熏芳香气味，这种气味很多人喜爱。但是，木屑燃烧过程中产生的酚、醛等物质吸附在食物上，食后对人体有害，有致癌的危险。烟熏多用于烹制细嫩、小件的食物，如鱼块、家禽块、嫩肉条、蔬菜等，一般只需5～10分钟。食物放在熏炉里时间越长，食物上的烟味越浓，当然口感也会越老。

（五）熟焗

熟焗（Gratinating /au Gratin）是西餐特有的烹调方法之一。即在已成熟装盘的食物表面盖上芝士、面包粉或浇上蛋黄混合物（如荷兰少司）等，再将其放在面火焗炉（Salamander）的钢架上，在强烈高温下将表面迅速烤成金黄色。实际上，熟焗是炙烤的一种特殊方式，其目的有两个：一是改善食物表面色泽（金黄色），增进美观，诱人食欲；二是增加食物的香气。熟焗适用于水产、家禽、蔬菜、面食等菜肴。

（六）嫩煎（炒）

嫩煎（炒）（Sautéing）是指用少量的热油快速烹调食物的方法。"炒"在法语中是"跳"的意思，指的是小块食物在炒锅中抛扔的动作。它主要是利用传导方式，将盛有少量油脂的热锅的热量传递给食物，温度要求较高，食物通常要切得较小较薄，便于均匀受热，也便于食物在烧锅内翻动。但是，像肉片、鸡片、鱼片等块形较大的食物在炒的时候没必要在锅中高抛翻动，以免食物下落时把热油溅出，甚至造成烫伤事故。

嫩煎（炒）的操作方法是：先将煎锅置炉头上加热，加入少量油（油量以刚好覆盖锅底为准），继续加热至开始冒青烟，放入食物（食物应尽量沥干或吸干水分，以便表面上色，以免油滴飞溅），待其开始上色，可适当调低热量。要适时给食物翻身，以获得适当而均匀的色泽。形较大者应使用食物夹翻身，而不能用肉叉穿刺，以免肉汁流失；形较小的应用漏铲翻身，有时也可使用翻锅技术，但煎锅要尽可能接近火源，以免温度下降。同时，嫩煎（炒）方法应注意这样几点：

- 煎锅应转锅转用，尽量避免用水长时间烧煮。
- 原料入锅前，根据食物品种和要求，将锅预热到位（表2-2）。
- 锅内一次性不要投放过多食物，以免迅速降低锅内温度，使食物难以上色，甚至粘底。
- 对一些肉、禽、鱼类，在下锅煎（炒）时，可适当粘上面粉或上浆。

嫩煎（炒）适用于肉类、禽类、水产等原料。

（七）煎炸

煎炸（Pan-Frying）是介于嫩煎和炸之间的以中等热量和油量烹制食物的一种方法。用油量比嫩煎多但又比炸少，是半煎半炸的方法，热量由锅底直接传递给食物，同时也通过热油的对流传递给食物。用于煎炸的食物通常需事先裹粉，这样有利于保持食物内部的水分和营养成分和阻止热油渗入食物内部。

煎锅先放油加热，油量以湮没至原料的 1/3 ~ 1/2 厚度为准，油温要比嫩煎的低，但也要足够高，以使表面水分迅速蒸发而发出噼啪炸响。如果温度太低，食物会吸收大量的油脂；而油温太高，则表面上色太快，内部不能成熟。食物翻身应用食物夹而不用肉叉，食物成熟取出后，用餐巾纸吸干表面油脂，立即上桌。煎炸时要注意：

- 煎的原料通常是大块的食物，不需要像炒那样多次翻动，多数食物一面上色后，翻身一次即可。
- 油量应根据食物的多少、大小而定。一般带面包屑的食物油量要多些。
- 油温要先高些后低些（表2-2），把握好食物的成熟度和颜色。

煎炸适用于肉类、家禽、鱼类等原料。

表2-2 食物煎（炸）中油温变化参考表

食 物	起初油温（℃）	继后油温（℃）
汉堡牛扒	170	130
西冷牛扒	170	130
沙桃布翁牛扒	160	125
听特浪牛扒	170	140
小牛仔排	140	120
猪 排	140	130
羊 排	170	130
面包屑肉排	130	125
磨坊主式煎鱼	140	110

（八）炸

炸（Deep-Fring）是指用湮没过食物原料的油量来烹调的方法，利用热油的对流将热量传递给食物。成品的质量标准是：外表色泽金黄，外皮酥脆；内部水分损失少，口感细嫩；外表最少的吸油量，形态无损。炸适用于肉类、家禽、水产、土豆、蔬菜等原料。用于炸的食物通常事先经挂面糊或裹粉处理。

1. 炸油的选用

炸油种类较多，发烟点也不一样（表2-3），实践中，应选用品质优良的油，但最常用的还是植物油，尤其是色拉油，因为其发烟点较高（250℃左右）。

表2-3 油脂烹调最高温度参考表

油脂品种	烹调最高温度（℃）
新鲜黄油	110
纯净黄油	160
牛腰油	180～190
猪 油	191～205
椰子油	180～200
花生油	230～235
葵花籽油	227
特殊植物油（色拉油）	250

2.温度的掌握

油脂温度是炸操作的关键，要保证有足够的温度使食物表面黄脆，但过高的温度又可能造成表面焦煳而内不熟的现象。一般情况下，温度控制在 160℃~190℃较为合适。

3.炸的种类

（1）篮炸法。即将食物原料放入金属炸篮内，入热油加热。它适用于裹有面包粉或分散速冻（如薯条）或不会相互粘连的原料。

（2）游炸法。即将食物原料直接放于宽的热油中炸，而不用油炸篮装载，原料可在油中自由游动。它适用于挂糊的食物原料。

（3）高压炸。高压炸是指把食物放入一种特殊的密封炸炉内，将食物产生的蒸汽保存在密封的炸锅内，增加锅内压力进行烹炸的一种方法。在高压锅内油炸食物会大大缩短烹调时间，且油温还比一般油炸要低，食物也不会出现焦煳现象。使用高压炸时，要注意准确地计时。

4.炸前的准备

除非特殊情况（如薯条），绝大多数原料炸前需进行裹粉或挂糊处理，以保持水分和营养，同时阻隔油脂进入原料内部。

（1）调味。一般在裹粉或挂糊前对原料进行调味，也可通过在面粉、面包粉或面糊中加入调味料达到调味的目的。

（2）裹粉。就是在原料表面均匀地沾上一层面包粉、饼干屑、玉米粉、坚果粉等，在炸制过程中，它们受热失水焦化形成黄脆的外表，可以保持内部原料水分，同时防止油脂直接进入内部而引起的油腻。裹粉的操作过程分三个步骤（图 2-2）。

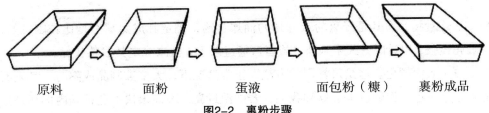

原料　　　　面粉　　　　蛋液　　　面包粉（糠）　　裹粉成品

图2-2　裹粉步骤

①拍面粉。加工成形的原料调味后，在其表面均匀地拍上一层干面粉，以便于蛋液黏着。

②挂蛋液。将拍过粉的原料浸入全蛋液（蛋液用盐、胡椒粉调味）中，使表面挂上一层蛋液，蛋液使面包粉等黏着在原料上，在炸制过程中，鸡蛋凝固，与面包粉形成牢固的外皮。

③裹粉。将挂上蛋液的原料裹黏上一层均匀的面包粉或饼干屑等干性粉料，抖去多余的粉屑。

（3）挂糊。就是在原料表面黏着一层预先调制好的面糊，它与裹粉有着同样的作用。面糊一般是用一种液体（如水、牛奶或啤酒等）与面粉或玉米淀粉混合而成，往往其中还加有化学膨松剂（如泡打粉）。

5. 工艺流程

● 将油预热至所需温度（表2-4）。

● 将加工处理过的原料轻轻放入，炸至表面色泽金黄且原料成熟。

● 取出，沥干或吸去表面的油脂。

表2-4　部分食物深油炸油温变化参考表

食　物	预热油温（℃）	上色、成熟油温（℃）
小件鱼	130	180
大件鱼	130 ~ 140	180
土豆条	130	180
土豆沙勿来	121 ~ 140	180
蔬　菜	140	160 ~ 170

6. 成熟度的判断

油炸食物，尤其是经裹粉或挂糊的油炸食物，判定其成熟与否是比较困难的，一般凭经验，以计时方式来判断，或者可通过以下方法来决定其成熟状况。

（1）表面颜色。这是最常用的方法，正常情况下，大多数制品成熟时，其表面应当呈金黄色。但颜色也会欺骗我们，若油温过高，表面很快上色，其内部却是生的；脏油易使表面色泽加深，同样会引起判断的失误。这些都应在实际操作中引起重视。

（2）测量温度。对于大件的食物（如炸鸡），可待其取出后，通过用温度计测量内部温度来判断成熟状况，恰当的内部温度应在74℃～77℃之间。

7. 炸的注意点

- 一次性投料的数量不宜过多，以免降低油温和互相挤压、翻动困难。
- 不同性质的食物要分开炸，避免互相串味。
- 食物在油炸前要沥干水分，食物表面不要有盐。
- 保持炸油的新鲜。尽量少用陈油，杜绝使用变质的油。每天要用20%左右的新油换掉陈油。
- 尽可能在临食前烹调，以保持最佳的口感。炸好的食物不要在红外线灯下保存过久，否则食物会回潮而失去脆性。

活动二　湿热烹调法

这类烹调法以水、基础汤、少司或蒸汽为介质，成品保持原料的自然风味。湿热烹调法包括氽、炖、焯（水）、煮、蒸（表2-5）。

表2-5　湿烹法的温度及应用

烹调方法	液体温度（℃）	液体状态	用　途
氽	71～82	液体缓慢流动，但无气泡上浮	蛋、鱼、水果等
炖	85～96	小气泡不断上升	肉类、烩类菜肴、鸡等
焯（水）	100	液体快速流动，大量气泡上升	蔬菜、骨头
煮	100	液体快速流动，大量气泡上升	蔬菜、面食
蒸	≥100	食物仅接触沸腾液体产生的蒸汽	蔬菜、水产

（一）氽

氽（Poaching）是将食物浸没在71℃～82℃的液体中，加盖或不加盖烹调的一种方法。它利用液体的对流将热量传递给悬浮于液体中的食物原料，因为氽的液体温度没到沸点，此时液体表面仅是缓慢流动，但无气泡上浮。成品的滋味取决于所用的液体，所以汆的方法一般使用基础汤、肉汤等作为液体，而很少使用水，有时液体被用作成品食物的少司。

选取合适的锅，倒入液体，加热至适当温度，直接放入待汆的食物原料，或用特殊工具（如漏勺等）盛载食物原料放入，视情况调节火力，整个过程始终保持恰当的温度，液体不得滚开，因为高温会使原料质地变老，液体的振荡则可能冲散食物原料或使其变形。

汆适用于容易成熟而不需较长加热时间的食物原料。汆通常有以下几种方法：

用少量的水（以淹没原料为度）或汤汁汆煮。将食物直接放入液体。对易碎的如鱼类可用锡箔纸包好后放入锅中汆熟。此法适用于水产、家禽和部分蔬菜。

用多量的水或汤汁汆煮。此法适用于糖波林（dumpling）、鲜嫩的肉类、培根、香肠和鸡蛋等。

隔水汆煮。用烧杯或其他模具盛入易碎的细嫩食物，然后放入加盖的水锅中汆煮。汆煮过程中盛器内不能进水，盛器内的食物不能搅动。它适用于肉馅或其他馅料、布丁、土豆泥、蔬菜、蛋羹、甜食等。

隔水汆煮并不停地搅拌食物。此法适用于打发奶油、海绵状态的食物，以及打发少司，如荷兰少司、卑亚尼少司等。

（二）炖

炖（Simmering）是利用液体对流传热的另一种方法。液体温度在85℃～96℃之间，略高于汆，液体表面运动较快，且不断有气泡上浮。与汆一样，液体对食物滋味影响很大，所以应当使用滋味上好的基础汤或肉汤，并视情况加入蔬菜香料、香草和调味品，成品应湿润、熟烂。

（三）焯（水）

焯（水）（Blanching）是一种快速湿热烹调法，用于食物的部分加热成熟，常用于蔬菜。其目的是使蔬菜（如西红柿）易于去皮，使硬质蔬菜部分软化，使蔬菜色泽艳丽，甚至去除有些蔬菜的苦味或异味等。一般经焯水的原料应立即浸入冰水中，以阻断加热进程。有时，也用于制作基础汤前用于去除骨头的血污，以确保汤的清澈。另外，"Blanching"一词，也有在温热的油中加热的意思，常用在准备炸土豆前的加热成熟工序。因此，Blanching 也可用于表达中餐烹调中的滑油、过油技法。

（四）煮

煮（Boiling）也是一种利用液体对流传热的方法。液体中大量气泡上升，水流加快且温度相对较高，所以食物成熟要快于氽和炖。但是，食物原料很少是在真正滚开状态的液体中煮制的，大多数是在微沸状态的液体中进行（如煮鸡蛋）。意大利面食和土豆这些淀粉类的食物是在真正滚开的液体中进行加热的。

正常情况下，水的沸点是 100℃，但随着条件的改变，水的沸点就不同。随着海拔高度的增高，水的沸点降低，海拔每增高 1 千米，沸点降低 1℃。所以，高原地区应使用压力锅煮食物。水中加烈酒，沸点也会降低，因为烈酒的沸点约在 80℃；相反，加盐、糖等，沸点则略有上升，这就意味着，用盐水煮食物，成熟较快，因为其沸点比普通水高 1℃ ~ 2℃。实际工作中，应根据其变化，灵活应用。煮的烹调方法有以下几种情况：

用冷水浸没食物并加盖烹煮。 目的在于让食物原料吸收足够的水分，均匀地受热，并防止食物表面变硬。适用于煮土豆、干蔬菜（豆类）、骨头等。

用较多的水或汤底不加盖煮。 在液体烧沸后要转文火，在接近沸点的情况下煮制。目的在于防止食物变成糊状，避免汤汁混浊。适用于制作肉清汤、肉汤全利等。

用开水烫焯食物。 适用于蔬菜烹调。目的在于使食物很快受热，以保留更多的维生素、矿物质等营养成分。

迅速地用沸水或汤汁高温加热。 适用于面制品和米饭。因为在开水的作用下，食物表面的淀粉、胶质能很快地互相粘附在一起，以提高食品质量。

用开水或汤底不加盖烧煮。 先用大火把水烧开，再放入食物煮沸后转小火慢煮，必要时可添加水或汤汁，直至食物成熟。适用于煮鱼、煮鸡和嫩肉类。

（五）蒸

蒸（Steaming）是利用对流将蒸汽的热量传递给食物原料，食物放置在沸腾液体上的蒸篮或蒸架上，但不接触液体，食物之间应留有适当的空隙，以便蒸汽可以均匀地将其包围。蒸锅必须加盖，以保持蒸汽和一定锅内压力，这样会提高成熟的速度，有时蒸食物的液体也用来制作少司，与成品伴食。

现代化厨房常使用对流式蒸炉，它使用加压蒸汽，理想的蒸汽压力在 5.5 ~ 7 磅 / 英寸，所以烹调速度很快。

活动三　混合烹调法

有些烹调方法综合了干烹和湿烹两种技术，称为混合烹调法，主要包括两种，即焖和烩。这两种方法的基本步骤一致，第一步是用干烹法使原料表面焦化上色（烩有时进行焯水处理）；第二步是将原料放入液体中炖至熟烂。混合烹调法适用于质地较老而富有滋味的禽畜肉类。

焖。用于焖（Braising）的食物原料通常是大件的，先用少量油将原料表面快速煎黄，然后加入炒香的蔬菜香料、调味料及足够的液体（以湮没至原料 1/3 ~ 1/2 处为准），加热至沸腾，加盖并转小火继续加热。第二步综合了炖和蒸的方法，既有液体对流传热，又有蒸汽对流传热，这一步可在炉头上进行也可在烤炉中完成。经过慢而长的加热过程，肉质变得酥烂。在食物焖熟烂后，通常加入调味酒和适量少司，用高温浓缩，让焖汁包裹在食物的表面，目的在于增加诱人的滋味和感观，这种方法的烹饪俗语是 Glazing。最后把锅内液体调制成少司，成熟的食物切成片，伴以少司食用。

烩。用于烩（Stewing）的食物原料一般是小件的，首先用少量油将其表面煎黄，颜色不宜深（或焯水），再加入足够的液体或少司，以完全湮没原料为准，加热至沸腾，转小火炖至酥烂。一般来说，烩比焖时间要短，因为原料形状较小易成熟。不同的烹调方法适用于不同的食物和烹调要求。如有些肉块结缔组织含量很高，像牛膝、猪蹄、牛肚等，只有通过湿性加热小火慢慢烹煮才能使其组织分解，由硬变软。而结缔组织很少的嫩肉，更适合于干热烹调法，甚至制成三五成熟即可。在选择烹调方法时，不但要考虑到原料的性质，还要考虑到烹调好的成品的味道和外观等。因此，在我们烹调每一道菜时，选择什么样的烹调方法至关重要，也是菜品成败的关键。

模块小结

食物的加热就是通过传导、对流、辐射将热量传递给食物的过程。经炙烤、铁扒、烧烤或烘烤、嫩煎（炒）、煎炒、炸、汆、炖、煮、蒸、焖和烩等烹调方法加热，食物发生了许多变化，尤其是食物的营养成分发生了很多化学变化，直接影响到了食物的质地、外观和风味等。我们应懂得这些基本原理，从而在实践中合理地应用。

 思考与训练

一、课后练习

（一）填空题

1. 食物的营养成分是由_____、_____、_____、_____、_____和水六大类组成，同时食物中还含有少量的_____和_____等物质。

2. 在烹调过程中，碳水化合物会产生的变化有_____、_____、_____、_____等。

3. 脂肪的化学性质有_____、_____、_____、_____等。

4. 在烹调过程中，容易流失的营养素主要有_____、_____、_____等。

5. 热传递的主要方式有_____、_____和_____。烧烤的传热媒介是_____。

（二）选择题

1. 蛋白质在（　）温度下完全凝固。

A. 71℃～85℃　　　　B. 65℃～85℃　　　　C. 70℃～80℃　　D. 55℃～65℃

2. pH值过高的烹调用水能加速（　）的分解。

A. 维生素　　　　　　B. 纤维素　　　　　　C. 脂肪　　　　　　D. 蛋白质

3. 淀粉糊化的温度范围是（　）。

A. 66℃～85℃　　　　B. 70℃～80℃　　　　C. 66℃～100℃　　D. 65℃～85℃

4. 通常烤土豆比蒸土豆的时间（　）。

A. 长　　　　　　　　B. 短　　　　　　　　C. 同时　　　　　　D. 没什么区别

5. 属于干热烹调法的一组是（　　）。

A. 烤、蒸、煎、炸　　　　　　　　　B. 炙烤、炸、煎、微波

C. 焖、炸、铁扒、煎　　　　　　　　D. 烩、烤、焗、炸

（三）问答题

1. 加热过程中，食物内部会发生哪些主要变化？请举例说明。

2. 炙烤与铁扒有何异同？

3. 简述裹粉的过程。

4. 汆、炖、煮有何不同？

5. 简述焖和烩的区别。

二、拓展训练

（一）应用所学知识阐述影响食物烹饪时间的各种因素。

（二）根据烹调原理，练习常用烹调方法。

汤与少司制作工艺

　　基础汤是专业厨房里最基本的液体材料，少司是菜肴口味的主角，汤又有"头道菜"之称，有开胃助消化的作用。其规格、质量的好坏，不但直接影响菜品的质量，甚至影响到整餐的品质。本模块是西式烹调的基础，是一个职业西餐厨师必须掌握的技术。通过这一模块的学习训练，掌握汤与少司制作的基本技能，为菜肴制作技术的学习打好坚实的基础。

　　本模块主要学习汤和少司的制作工艺，按基础汤、少司、汤分别进行讲解、示范和实训。围绕三个工作任务的操作练习，制作常用基础汤、少司和汤类品种，熟练掌握汤与少司的制作工艺、装饰技术。

学习目标

知识目标

1 了解汤与少司制作的一般方法和基本要求。

2 理解相关专业术语并掌握其外文名。

3 了解基础汤、少司、汤的基本种类及相互关系。

4 掌握各种少司的用途及了解少司的发展趋势。

5 熟悉不同种类基础汤、少司、汤的制作工艺及操作关键。

能力目标

1 能根据制作基础汤的基本流程，制作五大基础汤。

2 能根据少司种类和特点，制作常用少司，并能根据发展趋势，开发新型少司。

3 能按照汤的种类和工艺要求，制作常用汤类，并合理点缀。

任务分解

任务一　基础汤制作

任务二　少司制作与应用

任务三　汤的制作

基础汤与少司制作的重要性

　　某五星级酒店总经理亲自为西餐厨房聘请来一位 20 多岁的年轻厨师，专门负责基础汤与少司的制作。据说，他的薪水比在该西餐厨房工作多年的资深主厨还高很多，这使得厨房老员工们心理很不平衡。这个厨房不免骚动起来，大家都想看看这个年轻人有何过人之处。1个月下来，就餐客人对菜肴质量的表扬越来越多，尤其是菜品的口味、香气比之前有明显提升。3个月后，这位年轻的厨师去新加坡、香港参加世界厨师联合会的交流活动，为期 10 天。其间，几乎天天有客人投诉，反映菜品口味不稳定，特别是少司口味不如之前醇正。菜品质量分析会上，总经理亲自来到现场，和餐饮总监、厨师长及全体西餐厨房员工一起对近期菜品质量的起伏问题进行了研讨，大家一致意识到基础汤是厨房工作的基础，少司是菜肴的关键。至此，大家对这位年轻厨师心服口服，虚心向他学习基础汤、少司制作技术。

　　1. 试分析客人表扬、投诉的原因。
　　2. 试分析基础汤、少司的重要意义。
　　3. 说说少司厨师的重要性。

任务一　基础汤制作

　　能合理选择基础汤原料；能合理加工处理基础汤原料；能制作符合质量标准的基础汤。

　　基础汤（Stock），习惯上叫作"汤底"，以骨头为主要原料，配以蔬菜香料、香料包加水炖制而成。它是制作各种汤（Soup）、少司（Sauce）或焖烩菜肴的基本液体原料。法国烹调大师艾斯可菲曾说过："烹调中，基础汤意味着一切，没有它将一事无成。"

活动一　基础汤原料选择与加工

基础汤的主要原料是动物的骨头、香料（以蔬菜香料为主）、调味料和水。

（一）骨头

骨头是基础汤最重要的原料，它确定基础汤的基本香气、颜色和滋味。用牛骨制汤需炖制 6～8 小时，用鸡骨需炖制 5～6 小时。

牛骨。最好选用新鲜的、年龄较小的牛骨。小牛骨比成年牛骨含更多的软骨和结缔组织，其胶原蛋白含量高，在炖制过程中，胶原蛋白会转变成胶质和水。就部位而言，最好选用背骨、颈骨和腿骨，因为它们的胶原蛋白含量更高。牛骨应当锯成 8～10 厘米长的段或者块，以便在炖制过程中更充分地释放滋味、营养物质溶于水中。成段或块的牛骨要用冷水将血污等冲洗干净。

鸡骨（火鸡骨）。最好选用颈部和背部的骨头。若是整只鸡骨架，应剁成小件，便于操作使用和滋味、营养物质的溶解释放。炖制前需用冷水将血污等冲洗干净。

鱼骨。最好选用含脂肪少的鱼类（如龙利鱼、鲆鱼、鳕鱼等）的骨头。脂肪含量高的鱼，其骨中含脂肪也高，会影响汤的颜色形态和滋味。整条鱼骨应剁成小件，鱼头一劈为二，再剁成小件，然后用冷水将血污等冲洗干净。

其他骨头。羊骨、火鸡骨、野味骨和猪骨也可选用，但最好不要将不同的骨头混合使用。原则上，各种骨头制作的基础汤应用于同类原料的菜肴上，以免串味。

（二）蔬菜香料

蔬菜香料（Mirepoix）是指洋葱、胡萝卜和芹菜这 3 种蔬菜的混合物，用于基础汤的制作，可增进滋味和香气，其标准比例为：50% 的洋葱、25% 的胡萝卜、25% 的芹菜（图3-1）。它们通常切成块段使用，料形大小根据炖汤的时间而定，时间越短，形状就越小。制作牛骨基础汤时，应切成 3～5 厘米大小；而吊制鸡

图3-1　蔬菜香料

或鱼骨基础汤时，应切成 1 ~ 2 厘米大小。胡萝卜、芹菜无须去皮。在吊制棕色基础汤时，洋葱皮可保留，以增加汤色。

在制作白色基础汤时，标准蔬菜香料中则不用胡萝卜，而代之以欧洲防风根、蘑菇和青蒜，称之为"白色基础汤蔬菜香料"。标准蔬菜香料有时也额外增加欧洲防风根、蘑菇和青蒜。

图3-2　香草束

（三）调味料

基础汤的主要调味料（Seasoning）有：胡椒籽、香叶、百里香、番茜枝、蒜头等，一般制成"香草束"或"香料包"使用。

香草束。香草束（Bouquet Garni）是将新鲜香草、蔬菜捆扎在一起。标准香草束由清理干净的番茜枝、芹菜、百里香草、大蒜和胡萝卜组成（图3-2）。

香料包。香料包（Sachet）是包有香料的纱布袋。标准香包料由胡椒籽、香叶、番茜枝、百里香草和大蒜（选用）组成（图3-3）。

图3-3　香料包

活动二　常用基础汤的制作

（一）基础汤的工艺流程与基本要求

1.冷水开始

骨头中的血污等溶解于冷水中，随着水温升高，血污便逐渐凝固并上浮到水面，这样可轻易撇除。若直接使用热水，血污便很快凝固，并粘附在骨头上或分散于水中，无法去除，因而造成汤的混浊。

2.温火炖制

加热至微开时，转小火，保持在85℃左右炖制。这样，原料中的呈味物质渐渐释放出来，汤也始终保持清澈。千万不要煮至沸腾，否则血污和脂肪将被冲散而悬浮于汤中，使汤混浊。

3.不断去沫

炖制过程中，要不断撇除表面的浮沫和脂肪，否则汤会混浊不清。

4.小心过滤

一旦炖制完毕，必须立即将汤与骨头、蔬菜香料及其他固体原料分离开来。

- 将汤锅轻轻搬离炉头。
- 用汤勺轻轻舀汤，不得搅动。
- 用垫有纱布的滤斗或滤筛进行过滤。

5.尽快冷却

基础汤一般是大量制作的，冷却后待用，冷却的方法须得当，以免致病菌生长或酸败。

- 将汤盛于金属汤锅内，这样散热快，陶瓷容器散热慢。
- 水池内放金属架子，将汤锅移至架子上。
- 汤锅周围放冰块。
- 打开水龙头，用流水使汤迅速冷却。

6.恰当保存

汤一旦冷透，需加盖冷藏，表面的脂肪将凝固。完整的脂肪层有助于汤的保存，在冷藏条件下可保存 1 周以上，在冷冻条件下则可保存数月。

7.去除油脂

汤在加热使用前，应揭去表面的脂肪层。

（二）基础汤的种类与制作

1.白色基础汤

一般选用牛骨或鸡骨吊制，小牛骨最常用，但也常将牛骨、小牛骨或鸡骨混合使用。成品应当滋味醇正，清澈透明，无色，富含胶质。

白色基础汤

配料：

　　骨头（小牛骨、鸡骨或牛骨）3.5 千克，冷水 5.5 升，蔬菜香料 500 克

　　香料包 1 个［香叶 2 片，干百里香草 1/4 茶匙，胡椒籽（压碎）1/4 茶匙，

　　番茜枝 4 根］

制作步骤：

- 骨头洗净，锯成 8 ~ 10 厘米长的块。
- 放入汤锅，加冷水，加热至微开，转小火炖（不时撇去浮沫）。
- 加入蔬菜香料和香料包。
- 炖 6 ~ 8 小时（若只用鸡骨则 5 ~ 6 小时）。
- 过滤，冷却并冷藏。

　　注：有时也将骨头先进行焯水处理，除去血污和异味。

---

2. 棕色基础汤

选用鸡骨、牛骨或野味的骨头吊制。成品应味正，棕黄色，富含胶质。

它与白色基础汤的主要区别在于，骨头和蔬菜香料事先要焦化处理，并加用番茄制品（番茄酱），这将使汤色棕黄，味香浓。

棕色基础汤

配料：

　　小牛或牛骨 3.5 千克，冷水 5.5 升，蔬菜香料 500 克，番茄酱 130 克

　　香料包 1 个［香叶 2 片，干百里香草 1/4 茶匙，胡椒籽（压碎）1/4 茶匙，

　　蒜头（压碎）2 瓣，番茜枝 6 支］

制作步骤：

- 骨头锯成 8 ~ 10 厘米长的块。

- 放入烤盘（仅铺一层），送入190℃的烤炉烤至深黄色。
- 将骨头放入汤锅（烤盘内的油脂倒出，保留待用）。
- 烤盘上炉头，加少量冷水加热，再倒入汤锅，剩余的冷水全部倒入，上火加热。
- 烤盘内加入一部分保留的油脂，倒入蔬菜香料炒至深黄，倒入汤锅。
- 加入番茄酱和香料包，文火炖6～8小时，不时撇去浮沫。
- 过滤，冷却，冷藏。

3. 鱼基础汤

鱼基础汤（Fish Stock）选用鱼骨或虾壳等吊制，因鱼骨或虾壳形小或薄，30～45分钟的炖制时间就足够了。当然，蔬菜香料也应切得小些。

鱼基础汤

配料：

鱼骨或虾壳2.5千克，水2.5升，蔬菜香料（小丁）200克，蘑菇边角料100克

香料包1个〔香叶1片，干百里香草1/4茶匙，胡椒籽（压碎）1/8茶匙，番茜枝4枝〕

制作步骤：

- 将原料一起放入汤锅。
- 炖至将开，转文火炖30～45分钟，不时撇去浮沫。
- 过滤，冷却，冷藏。

4. 蔬菜基础汤

蔬菜基础汤（Court Bouillon）用蔬菜、水、白醋或干白葡萄酒等炖制，它一般用于汆制鱼类或蔬菜等。

蔬菜基础汤

配料：

　　水 2 升，白醋 90 毫升，柠檬汁 30 毫升，盐少许，

　　蔬菜香料 350 克，胡椒籽（压碎）1/2 茶匙，香叶 2 片，干百里香草适量，

　　番茜枝 1 束

制作步骤：

- 所有原料混合，上火加热至微开。
- 转文火炖 45 分钟。
- 过滤，即用或冷却待用。

　　注：它可用于汆制各种水产品（尤其是三文鱼、鳟鱼等），若用于汆制淡水鱼，则以同等分量的干白葡萄酒和水替换水和白醋。

课 堂 思 考

如何吊制出高质量的白色基础汤？

任务二　少司制作与应用

任 务 目 标　　　　　　　　　　　　　　　　　　　　　　　　》

　　能调制常用传统少司；能调制特殊少司；能调制并研发新潮健康少司；能合理应用少司。

　　少司，又称沙司，是英文"Sauce"的音译名，是指用于确定菜点滋味的稠滑的液体，即"调味汁"，它还可对菜肴起到保湿、保温和美化的作用。少司有冷热、咸甜之分，冷少司主要用于冷菜，热少司一般用于热菜；咸少司用于菜肴，甜少司

用于甜品。少司，实际上就是一种有滋味有一定浓稠度的液体，一般情况下，其工艺流程：少司 = 液体 + 增稠剂 + 调味品。

活动一 传统少司制作

（一）主要增稠剂

绝大多数少司的增稠是利用淀粉的糊化作用来实现的，淀粉在液体中受热吸收水分而膨胀，使液体浓稠。

1. 油面酱

油面酱（Roux）是少司最基本的增稠剂，它是用等量的面粉与黄油一起加热搅炒而成的一种酱状混合物，又称"黄油炒面"（图3-4）。

（1）油面酱的种类。根据颜色，油面酱可分为三种：

图3-4 油面酱

①白色油面酱。加热时间短，表面一旦形成泡沫和气泡即离火。它用于白色少司（如贝夏梅尔少司）或浅色菜肴的增稠。

②金黄色油面酱。比白色油面酱加热时间稍长，呈淡淡的金黄色。它用于象牙色类少司（如瓦鲁迪少司）的制作。

③棕色油面酱。加热时间长，呈棕黄色，有坚果的香气。它用于布朗少司或深色菜肴的制作。

（2）油面酱的炒制过程。

● 黄油放入厚底少司锅（防止锅底焦煳）加热。

● 加入面粉并不断搅动（最好使用低筋粉，因为它淀粉含量高），形成糨糊状。

● 以文火加热至所需颜色，分别得到上述三种油面酱。加热过程中应不断搅动，以防糊底。

（3）油面酱与液体的混合方法。

①冷液体冲入热油面酱法。将常温下的液体冲入热的油面酱中，边冲边用蛋抒搅动，使其充分混合。

②冷油面酱加入热液体法。将常温下的油面酱搅入热的液体中，并不断用蛋抒搅动，使其充分混合。

（4）油面酱使用时的注意事项。

①选用合适材质的锅具。不锈钢锅最佳，但不要使用铝锅，因为蛋抒搅动时与铝锅摩擦会使少司颜色变得灰暗，并使少司带有金属味。

②掌握好恰当的温度。油面酱应当储存在常温下，温度过低，其中脂肪凝固，不利于其与液体混合；温度过高，当液体冲入时，会溅出而引发危险。液体不应是冰凉的，否则会使油面酱中的脂肪凝固。

2. 黄油面团

黄油面团（Beurre Manié）是用等量的面粉与软黄油揉捏成匀细的面团（图3-5）。然后搓成青豆般大小的颗粒状，丢入正在加热的少司中，并不断搅动。用于少司加热过程即将结束时的快速增稠，同时也起到增加少司光泽和滋味的作用。

图3-5 黄油面团

3. 奶油蛋液

奶油蛋液（Liaison）是鸡蛋黄与厚奶油的混合液。它能稍稍增加少司的稠滑度。使用时应特别注意，避免加热过度使蛋黄完全凝固而造成少司的分离。使用方法：

● 1份蛋黄与3份打起奶油混合均匀。

● 慢慢加入少量热的液体，[①]边加边搅动，使奶油蛋液温热。

● 再将奶油蛋液搅入剩余的热的液体中，少司温度达80℃~85℃。

● 将少司保存在60℃~85℃的条件下，温度过低会造成细菌的生长繁殖；温度过高将使蛋黄完全凝固而与少司分离。

① 液体指烹饪中经常用到的汤、牛奶、水等。

（二）少司的收尾处理技术

浓缩。对于无淀粉增稠的少司，常常采用浓缩技术，即将少司加热，让水分蒸发从而增加其浓稠度，这样还能增强少司的滋味。

过滤。绝大多数少司质地细滑，往往需要用垫有纱布的滤斗或滤筛进行过滤，滤去蔬菜、香草、香料等调味料和疙瘩等。

混入黄油。少司制作完成时，还常加入黄油，通过晃动锅具或搅动使其充分混合，以增加少司的光泽和滋味。

（三）传统少司的分类与制作

传统热少司分为两大类，即母少司和子少司。除荷兰少司外，母少司一般很少直接与菜肴伴食，主要是用作各种子少司的基本材料，因而被称为"母少司"。子少司是以母少司为基础，通过加入各种配料和调味料而制得的，因而被称为"子少司"。传统少司的制作流程是：

- 液体＋增稠剂　→　母少司
- 母少司装饰配料、调味料　→子少司

母少司包括五大类，即贝夏梅尔少司、瓦鲁迪少司、西班牙（布朗）少司、番茄少司和荷兰少司（表 3-1）。实际工作中使用的各种传统热少司几乎都是以它们为基础分别演变出来的。因此，也就出现了五大少司家族。

表3-1　传统母少司

液体		增稠剂		母少司
牛奶		白色油面酱		贝夏梅尔少司（Béchamel Sauce）
白色基础汤	＋	金黄色油面酱	→	瓦鲁迪少司（Velouté Sauce）
棕色基础汤		棕色油面酱		西班牙（布朗）少司（Espagnoley Brown Sauce）
番茄		面酱（或其他）		番茄少司（Tomato Sauce）
清黄油		蛋黄		荷兰少司（Hollandaise Sauce）

1. 贝夏梅尔少司家族

（1）贝夏梅尔少司。此少司得名于其发明者，法国国王路易十四的御厨路易

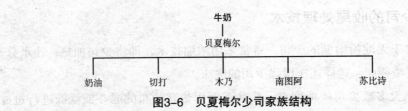

牛奶

贝夏梅尔

奶油　切打　木乃　南图阿　苏比诗

图3-6　贝夏梅尔少司家族结构

图3-7　贝夏梅尔少司

斯·贝夏梅尔（1630～1703年）。它是最早的母少司，传统制法是厚的牛奶瓦鲁迪少司中加厚奶油，现在是以牛奶为液体、白色油面酱为增稠剂制成，成品细滑光亮，色奶白，味醇正，浓度适中（图3-7）。

贝夏梅尔少司

配料：

洋葱（插上香叶）1/2 只，牛奶 2 升，面粉 120 克，黄油 120 毫升，盐、白胡椒粉少许，豆蔻少许

制作步骤：

● 洋葱与牛奶一起放入厚少司锅，文火炖 20 分钟，取出洋葱。

● 另取一锅，加面粉、黄油炒制白色油面酱。

● 向白色油面酱中逐渐加入炖后的牛奶，并不断搅拌，以防结疙瘩，煮开。

● 文火炖 30 分钟，调味。

● 过滤，表面淋少许黄油以防结皮。

（2）子少司。以下子少司的制作均以 1 升贝夏梅尔母少司为基础，且最后一步都用盐、胡椒粉调味（表 3-2）。

表3-2 贝夏梅尔少司子少司的制作方法

序号	少司名称	制作方法
1	奶油少司（Cream Sauce）	加入250毫升热奶油和几滴柠檬汁
2	切打少司（Cheddar Sauce）	加入250克切打芝士碎、少许伍斯特少司（Worcestershire Sauce）、1汤匙芥末粉
3	木乃少司（Mornay Sauce）	加入120克瑞士芝士碎、30克帕马森芝士碎、少量热奶油，最后搅入60克黄油
4	南图阿少司（Nantua Sauce）	加入120毫升厚奶油、180克小龙虾黄油、少许甜红椒粉、小龙虾肉丁
5	苏比诗少司（Soubise Sauce）	500克洋葱粒用30克黄油炒软（不上色），加入贝夏梅尔少司，文火炖至洋葱熟透，过滤

2.瓦鲁迪少司家族

因为使用的基础汤不同（鱼基础汤、鸡或小牛基础汤），又分两个家族。

（1）瓦鲁迪少司。以白色基础汤或鱼基础汤为液体、金黄色油面酱为增稠剂，成品光亮细滑，无疙瘩，象牙色，味醇正，浓度适中。

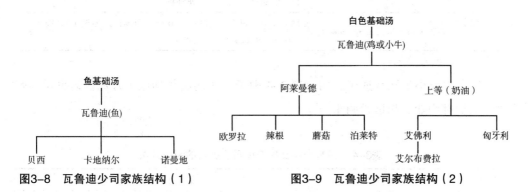

图3-8 瓦鲁迪少司家族结构（1）　　　图3-9 瓦鲁迪少司家族结构（2）

瓦鲁迪少司

配料：

清黄油120毫升，面粉120克，白色基础汤（鸡、小牛或鱼）2.5升，盐、胡椒粉少许制作步骤：

- 炒制金黄色油面酱。

- 逐渐加入汤，并不断搅动，以防结疙瘩。

- 上火煮沸，转文火炖约 30 分钟，调味。

- 过滤，表面淋黄油以防结皮。

（2）鱼瓦鲁迪子少司。表 3-3 中子少司的制作均以 1 升鱼瓦鲁迪少司为基础，最后都用盐、胡椒粉调味。

表3-3　鱼瓦鲁迪少司子少司的制作方法

序号	少司名称	制 作 方 法
1	贝西少司（Bercy Sauce）	冬葱头碎 60 克用黄油略炒，加 250 毫升干白葡萄酒、250 毫升鱼基础汤，加热浓缩至 1/3，加入鱼瓦鲁迪少司，再加少许黄油，番茜末点缀
2	卡地纳尔少司（Cardinal Sauce）	250 毫升鱼基础汤加入瓦鲁迪少司，加热浓缩至 1/2，加 500 毫升厚奶油、少许辣椒粉（Cayenne Pepper），煮开，搅入 40 克龙虾黄油，用时拌入龙虾籽
3	诺曼底少司（Normandy Sauce）	加入 120 克蘑菇边角料、120 毫升鱼汤，浓缩至 1/3，搅入奶油蛋液（1 只蛋黄），过滤

（3）鸡或小牛瓦鲁迪子少司。表 3-4 中子少司的制作均以 1 升瓦鲁迪少司为基础，最后都用盐、胡椒粉调味。

表3-4　鸡或小牛瓦鲁迪少司子少司的制作方法

序号	少司名称	制 作 方 法
1	阿莱曼德少司（Allemande Sauce）	瓦鲁迪少司 1 升煮热；2 只蛋黄与 170 毫升厚奶油混合成奶油蛋液，渐渐搅入 1/3 热的瓦鲁迪少司中；缓慢倒入剩余的瓦鲁迪少司中，搅匀；再加热但不煮沸；加适量柠檬汁，过滤
	2 ~ 5 为阿莱曼德子少司，以 1 升阿莱曼德为基础，最后都用盐、胡椒粉调味	
2	欧罗拉少司（Aurora Sauce）	加入 60 克瓶装番茄少司、30 克黄油
3	辣根少司（Horseradish Sauce）	加入 120 毫升厚奶油、1 茶匙芥末粉，用时加入 60 克新鲜辣根碎，加热
4	蘑菇少司（Mushroom Sauce）	用黄油炒 120 克蘑菇片，加入 2 茶匙柠檬汁，再加入阿莱曼德少司

续表

序号	少司名称	制 作 方 法
5	泊莱特少司（Poulette Sauce）	250克蘑菇片和15克冬葱头碎用黄油炒，加入阿莱曼德少司，再加60毫升厚奶油、少许柠檬汁和1汤匙番茜末
6	上等少司（Supreme Sauce）	1升鸡瓦鲁迪少司与60克蘑菇边角料以文火炖，浓缩至1/4，逐渐搅入250毫升厚奶油，再用文火炖，加盐、胡椒粉调味，过滤
7	匈牙利少司（Hungarian Sauce）	60克洋葱碎用15克黄油略炒软，加15毫升甜红椒粉（Paprika），搅入1升上等少司，炖2～3分钟，过滤后加少许黄油，搅匀

3. 西班牙（布朗）少司家族

（1）西班牙（布朗）少司。以棕色基础汤为液体，棕色油面酱为增稠剂制作而成（图3-11）。

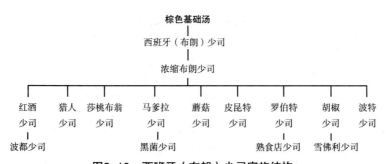

图3-10　西班牙（布朗）少司家族结构

布朗少司

配料：

蔬菜香料（丁）500克，黄油120毫升，面粉120克，番茄酱120克，棕色基础汤2.5升，香料包1个（香叶1片，百里香草1/4茶匙，胡椒碎1/8茶匙，番茜枝4根），盐、胡椒粉少许

制作步骤：

- 将蔬菜香料炒黄炒香。
- 加面粉炒成棕色油面酱。
- 加入番茄酱炒透，边加棕色基础汤边搅动，避免结疙瘩，煮开后转文火炖。
- 放入香料包。
- 以文火炖约 1.5 小时，不时撇去浮沫。
- 过滤并调味。

图3-11　西班牙（布朗）少司

注：浓缩布朗少司，即将等量的布朗少司与棕色基础汤混合后加热浓缩至一半即成。

（2）子少司。表 3-5 中子少司均以 1 升浓缩布朗少司为基础，最后都用盐、胡椒粉调味。

表3-5　布朗少司子少司的制作方法

序号	少司名称	制作方法
1	红酒少司（Marchan de Vin Sauce）	250 毫升干红葡萄酒和 60 克冬葱头碎混合，加热浓缩至 2/3，加入浓缩布朗少司，文火炖，过滤
2	波都少司（Bordelaise Sauce）	将 250 毫升干红葡萄酒、60 克冬葱头碎、1 片香叶、1 枝百里香草、少许黑胡椒粉混合，加热浓缩至 3/4，加入浓缩布朗少司，文火炖 15 分钟，过滤，最后加 60 克黄油，加入焯过水的牛骨髓片作点缀
3	猎人少司（Hunter's Sauce）	将 120 克蘑菇片与 15 毫升冬葱头碎用黄油炒香，加 250 毫升干白葡萄酒，加热浓缩至 3/4，再加入浓缩布朗少司和 170 克番茄粒，文火炖 5 分钟，最后撒入番茜末点缀
4	莎桃布翁少司（Châteubriand Sauce）	500 毫升干白葡萄酒和 60 克冬葱头碎混合，加热浓缩至 2/3，加入浓缩布朗少司，浓缩至 1/2，加柠檬汁和辣椒粉调味，搅入 120 克黄油，再加入新鲜他拉根香草末点缀
5	马爹拉或波特少司（Madeira or Port Sauce）	布朗少司煮开，转小火稍浓缩，加入 120 毫升马爹拉或波特酒
6	黑菌少司（Périgueux Sauce）	马爹拉少司中加入黑菌碎
7	蘑菇少司（Mushroom Sauce）	250 克蘑菇帽放入 250 毫升沸水（水中加少许盐、柠檬汁）中焯水，过滤，水浓缩至 2 汤匙，加入浓缩布朗少司，食用时，加入 60 克黄油和蘑菇帽

序号	少司名称	制作方法
8	皮昆特少司（Piquant Sauce）	30克冬葱头末、120毫升干白葡萄酒、120毫升白酒醋混合，加热浓缩至2/3，加入浓缩布朗少司，文火炖10分钟，加60克酸黄瓜粒、1汤匙鲜他拉根香草、1汤匙番茜末、1汤匙雪维香草（Chervil）
9	罗伯特少司（Robert Sauce）	用黄油将250克洋葱碎炒香，加入250毫升干白葡萄酒，加热浓缩至2/3，加入浓缩布朗少司，文火炖10分钟，过滤，再加入2汤匙法国芥末酱、1汤匙糖，最后加入酸泡菜片点缀
10	胡椒少司（Poivrade Sauce）	将300克蔬菜香料炒香，加1片香叶、1枝百里香草、4根番茜枝、500毫升醋、120毫升干白葡萄酒，加热浓缩至1/2，加入浓缩布朗少司，文火炖30分钟过滤，再加入20粒胡椒（压碎），文火炖5分钟，过滤，加60克黄油
11	熟食店少司（Charcuterie Sauce）	罗伯特少司中再加酸黄瓜片，则成熟食店少司
12	雪佛利少司（Shipley Sauce）	极少见（略）

4. 番茄少司家族

（1）番茄少司。传统的番茄少司是番茄、蔬菜、白色基础汤加金黄色或棕色油面酱增稠制得，但现在，一般不再用油面酱，而是将番茄、香草、香料、蔬菜等煮后搅成蓉状（图3-13）。

图3-12　番茄少司家族结构

图3-13　番茄少司

番茄少司

配料：

　　咸猪肉（切丁）60克，蔬菜香料300克，番茄蓉2.5升香料包（千百里香草 1/2 茶匙，香叶 2 片，大蒜 2 瓣，番茜枝 5 根），胡椒碎 1/4 茶匙，盐少许，糖少许，白色基础汤 1.5 升，猪骨 500 克

制作步骤：

- 将咸肉用中火热出油。
- 加入蔬菜香料略炒（不上色）。
- 加入番茄蓉、香料包、盐和糖，炒匀，加入汤和猪骨。
- 用文火炖 1/2 ~ 1 小时，或炖至所需的浓稠度。
- 取出猪骨和香料包，用碾磨器制蓉，冷却待用。

（2）子少司。表 3-6 中子少司均以 1 升番茄少司为基础，最后均以盐、胡椒粉调味。

表3-6　番茄少司子少司的制作方法

序号	少 司 名 称	制 作 方 法
1	克里奥尔少司 （Creole Sauce）	将 170 克洋葱碎、120 克芹菜粒和 1 茶匙蒜泥炒香，加入番茄少司、1 片香叶、少许百里香草，文火炖 15 分钟，加入 120 克青椒粒和少许辣椒少司，文火炖 15 分钟，取出香叶
2	西班牙少司 （Spanish Sauce）	制作克里奥尔少司时加入 120 克蘑菇片，最后加入黑橄榄或青橄榄点缀
3	米兰少司 （Milanaise Sauce）	用黄油炒 140 克蘑菇片，加入番茄少司、140 克熟火腿（幼条），140 克熟牛舌（幼条），文火炖

5. 荷兰少司家族

（1）荷兰少司。荷兰少司（Hollandaise Sauce）及其子少司是乳化少司，利用蛋黄中的卵磷脂（一种天然的乳化剂）的乳化作用，将温热的黄油和少量的水、柠檬汁、醋融合于一体。成品应当光亮细滑，质轻泡，色浅黄，具黄油的清香（图 3-15）。

温度对于荷兰少司的制作及保存极其重要。这类少司的制作是垫于热水中进行的，温度不能过高，否则会使蛋黄失去其乳化性能；清黄油应当温热，但温度不能

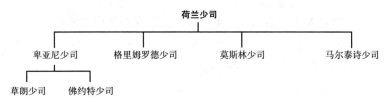

图3-14 荷兰少司家族结构

过高，否则随着其加入，也会导致蛋黄温度升高。虽然荷兰少司也可用全黄油制作，但成品不如用清黄油稳定。

　　这类少司必须保存在 10℃ ~ 60℃ 之间，若高于 65℃，蛋黄将成熟凝固，而少司将分离起沙；若温度低于 7℃，黄油将凝固，致使少司无法使用。但这一温度范围特别适宜于细菌的生长繁殖，所以，工作中应最大限度降低致病菌危险的发生：

图3-15 荷兰少司

- 工具、盛器应消毒，确保洁净卫生。
- 尽可能临近食用时制作。
- 一次少量制作。
- 成品存放时间不宜超过 1.5 小时。

荷兰少司

配料：

　　白胡椒（压碎）1/4 茶匙，白酒醋 90 毫升，蛋黄 5 只，柠檬汁 30 毫升，清黄油（温）500 毫升，盐、白胡椒粉少许，辣椒粉少许

制作步骤：

- 将胡椒碎、醋和水混合，加热浓缩至 1/2。
- 将蛋黄放入不锈钢盆，将上述浓缩液体直接过滤入蛋黄中，同时搅动。

> - 将不锈钢盆置于温水上，用蛋扦搅打，混合物起泡越来越多，越来越稠，当表面出现一系列皱纹时，取出不锈钢盆（注意不要加热过度）。
> - 搅入 15 毫升柠檬汁，阻止蛋黄的成熟。
> - 再慢慢加入清黄油，并不停搅动，使其成为稳定的乳化混合物。
> - 再搅入剩余的柠檬汁，加盐、白胡椒粉、辣椒粉调味。
> - 隔温水保存。

（2）子少司。表 3-7 中少司的制作均以 1 升荷兰少司为基础，最后均用盐、胡椒粉调味。

表3-7　荷兰少司子少司的制作方法

序号	少司名称	制作方法
1	卑亚尼少司（Béarnaise Sauce）	将 60 克冬葱头碎、5 汤匙鲜他拉根香草末、3 汤匙鲜雪维香草末、1 汤匙胡椒碎、250 毫升白酒醋混合，加热浓缩至 60 毫升，用此浓缩液体代替荷兰少司所用的浓缩液体，最后加入鲜他拉根香草末点缀
2	草朗少司（Choron Sauce）	在卑亚尼少司中加入番茄蓉和厚奶油各 60 克搅匀
3	佛约特少司（Foyot Sauce）	在卑亚尼少司中加入 90 毫升浓缩布朗少司
4	格里姆罗德少司（Grimrod Sauce）	荷兰少司中加入红花粉
5	莫斯林少司（Mousseline Sauce）	荷兰少司中加入 250 毫升充分打起的厚奶油
6	马尔泰诗少司（Maltaise Sauce）	荷兰少司中加入 60 毫升橙汁、2 茶匙橙皮屑（传统制法中使用血橙）

活动二　特殊少司制作

（一）红（白）葡萄酒黄油少司

红（白）葡萄酒黄油少司（Beurre Blanc /Rouge）也是乳化少司，但不同于荷兰少司，它不使用蛋黄，仅依靠黄油中少量的卵磷脂起乳化作用。成品要比荷兰少司轻而薄，但比厚奶油细腻稠厚。它的三大基本原料是：冬葱头、红（白）葡萄酒和全黄油。冬葱头和葡萄酒确定基本滋味，而黄油则是少司的主体。红（白）葡萄酒黄油少司的制作过程及注意事项：

- 选取合适的锅具。不要选用铝锅、壁薄或不粘锅。
- 加入红（白）葡萄酒、冬葱头和香草等，上火加热浓缩至液体将干。
- 将冷黄油逐块搅入。黄油应在冰箱中冷透，这将使黄油中的脂肪、水和固体物质随着黄油的融化和混合物的搅拌渐渐融合入少司。
- 当黄油完全搅入后，过滤，隔温水保存。

白葡萄酒黄油少司

配料：

白葡萄酒 15 克，白酒醋 60 毫升，盐少许，白胡椒粉少许，冬葱头（剁末）1.5 汤匙，黄油（冷）500 克

制作步骤：

- 将白葡萄酒、白酒醋、盐、白胡椒粉和冬葱头末放入少司锅混合，加热浓缩至 2 汤匙，转小火。
- 将冷黄油切成 30 克重的厚片，一片一片地加入，并用蛋扦不停地搅动，至黄油加完，注意始终保持少司温度在 43℃～ 49℃之间。
- 过滤，隔温水保存在 38℃～ 54℃环境中。

注：红葡萄酒黄油少司的制作，以红葡萄酒、红酒醋替换白葡萄酒、白酒醋即可。

（二）混合黄油

混合黄油（Compound Butter）是在软黄油中混合各种调味料，故又称“风味黄油”，它是直接可用作菜肴的少司，也常用于子少司的制作，以增加其滋味、颜色和光泽。一般使用搅拌机或食品加工机将黄油与调味料充分混合，然后用油纸包卷成细圆柱状，置冰箱冷凝后切片使用，或是裱挤成小玫瑰花形，冻硬后使用。绝大多数混合黄油冷藏保质期为 2 ～ 3 天，若冷冻，则可保存较长时间。表 3-8 中常用

混合黄油均以 500 克无盐软黄油为基准，最后用适量盐和胡椒粉调味。

表3-8　混合黄油的制作方法

序号	黄油名称	制作方法
1	紫苏黄油（Basil Butter）	混入 60 克鲜紫苏叶末、60 克冬葱头末、2 茶匙柠檬汁
2	香草黄油（Herb Butter）	混入 250 毫升新鲜杂香草末（番茜、莳萝、青葱、他拉根或雪维香草）
3	龙虾黄油（Lobster/Crayfish Butter）	250 克熟龙虾、黄油一起碾磨，加热融化，过滤，入冰箱冷透
4	管事黄油（Maitre d'Hôtel Butter）	混入 60 毫升番茜末、3 汤匙柠檬汁、少许白胡椒粉
5	红椒黄油（Red Pepper Butter）	250 克红灯笼椒烧烤后去皮去籽，制蓉，混入黄油中
6	冬葱头黄油（Shallot Butter）	250 克冬葱头去皮，焯水，沥干后切末，混入黄油中

（三）烧汁

烧汁（Pan Gravy）是指烧烤禽畜肉类时流入烤盘中的液汁，过滤后，经调味可直接使用，但通常需兑入棕色基础汤，经油面酱增稠，调味后使用。烧汁的调制过程是：

- 将烤好的肉从烤盘中取出，烤盘连同烧烤时流出的液汁一起上火加热。
- 撇出烤盘中的油脂（保留用于炒制油面酱）。
- 加入适量的基础汤，加热，再倒入少司锅中。
- 另取一锅，用保留的油脂炒制油面酱。
- 将油面酱加入少司锅中，搅匀，炖煮。
- 过滤后调味。

（四）果蔬蓉少司

果蔬蓉少司（Coulis）以蔬菜或水果蓉作为主要原料，可伴食冷、热菜肴，用于其他蔬菜、淀粉、肉类、家禽、水产类菜肴。它一般以单一蔬菜作为基料（常用的蔬菜有：西蓝花、番茄和甜红椒等），与调味料（如洋葱、蒜头、冬葱头、香草和香料）加热熟制，然后搅打成蓉。如果需要，还可加入基础汤、水或奶油稀释。

果蔬蓉少司本味本色，脂肪含量很低，相对于传统少司而言，是一种健康少司。水果蓉少司，通常用新鲜或冷冻的浆果制得，一般用作甜品少司，本书不作介绍。蔬菜蓉少司的工艺流程：

- 将主料、调味料与液体一起加热熟制，然后上搅拌机搅打。
- 加入液体，上火煮。
- 根据需要进行稀释和调味。

红椒蓉少司（Red Pepper Coulis）

配料：

色拉油 15 克，蒜泥 1 茶匙，洋葱（小丁）40 克，红灯笼椒（小丁）600 克，干白葡萄酒 120 毫升，鸡基础汤 220 毫升，盐、胡椒粉少许

制作步骤：

- 将蒜泥、洋葱炒软（不上色）。
- 加入红椒炒软。
- 加干白葡萄酒、基础汤，炖 15 分钟左右，加盐、胡椒粉调味。
- 上搅拌机搅打，然后过滤。
- 根据需要调整浓度。

（五）其他少司

博洛尼亚少司（肉酱）（Bolognaise Sauce）

配料：

蔬菜香料（切粒）500 克，橄榄油 120 毫升，黄油 60 毫升，绞牛肉 1 千克，干白葡萄酒 500 毫升，牛奶 350 毫升，豆蔻粉少许，番茄碎 2 千克，白色基础汤 500 毫升，盐、胡椒粉少许

制作步骤：

- 蔬菜香料用橄榄油和黄油炒软，倒入牛肉炒干。
- 倒入葡萄酒炒干。
- 倒入牛奶、豆蔻，炒干。
- 倒入番茄碎、基础汤，加盐、胡椒粉，小火炖 1.5 ~ 2 小时，调味。

烧烤少司（Barbecue Sauce）

配料：

洋葱（小丁）500 克，蒜泥 60 克，植物油 60 毫升，红酒醋 360 毫升，红糖 60 克，蜂蜜 120 克，牛基础汤 500 毫升，番茄少司 600 克，芥末粉 60 克，伍斯特少司 60 毫升，盐、胡椒粉少许，辣椒粉少许

制作步骤：

● 将洋葱和蒜泥炒软。

● 倒入其余原料，小火炖约半小时。

活动三　新潮少司制作

现今，厨师越来越多地使用水果、蔬菜或风味油来制作少司，其制作便捷，随意性强，更能发挥厨师的新颖构思和创意，虽源于传统少司制作技术，但因其脂肪含量低，顺应了人们对健康饮食的追求。

（一）果蔬调味酱

果蔬调味酱（Salsa and Relish）是一种用香草、香料、水果、蔬菜制成的质地粗糙的酱状混合物。一般用作肉类、家禽、水产类菜肴的少司，冷热均可。虽然不是传统少司成员，果蔬调味酱因其风味清鲜，色泽自然，制作简便，低脂肪，低热量而广受欢迎。常用的果蔬有：橙子、菠萝、木瓜、黑豆、番茄、豆薯等。

番茄调味酱（Tomato Salsa）

配料：

番茄（去籽，切粒）3 只，青葱（切葱花）适量，蒜头（蓉）2 瓣，芫荽末适量，墨西哥胡椒（剁碎）2 只，柠檬汁 40 毫升，小茴香粉 1/4 茶匙，盐、胡椒粉少许

制作步骤：

将上述原料混合拌匀，放入冰箱待用。

（二）蔬菜汁少司

新鲜蔬菜（如胡萝卜、红菜头、菠菜等）榨汁，然后加热浓缩，并用黄油增味，制得色艳味浓的少司，当然还可以加入奶油或基础汤。一般用单一种类的蔬菜制作，滋味醇正，但有时也用两种或几种蔬菜来制作，但要尽量避免多种蔬菜汁混合而引起滋味、颜色的混乱。蔬菜汁少司尤其适用于面食、水产类和家禽及素食烹调。蔬菜汁少司的工艺流程：

- 蔬菜洗净去皮，榨汁。
- 加入基础汤、柠檬汁、香草或其他调料。
- 根据需要，上火炖煮，浓缩。
- 过滤，调味，搅入黄油。

芹菜汁少司（Celery Juice Sauce）

配料：

芹菜汁500毫升，番茄汁250毫升，新鲜百里香草（剁碎）少许，黄油90克，盐少许，辣椒少司（Tabasco Sauce）少许

制作步骤：

- 将芹菜汁、番茄汁和百里香草混合，上火加热浓缩至1/2。
- 搅入黄油，加盐、辣椒少司调味。
- 过滤待用。

（三）风味油

味浓的风味油（Flavored Oil）也常用来拌食多种菜肴，但用量要小。一般用于色拉、汤、蔬菜、淀粉类菜肴及副盆，起增味保湿作用。风味油的制备应选用高质量的天然植物油，如橄榄油、色拉油、花生油、葵花籽油等，增味原料可直接浸入油中，但最好先将其压碎、打成泥或熟制。风味油的工艺流程：

- 将新鲜香草、水果或蔬菜剁碎或打蓉，干的香料用少量油以小火炒香。
- 将上述增味原料和色拉油倒入瓦罐中，加盖。
- 在室温下放置1～24小时，不时摇动瓦罐，但不要让调味原料无限期地保留

在油中，否则可能使油味苦涩。

- 过滤后装入密封容器中，入冰箱待用。

活动四 少司的应用

传统少司一般都有适配性，甚至有些少司专用于某些特定菜肴，但现在的厨师则常打破常规，充分发挥创意，用法独特，如今，绝大多数少司有多种用途，可用于许多不同的菜肴（表3-9）。

表3-9 少司的使用

少 司	用 途	少 司	用 途
奶油少司	蔬菜、面食、蛋、鱼	皮昆特少司	猪肉
切打少司	蔬菜、面食	胡椒少司	铁扒或烧烤肉类、野味
木乃少司	水产、家禽、蔬菜	罗伯特少司	猪肉
南图阿少司	水产	番茄少司	肉类、家禽、蔬菜、面食，制作子少司
苏比斯少司	小牛肉、猪肉、蛋	克里奥尔少司	鱼、蛋、鸡肉
贝西少司	余鱼	西班牙少司	蛋、鱼
卡地纳尔少司	龙虾、白色鱼、蟹、蛋	米兰少司	面食、铁扒或嫩煎家禽和白色肉类
诺曼底少司	质细的白色鱼、蚝	卑亚尼少司	铁扒或嫩煎肉类和鱼类
欧罗拉少司	蛋、鸡肉、胰腺	草朗少司	铁扒肉类和鱼类
辣根少司	烤牛肉、烤火腿、卤牛肉	佛约特少司	铁扒肉类和鱼类
泊莱特少司	蔬菜、胰腺	格里姆罗少司	蛋、余鱼
阿尔布费拉少司	焖家禽、胰腺	莫斯林少司	余鱼、蛋、蔬菜
匈牙利少司	蛋、鸡肉、肉排、胰腺	马尔泰诗少司	余鱼
艾佛利少司	蛋、焖家禽	葡萄酒黄油少司	蒸、铁扒或余鱼、鸡或蔬菜
波都少司	嫩煎或铁扒肉类	混合黄油	铁扒肉类、家禽和鱼类，用于少司的收尾处理
猎人少司	嫩煎或铁扒肉类和家禽	烧汁	烧烤肉类和家禽

续表

少 司	用 途	少 司	用 途
莎桃布翁少司	炙烤肉类	蔬菜蓉少司	蔬菜、铁扒或余肉类、家禽和鱼
雪佛利尔少司	烧烤肉类和野味	果蔬调味酱	肉类、鱼、蔬菜和家禽
马爹拉/波特少司	铁扒或烧烤肉类和野味、火腿	蔬菜汁少司	面食、水产、家禽
蘑菇少司	嫩煎或铁扒肉类和家禽、白色肉	风味油	色拉、汤和淀粉类、副盆
黑菌少司	嫩煎家禽、铁扒肉类和野味、胰腺		

课堂思考

谈谈你对少司发展趋势的认识。

任务三　汤的制作

任务目标 >>

能制作常用清汤类；能制作常用浓汤类；能制作常用特殊汤类；能合理对汤进行点缀和掌控上桌温度。

汤（Soup），一般以基础汤或水为基本材料，通过加入不同的配料和调味料制得。它可作为开胃头盆后的第二道菜，也常直接作为第一道，有开胃润喉、增进食欲的作用。汤的品种繁多，根据制作技术及外观特征，绝大多数汤可分为两大类，即清汤类和浓汤类，此外，还有一些制法特殊的汤类。

活动一　清汤制作

清汤（Clear Soups）是指未使用任何增稠剂的汤类，包括肉汤及以其为基础的蔬菜汤和高级清汤。

（一）肉汤

一般而言，所有清汤的制作都是从肉汤（Broths）开始的，肉汤既可作为成品汤直接上桌食用，也是制作其他汤的基本液体，还可通过提鲜、提纯、澄清技术制得高级清汤。

1. 肉汤的概念

肉汤是用畜肉、禽肉、鱼肉等与液体炖制而成的本色原汤。为使汤味浓醇，液体最好选用基础汤（或兑部分水），主汤料最好选用腿、颈、肩等部位的肉或成年的家禽，未成年家禽虽然肉质细嫩，但是鲜味物质含量比成年家禽少，所制汤汁鲜味淡薄，香气不足。

肉汤的制作技术与基础汤基本一致，但与基础汤有两方面的区别。首先，是主汤料的不同，肉汤用肉，而基础汤则用骨头。其次，是用途的不同，肉汤已是成品汤，可直接食用，而基础汤是半成品，一般只作为少司、汤或烩焖菜肴等的基本液体原料。

2. 肉汤的工艺流程

- 分切或整理汤料。
- 将肉煎黄，蔬菜香料炒香炒黄或炒软（根据需要而定）。
- 将主料和蔬菜香料放入汤锅内，加入足量的冷水或基础汤，放入香草束或香料包（根据需要而定）。
- 上火慢煮至沸，转小火炖（不断撇去浮沫）至主料酥烂，汤味充分形成。
- 用纱布小心过滤，以免造成汤的混浊不清。
- 重新煮沸，根据需要点缀上桌，或冷却后冷藏待用。

牛肉汤（Beef Broth）

配料：

牛肉（切成 5 厘米厚的大块）2.5 千克，色拉油 120 克，水或基础汤（冷）4 升，蔬菜香料 450 克，大蒜（切中丁）120 克，萝卜（切中丁）120 克，番茄（去籽切块）120 克，香料包 1 个［香叶 1 片，百里香草 1/4 茶匙，胡椒籽（压碎）1/4 茶匙，番茜枝 4 根］，蒜头（压碎）1 瓣，盐少许

制作步骤：

- 牛肉用油煎黄，放入汤锅，倒入水或基础汤，文火炖 1～2 小时，不断撇去浮沫。
- 蔬菜香料用油炒黄炒香，倒入汤锅，加入大蒜、萝卜、番茄、香料包。
- 继续炖约 1 小时，撇去浮沫。
- 经纱布过滤，调味，冷却后入冰箱保存。

（二）蔬菜汤

1. 蔬菜汤的概念

蔬菜汤（Vegetable Soups）是以肉汤为基本液体，通过加入各种蔬菜、面条或牛肉等制作而成。

蔬菜汤制作非常简单，一般将蔬菜等放入肉汤中炖至熟软，让其充分释放滋味。蔬菜的品种和数量随意性较大，可以只用一种蔬菜，如洋葱汤，也可投入多种蔬菜，如意大利杂菜汤。蔬菜炖制的时间是关键，既要熟软，充分释放滋味，又不能烂而失形。

因为蔬菜等直接加入肉汤中炖，所以蔬菜汤不如纯肉汤清澈。但其外观仍很重要，蔬菜应切得规则、均匀、美观，形状一般为丁、丝、幼条或方片（图 3-16）。

图3-16　蔬菜汤

2.蔬菜汤的工艺流程

- 将加工成形的蔬菜小火慢慢炒软。
- 加入肉汤或基础汤上火煮沸后转小火炖。
- 放入香叶、干百里香草、胡椒碎、番茜枝、蒜头（通常包成香料包），炖足够的时间，使其滋味充分释放于汤中。
- 加入其他汤料（视各种汤料成熟时间的不同分别加入）。
- 继续炖，使滋味充分混合。
- 上桌前，加入事先准备好的点缀配料（如不马上食用，冷却后冷藏待用）。

蔬菜牛肉汤（Vegetable Beef Soup）

配料：

黄油80克，蔬菜香料（切小丁）750克，萝卜（切小丁）120克，蒜头（剁碎）1瓣，牛肉汤2升，牛肉（切小丁）220克，香料包1个［香叶1片，百里香草1/4茶匙，胡椒籽（压碎）1/4茶匙，蕃茜枝4根］，番茄碎170克，粟米粒170克，盐、胡椒粉少许

制作步骤：

- 取一汤锅，用黄油将蔬菜香料和萝卜炒透。
- 加蒜头略炒。
- 倒入牛肉汤和牛肉丁，加香料包，文火炖，不时撇去浮沫和浮油。
- 炖至牛肉和蔬菜熟软（约1小时）。
- 加入番茄碎和粟米粒，再炖10分钟，调味即成。

法式洋葱汤（French Onion Soup）

配料：

洋葱1.1千克，黄油60克，牛基础汤2升，鲜百里香草适量，盐、胡椒粉少许，干雪利酒60毫升，烤法包片适量，芝士碎适量

制作步骤：

- 洋葱去皮切丝。

- 厚底汤锅放黄油，用小火将洋葱慢炒至棕黄色。
- 倒入牛基础汤和百里香草。
- 煮开后转小火炖约 30 分钟，调味。
- 盛入汤盅，放一片烤法包片，上撒芝士碎，送入面火焗炉烘至表面呈金黄色。

意大利杂菜汤（Minestrone）

配料：

干白豆 200 克，橄榄油 15 毫升，洋葱（切丁）150 克，蒜头（剁碎）2 瓣，芹菜（切丁）200 克，胡萝卜（切丁）150 克，意大利黄瓜（切丁）200 克，四季豆（切丁）150 克，包菜（切丁）200 克，蔬菜基础汤 2.5 升，番茄碎 200 克，番茄酱 150 克，鲜奥利根努香草（剁碎）1/2 汤匙，鲜紫苏（剁碎）1 汤匙，鲜雪维香草（剁碎）1/2 汤匙，鲜番茜（剁碎）1 汤匙，盐、胡椒粉少许，通心粉（熟）60 克，帕马森芝士适量

制作步骤：

- 干白豆洗净煮熟。
- 洋葱炒软，加入蒜头、芹菜、胡萝卜，炒透炒软。
- 加入其余蔬菜（番茄除外），炒透。
- 加入番茄酱炒透。
- 倒入基础汤、番茄，煮沸后转小火炖 1 小时。
- 撒入香草，用盐、胡椒粉调味。
- 加入煮熟的白豆和通心粉。
- 盛入汤碗，撒入芝士碎。

（三）高级清汤

1. 高级清汤的概念

高级清汤（Consommés）由基础汤或肉汤经澄清处理除去杂质而制得（图

图3-17 高级清汤

3-17）。成品应当具有浓郁的主料本味，含丰富的胶质，清澈透明，无油迹。牛肉和野味高级清汤呈深茶色，家禽高级清汤呈金黄至淡琥珀色不等。高级清汤实际上是精炼的肉汤或基础汤，所以上佳的肉汤或基础汤是高级清汤质量的根本保证。

2. 澄清原理

以基础汤或肉汤与澄清混合肉酱（蛋清、绞肉、蔬菜香料、香草和香料及番茄或葡萄酒等的混合物）混合，然后上文火慢慢炖，蛋清和肉中的蛋白质渐渐凝固，混合物逐渐变轻而慢慢上浮至汤的表面。此过程中不断吸附汤中细小的悬浮颗粒，使汤清澈透明。同时，在炖的过程中，混合物不断释放滋味，增进了汤的风味。如果清澈度不够理想，可以用打泡蛋清放入汤中混合、加热，让蛋清在成熟过程中吸附杂质，进一步澄清。

3. 高级清汤的工艺流程

- 取一合适的汤锅，放入绞肉、蛋清（稍微抽打）和其他材料，充分混合。
- 倒入冷的肉汤或基础汤，搅拌均匀。
- 上文火慢慢加热，并不断搅动，以防结底，将沸时即停止搅动。
- 当澄清混合肉酱凝固上浮至表面，转小火保持炖的状态，使滋味充分形成（1～1.5小时）。
- 用纱布轻轻过滤、澄清，撇净浮油。
- 若不立即食用，冷却后冷藏（若表面有凝固的油脂，应除净，可留作他用）。

牛肉高级清汤（Beef Consommé）

配料：

蛋清5只，绞牛肉（瘦）500克，蔬菜香料200克，番茄（去籽切粒）150克，牛肉汤或牛基础汤（冷）2.5升，扒洋葱1只，香料包1个［香叶1片，干百里香草1/4茶匙，胡椒籽（压碎）1/4茶匙，番茜枝4根，丁香2粒］，盐少许

制作步骤:

- 将蛋清稍抽打起泡。
- 与牛肉、蔬菜香料、番茄一起放入汤锅,搅动。
- 倒入牛肉汤或牛基础汤,搅拌均匀,放入香料包和扒洋葱(起香增色)。
- 上文火炖,并不时搅动,当牛肉混合物凝固并上浮到表面时,停止搅动。
- 文火炖 1.5 小时左右。
- 用纱布过滤,撇去浮油,调味。

活动二 浓汤制作

浓汤(Thick Soups)指通过使用增稠材料而具有一定浓稠度的汤。它有两类,即奶油汤和菜蓉汤。一般情况下,奶油汤用油面酱或其他淀粉增加浓度,而菜蓉汤依靠呈蓉状的主料自然增稠。但有时两种汤十分相似,有些蓉汤最后也加入奶油,甚至也可用少量油面酱或其他淀粉增加浓度。

(一)奶油汤

1. 奶油汤的概念

奶油汤(Cream Soup)是将汤的主料(如奶油西蓝花汤的西蓝花)放入白色基础汤或稀的瓦鲁迪少司中用文火炖熟,然后上搅拌机搅打,过滤,调整浓度,最后加入奶油,调味而成。传统烹饪中,常用贝夏梅尔少司作为奶油汤的基本液体材料(图 3-18)。

图3-18 奶油汤

不管质硬(如芹菜、瓜菜类等)还是质软或叶用蔬菜(如菠菜、粟米、西蓝花、芦笋、蘑菇等),都可用于制作奶油汤。质硬的蔬菜一般先用黄油以文火炒软(不上色),质软或叶用蔬菜一般直接放入液体中炖。因为奶油汤需用粉碎机搅打,所以主料必须炖软炖烂,以便搅烂成蓉。

2. 避免奶油（牛奶）起花的措施

所有的奶油汤最后都加牛奶或奶油，冷牛奶和奶油直接加入滚热或酸性的汤中会立即凝结而起花，为防止这一不良结果，应采取正确的方法。

- 先将牛奶或奶油用文火炖热，或先取少量热汤逐渐搅入其中，再与剩余的热汤混合。
- 尽量在临近食用时加入牛奶或奶油。
- 牛奶或奶油加入后，汤不要再煮。
- 油面酱或其他淀粉的存在会阻止牛奶或奶油的凝结，所以，最后可直接加入贝夏梅尔少司或奶油少司。

3. 奶油汤的工艺流程

- 在汤锅中将硬质蔬菜（如瓜菜类、洋葱、胡萝卜、芹菜等）以文火炒软（不上色）。
- 增加浓稠度：加入面粉炒成金黄色油面酱，加入液体；或加入基础汤，上火炖，混入预先制好的金黄色油面酱；或加入稀的瓦鲁迪少司或贝夏梅尔少司。
- 煮沸后转小火炖。
- 加入各种软质蔬菜（如西蓝花或芦笋等）和香料包或香草束。
- 继续炖至蔬菜熟软（不时撇去浮沫）。
- 用食物碾磨器碾磨或经粉碎机搅打，过滤（若汤太厚，加入热的白色基础汤稀释）。
- 最后加入牛奶或奶油或稀的贝夏梅尔少司，调味。

奶油西蓝花汤（Cream of Broccoli Soup）

配料：

　　黄油40克，洋葱（切中丁）170克，芹菜（切中丁）40克，西蓝花（剁碎）700克，鸡瓦鲁迪少司（热）2升，鸡基础汤（热）1升，厚奶油（热）350克，盐、白胡椒粉少许，西蓝花（小朵）120克

制作步骤：

- 洋葱、芹菜和西蓝花用黄油略炒（不上色）。

- 加入瓦鲁迪少司，文火炖15分钟，撇去浮沫。
- 上搅拌机搅打，过滤。
- 加入基础汤，文火炖。
- 加入奶油，调味。
- 食用前加入焯过水的小朵西蓝花点缀。

（二）菜蓉汤

1. 菜蓉汤的概念

菜蓉汤（Purée Soups）又叫"菜泥汤"，是将淀粉类蔬菜或豆类放入基础汤或肉汤中炖烂，然后用粉碎机搅打制成（图3-19）。制作过程与奶油汤基本相似，但主要区别在于，奶油汤通过另加的淀粉增加浓度，而菜蓉汤则不另加淀粉，而是依靠原料所含的淀粉来增加浓度。另外，蓉汤通常不过滤，因而质地不如奶油汤细腻。

图3-19 青豆蓉汤

干制或新鲜的豆类（如青豆、兰杜豆）、花菜、芹菜头、萝卜和土豆等是菜蓉汤的常用原料，而土豆丁或米饭则常用来增加菜蓉汤的浓度。

2. 菜蓉汤的工艺流程

- 将蔬菜香料以文火炒软（不上色）。
- 倒入液体（基础汤或者肉汤）。
- 加主料和香料包或香草束。
- 上火煮沸，转小火炖至足够软烂，取出香料包或香草束。
- 用粉碎机搅打（根据需要以热的液体或基础汤稀释）。
- 重新炖热，调味（根据需要加入奶油）。

青豆蓉汤（Purée of Green Pea Soup）

配料：

> 培根（剁碎）40克，蔬菜香料（切中丁）200克，蒜头（剁碎）1瓣，鸡基础汤1.5升，新鲜青豆250克，火腿骨300克，香料包1个［香叶1片，干百里香草1/4茶匙，胡椒籽（压碎）1/4茶匙］，盐、胡椒粉少许，炸面包粒适量（点缀用）

制作步骤：

- 培根放汤锅中用小火熬出油脂，加入蔬菜香料和蒜头，用小火炒（不上色）。
- 加入基础汤、青豆、火腿骨、香料包，煮开后转小火炖至青豆熟烂。
- 取出香料包和火腿骨，锅内混合物上搅拌机搅打，倒回汤锅。
- 文火炖（如需要用基础汤调整浓稠度），调味。
- 食用时，撒面包粒点缀。

如果奶油汤、菜蓉汤过稀，可通过加入油面酱、黄油面疙瘩、湿淀粉（用基础汤与淀粉混合）来增稠。奶油汤还可用奶油蛋液或厚奶油增稠，但要记住，它们加入后，汤不可以再炖，以免凝固起沙。

事先制好并冷藏的奶油汤和蓉汤使用时往往比较浓稠，重新加热时，可加入少量的基础汤、肉汤、水或牛奶进行稀释。

活动三 其他汤类制作

有些汤，就其制法来看，既不属于清汤类也不属于浓汤类，毕司克汤、周打汤及许多冷汤等制法特殊或综合了清汤和浓汤的制法。

（一）毕司克汤

1. 毕司克汤的概念

毕司克汤，法文"Bisques"的音译。传统的制法以贝甲类水产品为主料，用米饭增稠，而现在则综合奶油汤和蓉汤的制法，一般以虾、龙虾为主料，用油面酱取代米饭增加汤的浓度。

毕司克汤的主要滋味来自贝甲类水产品的外壳。壳先在液体中以文火炖，然后与蔬菜香料一起上粉碎机搅打，再倒回液体中，进一步加热后，过滤。最后一般加入奶油或黄油增味，食用前加入贝甲类水产品的肉丁点缀（图3-20）。

图3-20　鲜虾毕司克汤

2. 毕司克汤的工艺流程

- 将蔬菜香料和主料煎（炒）黄香。
- 加番茄制品（如番茄酱）和葡萄酒炒透。
- 倒入基础汤或瓦鲁迪少司（若需要，加油面酱增稠），文火炖。
- 过滤，固体原料粉碎后倒回液体中，继续加热。
- 用纱布过滤，再加热，最后加鲜奶油。

鲜虾毕司克汤（Shrimp Bisque）

配料：

清黄油45克，蔬菜香料（切丁）200克，虾（连壳）500克，蒜头（剁碎）1瓣，番茄酱30克，白兰地60克，干白葡萄酒150克，鱼瓦鲁迪少司2升，香料包1个［香叶1片，干百里香草1/4茶匙，胡椒籽（压碎）1/4茶匙，番茜枝4根］，厚奶油（热）250毫升，盐、白胡椒粉少许，辣椒粉少许，虾肉（熟）200克

制作步骤：

- 蔬菜香料、虾壳炒黄炒香。
- 加蒜头和番茄酱略炒。
- 加入白兰地酒燃焰。
- 加入干白葡萄酒，浓缩至一半。
- 加入瓦鲁迪少司和香料包，文火炖约1小时，不时撇去浮沫。
- 取出香料包，过滤，剩余的固体物打烂后倒回汤中，再用文火炖10分钟。
- 过滤后用文火炖热，加入奶油，并调味。
- 食用前，每份汤内放入熟虾肉（片或丁）点缀。

（二）周打汤

1.周打汤的概念

图3-21 波士顿周打汤

周打汤，英文"Chowder"的音译名，又称"巧达汤"。它流行于美国，但真正起源于法国，由早期法国移民带入美国。周打汤滋味浓醇，内含成片块状的汤料，常包括土豆丁，另有点缀配料，还加入牛奶或奶油。虽然有些周打汤稀薄，但大多数都使用油面酱增稠。其制法相似于奶油汤，但不需要粉碎搅打和过滤（图3-21）。

2.周打汤的工艺流程

- 将咸肉丁熬出油。
- 倒入蔬菜香料以文火炒软。
- 加面粉炒制油面酱。
- 倒入液体。
- 加入主料和调料。
- 文火炖。
- 最后加牛奶或鲜奶油。

文蛤周打汤（Clam Chowder）

配料：

听装文蛤（带汁）1升，水或鱼基础汤 750 毫升，土豆（切小丁）300 克，咸肉（切小丁）100 克，洋葱（切小丁）250 克，芹菜（切小丁）10 克，面粉 60 克，牛奶 500 毫升，厚奶油 100 克，盐、胡椒粉少许，辣椒少司少许，伍斯特少司少许，鲜百里香草少许

制作步骤：

- 听装文蛤过滤，文蛤肉和汁均留用。
- 土豆、文蛤放入汤锅中，加水或鱼基础汤，上火将土豆煮熟，过滤。

- 咸肉用文火熬出油（不上色），放入洋葱、芹菜用小火炒软。
- 加面粉，炒成金黄色油面酱。
- 倒入文蛤汁、水或基础汤，不停搅动以防结疙瘩。
- 文火炖30分钟，撇去浮沫。
- 牛奶和奶油混合，加热，倒入汤中。
- 加入文蛤肉和土豆，调味。
- 食用时，撒鲜百里香草点缀。

注：若用新鲜文蛤肉制作，则先将文蛤洗净，蒸熟，剁碎，经纱布过滤后使用。

（三）冷汤

冷汤（Cold Soups），即冷食的汤。许多冷汤的制作使用了独特的方法，所以，很难对冷汤进行具体分类。但是，根据加热与否，可分为两大基本种类。

1. 热制冷食汤

热制冷食汤就是通过加热制作，冷却后食用，青蒜薯茸汤是最常见的热制冷食汤之一。

青蒜薯蓉汤（Cold Potato–Leek Soup）

配料：

蒜白500克，黄油100克，土豆（切大丁）500克，鸡基础汤1.7升，盐、白胡椒粉少许，厚奶油350克，青葱（切葱花）适量，炸山芋丝适量

制作步骤：

- 蒜白顺长剖开，洗净，切片。
- 用黄油小火略炒（不上色）。
- 加入土豆和鸡汤，加盐、胡椒粉。
- 上火煮开，小火炖至土豆熟烂（约45分钟）。
- 上搅拌机搅打，经细筛过筛。

- 冷却待用。
- 食用前，混入奶油，调味，装入冷的汤碗中，撒葱花、山芋丝点缀。

许多热制冷食汤用果汁（典型的是苹果、葡萄或橙）作为基本液体材料，以玉米淀粉、藕粉或果蓉增加浓稠度，常常加葡萄酒、生姜、柠檬或柠檬汁、玉桂等香料以增进风味，有时也用鲜奶油、酸奶或酸奶油作配料或点缀材料。

冷樱桃汤（Chilled Cherry Soup）

配料：

樱桃（去核）1.1千克，苹果汁1升，香料包1个［月桂棒1支，丁香2粒］，蜂蜜80克，玉米淀粉15克，柠檬汁少许，干香槟酒120克，鲜奶油适量（装饰用），烤杏仁片适量（装饰用）

制作步骤：

- 将樱桃、苹果汁、香料包和蜂蜜混合，煮沸后转小火炖30分钟，取出香料包。
- 玉米淀粉用少量冷苹果汁调开，倒入汤锅并搅动以增汤的浓度，再炖10分钟。
- 上搅拌机搅打，过滤（视需要而定）。
- 冷却待用。
- 食用前，加柠檬汁、香槟酒，以鲜奶油、杏仁片点缀。

2. 冷制冷食汤

有些冷汤制作时根本不加热，是使用新鲜水果或蔬菜蓉制作的。有时用冷基础汤来调整汤的浓稠度，也常用鲜奶油、酸奶油等乳制品来增加汤的滋味。

因为在制作过程中不加热，酶未被破坏，细菌未被杀灭，汤极易变质，因此，生产过程中的每一个环节都要特别注意清洁卫生。这类汤应尽可能在临近食用时少量制作。

西班牙冷汤（Gazpacho）

配料：

番茄（去皮切丁）600 克，洋葱（切中丁）100 克，青椒（切中丁）半只，红椒（切中丁）半只，黄瓜（去皮去籽，切中丁）250 克，蒜泥 10 克，红酒醋 30 克，柠檬汁 30 克，橄榄油 30 克，盐、胡椒粉少许，辣椒粉少许，鲜面包粉 40 克，番茄汁 1.5 升，白色基础汤适量

点缀配料：番茄（去皮去籽切小丁）120 克，红椒（切小丁）60 克，青椒（切小丁）60 克，黄椒（切小丁）60 克，黄瓜（去皮去籽，切小丁）40 克，青葱（切葱花）30 克，鲜紫菜叶适量

制作步骤：

- 将所有原料（番茄汁、基础汤和点缀配料除外）混合，上搅拌机搅打。
- 加入番茄汁，搅匀。
- 加适量基础汤调滋味。
- 拌入点缀配料并调味。
- 食用时装入冷的汤杯或汤碗中，用鲜紫菜叶点缀。

活动四　汤的装饰点缀及上桌温度

（一）汤的装饰点缀

1. 装饰点缀的基本要求

虽然有些汤（尤其是清汤）有其传统的点缀方法，但大多数汤的点缀取决于厨师的想象及手头可用的点缀材料品种，基本要求如下：

- 点缀配料应当外观诱人（包括色泽、形状）。
- 肉类及蔬菜应切成适当的大小和规则的形状，这对于清汤尤其是高级清汤特别重要。
- 点缀配料在质地和滋味上应是对汤的补充和完善。
- 淀粉类和蔬菜用作点缀配料，应另行加热熟制后放入汤碗中。若直接放入汤

中炖，会使汤浑浊或变稠，甚至改变汤的滋味。

● 点缀配料应当成熟且保持原有形状。

2. 点缀配料与汤的搭配

（1）清汤类。点缀配料可以是畜肉（幼条）、家禽肉（幼条）、鱼肉（幼条）、各种形状规则的蔬菜、面食（通心粉、小馄饨、芝士条）、小肉丸、薏米仁、面疙瘩、米饭、炸面包粒、芝士面包干等。

（2）奶油汤。点缀材料可以是烤杏仁片、酸奶油或鲜奶油、炸面包粒、芝士碎、千层酥角等。奶油蔬菜汤通常用加工成小片状或小朵状的主料点缀。

（3）菜蓉汤。点缀材料可以是家禽肉（幼条）、火腿（幼条）、香肠片、炸面包粒、芝士碎、培根碎等。

（4）其他汤。点缀材料可以是剁碎的新鲜香草、葱花、可食用的花蕾或花瓣、番茜、西洋菜等。

（二）汤的上桌温度

热清汤。接近沸点，99℃最为理想。

热奶油汤。略低于清汤，90℃ ~ 93℃为宜。

冷汤。4℃或更低，有时汤碗周围需围上碎冰碴。

模块小结

基础汤是厨房中最常用最基本的液体材料，尤其在少司制作中应用最为需求广泛。五大传统少司家族包含了绝大多数的热菜少司，但随着人们健康饮食需求的提升，果蔬类少司不断涌现，广受欢迎，少司的使用也随饮食的多元化发展而越发灵活。

汤往往作为一顿饭的第一道菜，很可能决定该餐的成与败。用于制汤的原料极其广泛，甚至可以是边角料，但要选择新鲜质佳者以确保汤的质量。清汤和浓汤涵盖了绝大多数汤类，是必须掌握的制作品种。

❓ 思考与训练

一、课后练习

（一）填空题

1. 基础汤是以_____为主要原料，配以蔬菜香料、香料包加水炖制而成。它是制作各种_____、_____或_____的基本液体原料。

2. 蔬菜香料是指_____、_____和_____这三种蔬菜的混合物，其标准比例为：_____。

3. 香草束就是新鲜香草、蔬菜捆扎在一起，标准香草束由清理干净的_____、芹菜、_____、_____和胡萝卜组成。

4. 香料包是包裹有香料的纱布袋，标准香料包由_____、_____、番茜枝、_____和蒜头（选用）组成。

5. 少司是指用于确定_____的稠滑的液体，即"调味汁"，它还可对菜肴起到_____、_____和_____的作用。

6. 油面酱分为_____、_____和_____三种。

7. 五大传统少司家族分别是_____、_____、_____、_____、_____。

8. 荷兰少司是乳化少司，利用蛋黄中的_____的乳化作用，将温热的_____和少量的水、_____、醋融合于一体。

9. 白葡萄酒或红葡萄酒黄油少司的三大基本原料是_____、_____和_____。

10. 浓汤，即通过使用_____而具有一定浓稠度的汤，它有两类，即_____、_____。

（二）选择题

1. 用牛骨制基础汤，需炖制（　　）。

A. 2～3小时以上　　　　　　　　　　B. 3～4小时以上

C. 4～5小时以上　　　　　　　　　　D. 6～8小时以上

2. 贝夏梅尔少司的基础液体是（　　）。

A. 牛奶　　　　　　　　　　　　　　B. 白色基础汤

C. 牛肉汤　　　　　　　　　　　　　D. 水

3. 布朗少司以棕色基础汤为液体，（　　）为增稠剂制作而成。

A. 金色油面酱　　　　　　　　　　　B. 白色油面酱

C. 棕色油面酱　　　　　　　　　　　D. 水淀粉

4. 荷兰少司及其子少司的保存有一定的温度要求，一般不得高于（　　）。

A. 65℃　　　　　　　　　　　　　　B. 55℃

C. 45℃　　　　　　　　　　　　　　D. 35℃

5. 周打汤，又称"巧达汤"，流行于美国，但它真正起源于（　　）。

A. 意大利　　　　　　　　　　　　　B. 法国

C. 英国　　　　　　　　　　　　　　D. 德国

（三）问答题

1. 简述基础汤的工艺流程。

2. 基础汤有哪几种？

3. 为什么选用年幼的动物骨吊制基础汤？

4. 常用的基础汤有哪些？分别有何用途？

5. 如何防止基础汤混浊不清？

6. 简述白色基础汤和棕色基础汤的区别。

7. 常用的少司增稠剂有哪些？

8. 说说不同颜色油面酱的用途。

9. 简述母少司与子少司的关系。

10. 为什么制作荷兰少司时温度极为重要？

11. 荷兰少司与白酒黄油少司有什么异同？

12. 风味油的制作过程是怎样的？

13. 为什么果蔬类少司越来越受欢迎？

14. 肉汤与基础汤有何区别？

15. 汤可分为哪些种类？

16. 牛肉汤与牛肉高级清汤有何相同和不同之处？

17. 说说高级清汤的澄清原理。

18. 如何避免奶油汤最后加牛奶或奶油时起花?

19. 奶油汤和菜蓉汤有何异同之处?

20. 如何对不同种类的汤进行点缀?

二、拓展训练

（一）运用所学技能，每组创制清汤、奶油汤各 1 款。

（二）根据西班牙冷汤的特点，制作一道冷汤。

模块四

蔬菜与淀粉类菜品制作工艺

　　蔬菜与淀粉类菜品在食谱中应用广泛，蔬菜与淀粉类原料种类多样，质地差异大，烹调中对工艺有特殊要求。通过学习训练，学生要掌握蔬菜与淀粉类制作的基本原理和技能，熟练制作常用的蔬菜与淀粉类菜品。

　　本模块主要学习蔬菜与淀粉类菜品制作，按蔬菜、土豆、谷物与面食类分别讲解示范。围绕三个工作任务的操作练习，制作常用蔬菜与淀粉类菜品，熟练掌握蔬菜与淀粉类菜品的制作技能。

学习目标

知识目标

1 了解不同蔬菜与淀粉类原料的基本特性，了解蔬菜与淀粉类菜品制作的基本要求，理解相关专业术语并掌握其外文名。

2 懂得蔬菜与淀粉类烹调基本原理，熟悉蔬菜与淀粉类的制作工艺及操作关键。

能力目标

1 能根据蔬菜的特点和要求，烹调制作蔬菜菜品。

2 能根据土豆种类及其品质特点，制作常用土豆菜品。

3 能按面食品种和特点，烹调各类面食，并合理搭配少司及装饰配料。

任务分解

任务一　蔬菜制作

任务二　土豆制作

任务三　谷物类与面食制作

案　例

热菜的配菜制作

　　某连锁酒店在2012年9月举行的技能大赛上，热菜小组的选手们精心制作，各显神通，一道道精美的菜肴很快就展示在了评委和专家的面前，其中总部选手们的菜品有：架烤猪里脊配薯泥、烤熏猪排配萧豆干芝麻菜、罗西尼菲力牛排配土豆和炖莴苣、扒大虾配蛋汁意面、扇贝鲜虾略索多味饭，评委们品尝完菜品之后对主菜制作一致给予了好评。

　　但最终总部选手却没有拿到全体冠军，经评委会点评才知道，选手们的菜品口味很好，但是在配菜制作上技术有所欠缺。薯泥不够细腻，茄汁意面蔬菜色彩不够明快，干芝麻菜太烂……经过总结，选手们明白在制作菜品时，不但主菜要认真把握烹制要点，对配菜同样要细致了解原料特性，掌握好烹饪火候，只有这样才能做出完美的菜品。

案 例 分 析

　　1.请分别说明薯泥不够细腻、茄汁意面蔬菜色彩不够明快、干芝麻菜太烂等问题的主要原因。

　　2.请分析蔬菜和淀粉类菜品在制作过程中的细节问题。

任务一　蔬菜制作

任 务 目 标　　　　　　　　　　　　　　　　　　　　　　　　　　　>>

　　掌握烹调中酸或碱对蔬菜的影响；了解蔬菜烹调的基本要求；能灵活运用烹调方法制作各种蔬菜。

　　蔬菜是烹调中不可缺少的原料，适用于多种烹调方法，可制成独立的菜品，也常用作肉、禽、水产、汤的配菜或配料。

活动一　烹调前的准备

（一）酸或碱对蔬菜的影响

烹调所用液体中的酸或碱会影响蔬菜的质地和颜色。

质地。柠檬汁、醋或葡萄酒等调味料常被加入烹调液体中，蔬菜的质地因酸的存在而延缓软化。如液体中加入碱，蔬菜则容易软烂，同时碱的存在易导致营养素，尤其是维生素的损失，而且可能带来苦涩味。

颜色。蔬菜中的色素主要有三种：叶绿素、胡萝卜素和类黄酮素。叶绿素主要存在于绿色蔬菜中，胡萝卜素主要存在于黄或橙色蔬菜中，而类黄酮素则主要存在于红、紫和白色蔬菜中。液体中的酸或碱也会影响蔬菜中的色素（胡萝卜素不受影响），导致其颜色的变化。酸会破坏叶绿素而使绿色蔬菜颜色变得暗淡，而碱则保护叶绿素而使绿色蔬菜颜色变得鲜艳；对于含类黄酮素的蔬菜而言，在酸性液体中可保持其色泽，而在碱性液体中则会失去颜色。蔬菜的颜色也会因蔬菜在烹调过程中产生并释放出来的酸而发生变化，如果加盖烹调，酸会聚集，虽保护了类黄酮素，但破坏了叶绿素。所以，单就颜色而言，含大量叶绿素的蔬菜应当在碱性液体中烹调，而含大量类黄酮素的蔬菜则应在酸性液体中烹调。但要记住，颜色的保持往往是质地和营养素的损失。

（二）蔬菜烹调的基本要求

● 蔬菜分切后，应当形状规则，大小均匀，以便均匀受热，获得诱人的成品。

● 尽量在临近食用时进行加热烹调。

● 尽可能缩短加热时间，以保护其质地、颜色和营养素。

● 通常情况下，蔬菜可先焯水，用冰水冲透，放冰箱保存，需要时重新加热。

● 白色和红色蔬菜（含类黄酮素）可放入少量的酸（柠檬汁、醋或干白葡萄酒）烹调，有助于保持色泽。

● 当制作什锦蔬菜时，每种蔬菜应分别烹调，最后再混合在一起。

活动二　蔬菜的制作

（一）干烹法

1. 炙烤和铁扒

炙烤和铁扒的方法以高温快速加热蔬菜，有助于保持营养成分和本身滋味。辐射热使蔬菜表面焦化，产生独特的风味，这是其他烹调方法无法获得的。

（1）选料和准备。

炙烤：选用像番茄这类质地较软而又不易坍塌的蔬菜，若需要，蔬菜可以盖上少司或刷上清黄油，以防止干燥，并增进滋味。

铁扒：有许多蔬菜可用于铁扒。胡萝卜、辣椒、菜瓜、茄子等应当切成片；蘑菇、樱桃番茄和珍珠洋葱等小型蔬菜可以串在肉扦上。

（2）调味。蔬菜含脂肪极少，所以炙烤或铁扒时最好刷上清黄油或香草橄榄油，有时，用于炙烤的蔬菜，在刷上黄油后还撒上面包粉。

（3）工艺流程。

- 炙烤炉或扒炉预热。
- 用钢丝刷将炉栅刷净，并抹上少许色拉油。
- 将蔬菜切成合适形状和大小，根据需要进行调味或腌渍。
- 直接置于炙烤炉或扒炉，加热至表面形成恰当的色泽，并达到所需成熟度。

扒蔬菜串（6 客）(Grilled Vegetable Skewers)

配料：

腌渍液（葡萄酒醋60 毫升，色拉油130 毫升，蒜泥10 克，干百里香草1 茶匙，盐、胡椒粉少许），意大利青瓜90 克，笋瓜90 克，花菜（改小朵），6 朵，西蓝花（改小朵）6 朵，洋葱（切大丁）12 片，红椒（切大丁）6 片，蘑菇帽6 只

制作步骤：

- 将腌渍液的原料混合待用。
- 将意大利青瓜和笋瓜切成 1.5 厘米厚的半圆形块。
- 分别将意大利青瓜、笋瓜、西蓝花、花菜、洋葱和红椒焯水，冷水冲凉后沥干。与蘑菇一起放入腌渍液中浸泡 30 分钟。
- 将上述蔬菜交替串在竹扦上。
- 上扒炉扒至表面焦黄色（中途翻转），趁热食用。

2. 烘烤

烘烤可带出蔬菜自然的甜味，且保持其营养价值。

（1）选料和准备。冬瓜、茄子等蔬菜特别适合于烘烤，洋葱、胡萝卜、萝卜等有时与肉类或家禽一起烧烤。蔬菜可整个或切成规则的形状后烘烤，是否去皮则根据成品需要而定。

（2）调味。一般撒盐、胡椒粉，再刷上黄油或色拉油，或撒香草和香料，有些蔬菜，如冬瓜和红薯，可以用红糖或蜂蜜调味。

（3）工艺流程。

- 将蔬菜洗净，加工成所需形状和大小。
- 调味后根据需要抹上色拉油或黄油。
- 放入烤盘，送入预热的烤炉内烤熟。

烤葫芦瓜（Baked Squash）

配料：

　　葫芦（切中丁）500 克，盐、胡椒粉少许，月桂粉 1/4 茶匙，红糖 2 汤匙，柠檬汁 2 汤匙，黄油（融化）60 克

制作步骤：

- 煎锅放黄油，倒入葫芦，撒盐、胡椒粉、月桂粉和红糖。
- 淋柠檬汁和黄油。
- 用 180℃的温度将其烤熟。

---

3. 煎（炒）

煎（炒）的蔬菜应当色泽鲜艳，汁多脆嫩。

（1）选料和准备。可用于煎炒的蔬菜品种很多，但不管何种蔬菜，它们应当切成规则的形状，以便均匀受热。瓜类、洋葱、叶菜类、茎菜类、果菜类和蘑菇类用于煎炒，一般只需洗和切；而龙眼包菜、豆类、西蓝花、花菜和大多数根菜类等通常先经焯水、烤、蒸或煮处理，然后再煎炒。

（2）调味。多种香草和香料可用于煎炒蔬菜的调味，但一般应在最后阶段加入。煎炒蔬菜的火力稍低于嫩煎肉类或禽类，所以，黄油就不必澄清后使用。为获得特殊的滋味，可用培根油脂、橄榄油、果仁油或麻油替代黄油。

（3）工艺流程。

- 蔬菜洗净后切成规则的形状和适当的大小。
- 煎锅加热，倒入足量的油脂（以盖没锅底为准）。
- 倒入蔬菜（若是什锦蔬菜，应视每种蔬菜所需的加热时间分别加入，易熟的后加入，使每种蔬菜同步成熟），适时翻锅（不要离开火苗，以保持温度）。
- 倒入少司，翻匀。
- 根据需要加入香草或香料等调味。

炒芦笋（Stir–Fried Asparagus）

配料：

芦笋 500 克，色拉油 1 汤匙，黄油 1 汤匙，蒜泥 1 汤匙，盐、胡椒粉少许

制作步骤：

- 芦笋洗净，斜切成 3 ~ 4 厘米长的段。
- 煎锅加油，上火加热。
- 倒入蒜泥略炒。
- 倒入芦笋翻炒。
- 加黄油炒匀，用盐、胡椒粉调味。

---

4. 煎炸和炸

对于蔬菜，煎炸的应用不及其他方法广泛，但青番茄、茄子片有时调味拍粉后

进行煎炸。对于土豆、瓜类和蘑菇等蔬菜，炸的应用非常普遍，它们可用作餐前开胃品、开胃头盆或主菜的配菜。淀粉类的蔬菜一般直接入油中炸，而其他蔬菜则常常裹粉或挂糊后再炸。成品应外脆里嫩，色泽金黄。

（二）湿烹法

1. 焯水和预煮

焯水和预煮均是煮的衍生方法，其区别在于加热时间的长短不同，焯水和预煮过的蔬菜，需进一步使用其他方法烹调，如煎炒等。

（1）焯水。焯水是将蔬菜放入大量的沸水中短时间加热，通常仅需几秒钟，可去除浓烈的异味或苦涩味，软化质地，使色泽鲜亮，或表皮松脱而易于去皮，羽衣甘蓝、青豆、番茄是焯水处理的代表蔬菜。

（2）预煮。预煮与焯水相似，但其加热时间较长，通常需几分钟，一般将蔬菜煮至半熟。它可软化质地从而缩短最后的烹调时间，一般用于根菜类、花菜、西蓝花和瓜菜类等。

2. 煮

蔬菜常常用来煮制，煮过的蔬菜即可直接食用，但也可进一步与其他配料煎炒，或制成泥蓉，还可冷却后用于制作色拉。

富含淀粉的根菜类一般不用来煮，而是用小火慢慢炖，以使热量均匀地渗入内部，使内外几乎同时成熟。绿色蔬菜煮制时，水量要大，时间要短，以保持其色泽和滋味。

（1）过冷水。除非直接食用，煮、焯水或预煮过的蔬菜必须迅速浸入冰水中冷却，这是为阻止其进一步受热，并保持其鲜艳的色泽，蔬菜一旦冷透，即从冰水中取出，千万不要长时间浸泡在冰水中，否则营养成分和滋味将流入水中。

（2）选料和准备。几乎所有的蔬菜都可用来煮，胡萝卜、绿色豆类、萝卜和甜菜头是最常见的蔬菜，形状可大可小，但应整齐均匀。有些蔬菜可整个煮制，事先仅需清洗，而有些则必须清洗、去皮，切成便于操作的形状后煮制。

（3）调味。蔬菜常常放入仅加有盐的水中煮；红色和白色蔬菜在煮时，有时要加入柠檬汁、柑橘皮屑、葡萄酒和其他酸味材料；香料包或香草束也常常用来增加滋味。煮后的蔬菜有时还加入香草、香料、黄油、奶油或少司调味。

（4）工艺流程

● 将蔬菜洗净、去皮，切成合适的形状和大小。

● 将足量的水或基础汤或蔬菜汤或其他液体煮沸。

● 根据需要放入调味料。

● 倒入蔬菜（不同蔬菜应分别加入），煮至所需成熟度。

● 捞出后，立即过冷水，冷透后沥干冷藏待用。

黄油龙眼包菜（Brussel Sprouts in Butter）

配料：

　　龙眼包菜 250 克，黄油 30 克，山核桃（剁碎）60 克，盐、胡椒粉少许

制作步骤：

● 用水果刀将龙眼包菜底部刻上十字口，以便均匀受热和入味。

● 将龙眼包菜放入盐水中煮熟，取出待用。

● 黄油加热，加入山核桃碎，炒黄。

● 将龙眼包菜倒入，翻匀，调味。

---

3. 蒸

蒸的蔬菜应当湿润质嫩，形状保持比煮的方法要好，蔬菜在蒸汽中成熟快，但易加热过度。

（1）选料和准备。用于煮的蔬菜几乎均可用于蒸。通常蔬菜都应清洗、去皮，并切成整齐的形状和大小。

（2）调味。可加入香草或香料调味；用基础汤或肉汤作为液体，可增加蔬菜的滋味；液体中可加入蔬菜香料等，使蔬菜获得额外的风味。

（3）工艺流程

● 蔬菜洗净，去皮，切成规则的形状和大小。

● 送入蒸箱或蒸锅，蒸至所需成熟度。

● 取出后立即食用，或过冷水后冷藏待用。

杏仁西蓝花（Broccoli Almondine）

配料：

西蓝花 500 克，盐、胡椒粉少许，黄油 30 克，杏仁片 15 克，蒜头（剁碎）1 瓣，柠檬汁 30 毫升

制作步骤：

- 将西蓝花改成大小均匀的小朵，洗净沥干，撒盐、胡椒粉。
- 将西蓝花蒸熟。
- 将黄油放入煎锅融化，放入杏仁片和蒜头，炒至杏仁片呈金黄色。
- 西蓝花装盘，淋上柠檬汁，将杏仁黄油浇于西蓝花上。

（三）混合烹调法

采用焖和烩等混合烹调法而制成的蔬菜滋味浓醇。

1. 选料和准备

包菜、青蒜等蔬菜常用来焖，瓜类、茄子、洋葱、辣椒、胡萝卜、芹菜和蒜头等则可用于烩。蔬菜一般先清洗和去皮，可整个或切成整齐的形状后焖或烩。

2. 调味

焖或烩蔬菜时，通常加入蒜头、香草、培根或蔬菜香料，液体一般使用水或基础汤，还常加入葡萄酒或番茄汁等，有些蔬菜甚至可在黄油和糖或蜂蜜中焖制。焖和烩都能使用各种香草或香料增进风味，调味料的加入应当在加盖之前进行，对于某些本身气味较重的蔬菜（如芹菜头、萝卜等）通常要进行预煮，以除去强烈的气味。

3. 工艺流程

- 蔬菜清洗、去皮，分切成形。
- 倒入锅内煎（炒）。
- 加入液体，煮至将开时转文火炖（加盖），或送入烤炉加热至成熟。
- 取出主料，原汁加热浓缩或用黄油面疙瘩增稠，再将主料倒回锅内。

焖紫包菜（Braised Purple Cabbage）

配料：

紫包菜 1 千克，培根（切中丁）200 克，洋葱（切中丁）150 克，盐、胡椒粉少许，红葡萄酒 150 毫升，白色基础汤 150 毫升，玉桂棒 1 支，苹果（切丁）200 克，红糖 20 克，苹果醋 40 毫升

制作步骤：

- 紫包菜切丝。
- 培根煎黄出油，加洋葱炒软。
- 倒入包菜，炒 5 分钟左右，加盐、胡椒粉、葡萄酒、基础汤和玉桂棒，加盖后将包菜焖软。
- 倒入苹果、红糖和醋，混合均匀。
- 加盖，焖至苹果质软。

（四）微波烹调法

微波用于蔬菜的烹调，最大的优点在于保持其原有的色泽、滋味、质地及营养成分。

选料和准备。 所有可用于蒸制的蔬菜均可用于微波烹调，蔬菜最好先焯水处理或用其他方法预制成半熟。因微波炉容量小，所以不适合于大量蔬菜的烹调。

调味。 烹调前可以加入香草和香料，或者烹调后拌入黄油、香草、香料或少司。

域士甘笋（Microwaved Carrots）

配料：

胡萝卜 200 克，域士矿泉水 80 克，盐、胡椒粉少许，蜂蜜 20 克，黄油 40 克

制作步骤：

- 胡萝卜切条置于微波适用碗中。
- 加入蜂蜜、盐、胡椒粉。

- 加盖，微波加热至胡萝卜质软。
- 拌入黄油。

注：域士为法国中部的一个小镇，其矿泉水非常出名。

（五）菜蓉的制作

制蓉是蔬菜制作的一项常用技术。熟的菜蓉可以直接食用，也可用来制作其他菜点，如南瓜派、土豆泥、蔬菜梳乎烈（Soufflé）、蔬菜冻等。

蔬菜一般先经烘烤、煮、蒸或微波等方法熟制，白色、红色或黄色蔬菜应加热至相当软烂。制蓉应趁热进行，以获得细腻的制品；而对于绿色蔬菜，加热后应当浸于冰水中，冷却后制蓉，否则蔬菜易变色。

1. 调味

调味可在制蓉前或后进行，通常使用香草或香料、芝士、蜂蜜或红糖调味。

2. 调整浓稠度

通常加入基础汤、少司、黄油或奶油，以增其味和调整其浓稠度。

3. 工艺流程

- 将蔬菜熟制（烤、煮、蒸或微波加热）。
- 放入食品加工机、搅拌机或碾磨器制蓉。
- 根据需要调味和调整厚度。

萝卜蓉（Turnip Purée）

配料：

粉质土豆（去皮，切大丁）120克，萝卜（去皮，切大丁）360克，蒜泥1茶匙，黄油60克，淡奶油90毫升，盐、胡椒粉少许

制作步骤：

- 用盐水将土豆和萝卜分别煮熟，沥干水分，用食物碾磨器碾成蓉。

● 将蒜泥、黄油和奶油混合，上火煮沸，加入萝卜蓉和土豆蓉，混合均匀，加盐、
胡椒粉调味。

任务二　土豆制作

了解土豆品种及其特点；能熟练运用烹调方法制作土豆菜品。

活动一　土豆的品种及其品质特点

根据质地的不同，土豆可分为粉质和蜡质两大基本品种。

粉质土豆。淀粉含量高，皮厚，糖分低，最适合于烤，也可用于炸。煮熟后易松散，可用于制土豆泥（表4-1）。

蜡质土豆。淀粉含量低，皮薄，水分多，最适合于煮（表4-1）。

表4-1　粉质与蜡质土豆的比照

品　种	成分含量			适用烹调法			
	淀　粉	水　分	糖	烘　烤	煮	煎（炒）	炸
粉质土豆	高	低	低	√			√
蜡质土豆	低	高	高		√	√	

活动二　土豆的制作

土豆滋味平和，是许多美味菜肴绝佳的配菜，还可用于制汤、糖百林（Dumpling）、面包、班戟饼（Pancake）、布丁、色拉等。土豆适合于多种烹调方法：烤、煎

（炒）、煎炸、炸、煮或蒸，也可与其他原料一起焖或烩。许多土豆菜肴，往往同时使用两种或两种以上的烹调方法。土豆成熟与否，可用刀尖穿刺的方法来判断，若很易刺入则表明成熟，反之则不成熟。

（一）烧烤和烘烤

土豆常用来与肉类或禽类一起烧烤，带皮或去皮均可。粉质土豆最适合于烘烤，正确的方法是，表皮保留并戳些小孔（便于蒸汽冒出，湿润表面），或用锡纸包紧（以防表皮干硬），成品应当色白质地膨松。烘烤土豆不加调味品就可直接食用，也可伴以黄油、酸奶油和其他配料（如培根、葱花）食用。烤土豆的工艺流程：

- ●将土豆擦洗干净。
- ●用叉在表面戳些小孔。
- ●抹上色拉油和盐。
- ●入烤炉烤熟。

烤土豆（Baked Potatoes）

配料：

　　粉质土豆 4 只，色拉油 1.5 汤匙，盐 1.5 汤匙

制作步骤：

- ●土豆洗净（不去皮），每只土豆上戳几个小孔。
- ●表面抹上色拉油、盐。
- ●烤盘内放金属架，土豆排放其上，送入 200℃的烤炉中烤熟（1 小时）。

厨师土豆（Chef Potatoes）

配料：

　　粉质土豆 4 只，鸡汤 1000 克，黄油 200 克，洋葱片 100 克，盐 1 汤匙，胡椒粉 1 汤匙

制作步骤：

- ●洋葱放入黄油中炒香上色。
- ●加土豆炒匀。

- 与高汤一起加入烤箱，浇上调味料。
- 在 175℃下烤制 1 ～ 1.5 小时，直到土豆成熟。

（二）煎（炒）和煎炸

蜡质土豆最适合于煎（炒）或煎炸。土豆煮至半熟或完全成熟，然后用油脂煎（炒）或煎炸，油脂可用清黄油、色拉油、培根油或猪油，成品表面黄脆，质松软。工艺流程：

- 土豆洗净，去皮，分切成形或根据需要进行熟制。
- 煎锅放油加热，倒入土豆。
- 加入配料、调味料等。
- 加热至土豆完全成熟。

里昂式炒土豆（Lyonnaise Potatoes）

配料：

蜡质土豆 500 克，洋葱丝 120 克，清黄油 60 毫升，盐、胡椒粉少许

制作步骤：

- 将土豆烤（或煮或蒸）至半熟，冷却待用。
- 去皮后切成 5 毫米厚的片。
- 洋葱用 30 毫升黄油炒软，用漏勺取出。
- 剩余黄油倒入锅内，加热，倒入土豆煎（炒）至两面金黄。
- 再加入洋葱，继续煎（炒）。
- 撒盐、胡椒粉调味。

（三）炸

粉质土豆最适合于炸，土豆片和土豆条是最为常见的炸土豆品种。炸也用于一些土豆泥制品（如土豆曲碌结、土豆球）的最后加热和上色。去皮或切好的土豆应当浸泡在冷水中，以保持色白质脆，并漂洗去表层的淀粉，以免加热过程中

相互粘连。炸土豆通常先用低温（120℃～150℃）炸软，呈半透明状，沥干待用；食用前再用高温（180℃～190℃）炸至表面黄脆。市面上有各种形状、大小的土豆半成品（如土豆条、土豆饼、土豆球、土豆格等），购进后直接炸制即可，非常方便。

1. 生炸土豆工艺流程

- 选择粉质土豆。

- 土豆加工成所需形状。

- 入炸炉把土豆炸成金黄松脆。

炸薯条（French Fries）

配料：

　　粉质土豆8只，葵花籽油适量，盐、胡椒粉适量，番茄沙司适量

制作步骤：

- 土豆洗净去皮。

- 把土豆加工成条，并泡入水中。

- 捞出土豆并沥干水分，放入180℃的油中炸至成熟后捞出并沥干油。

- 将油温升高到190℃再次把土豆炸到金黄色捞出。

- 沥干油后撒上盐、胡椒粉装盘，配番茄沙司。

---

2. 炸熟制的泥状土豆工艺流程

- 用蒸或煮的方式将土豆弄熟。

- 将土豆搅成泥。

- 调味并成形。

- 裹上面包糠。

- 炸至金黄色装盘。

炸薯球（Potato Croquettes）

配料：

去皮粉质土豆3500克，黄油120克，盐、胡椒粉适量，豆蔻适量，蛋黄10只，蛋清10只，面粉适量，面包糠适量，色拉油适量，番茄沙司适量

制作步骤：

- 土豆切成大块蒸熟。
- 把土豆搅成土豆泥，拌入黄油，蛋黄。
- 加入盐、胡椒粉、豆蔻调味。
- 将调制好的土豆泥冷却后加工成球状，裹上面包糠（拍面粉、裹蛋清、沾面包糠）。
- 将油温升高到190℃把土豆球炸至金黄色捞出。
- 沥干油后装盘，配番茄沙司。

注：土豆泥中也可以混入适量辅料制成不同口感、形状的薯球（如杏仁粉、奶油面糊等）。

（四）煮

蜡质土豆最适合于湿烹法，煮是其中最常用的方法，煮土豆可直接食用或进一步制作土豆泥、色拉、汤或放入烤炉中烘烤。煮的液体通常用水，有时也加入基础汤或牛奶增加滋味。土豆应冷水下锅，煮好的土豆应当自然冷却，而不应用冷水冲凉，否则会使表层变得潮湿软烂。煮土豆的工艺流程：

- 土豆清洗，视需要去皮。
- 加工成规则的形状（不宜过小，否则会因吸收水分而软烂不成形）。
- 将土豆放入足量的水中，上火煮沸，转小火加热至土豆完全成熟。
- 沥净水分。

公爵夫人土豆（Duchesse Potatoes）

配料：

 土豆（去皮等切四块）1千克，黄油30克，豆蔻粉少许，盐、胡椒粉少许，

 鸡蛋1只，蛋黄2只，清黄油适量

制作步骤：

- 将土豆放入盐水中煮熟，捞出后铺开，让水汽蒸发。
- 趁热碾磨成泥，加黄油、豆蔻粉、盐、胡椒粉、鸡蛋、蛋黄，搅拌均匀。
- 土豆泥装入裱花袋，在铺有油纸的烤盘内裱挤成一朵朵螺旋花形，表面刷清黄油，送入200℃烤炉烤至金黄，立即食用。

课堂思考

土豆有哪些基本种类？在烹调中如何应用？

任务三 谷物类与面食制作

任务目标

能烹调制作常用谷物类菜品；能熟练烹制常用干、鲜面食，并合理搭配少司。

活动一 谷物类制作

 谷物类的烹调有4种基本方法，即炖煮、略索多味饭、皮拉夫味饭和玉米面搅团。略索多味饭和皮拉夫味饭的制法比较特殊，都是先让米粒裹上热的油脂，然后加入液体炖煮，两者的主要区别在于液体加入的方式不同。

（一）成熟度的判断

大多数情况下，谷物类都应当加热至熟软食用，但某些特殊品种则是夹生制品。成熟度常常通过加热时间和锅中余留的液体量来把握，一般情况下，谷物完全成熟时，液体几乎被全部吸收，谷粒之间松散甚至留有空隙。实践中，加热至液体几乎被谷粒吸收时，即可将锅离火，带盖放置 5 ～ 10 分钟，让其中少量余留的液体被充分吸收。

（二）谷物的制作

1. 炖煮

对大米来说，炖煮是最为常用的烹调方法，即将大米倒入煮开的盐水中，搅拌后上火煮沸，转小火加盖炖煮至水分被吸收，米粒熟软。在加热过程中，无须搅动。用基础汤炖煮可增加美味，有时还可加入香草、香料增进风味。工艺流程：

- 将所用液体煮沸。
- 将大米倒入并搅拌（根据需要放入香草或香料等）。
- 煮沸后，转文火加盖炖煮。
- 当液体被吸收且米粒柔软时离火。
- 放置 5 分钟左右，将其打松散。

炖煮米饭（Simmered Rice）

配料：

　　水 1 升，盐 1 茶匙，大米 500 毫升

制作步骤：

- 厚底锅中加入水和盐煮沸，加入大米，搅匀。
- 加盖后煮沸，转小火炖至米粒柔软且水被完全吸收，离火，倒入不锈钢方斗中，让水气蒸发（5 分钟左右）。
- 将米饭打散后食用。

---

2. 略索多味饭

略索多味饭（Risotto）是意大利北部传统的米饭菜肴，米粒保留硬心，呈糊状，它一般选用形短而淀粉含量高的大米制作，但有时也使用大麦和燕麦。为获取应有的浓稠度，谷粒加热前不应漂洗，否则会洗去皮层淀粉。待谷粒表面裹上热的油脂（黄油或色拉油），再慢慢加入热的液体，边加边搅动，保持小火炖煮状态。液体应当是味美的基础汤。不同于炖煮和以下的皮拉夫味饭，略索多味饭的制作过程中需要不断搅动。最后常加入芝士碎、厚奶油、禽肉、水产品、香草和蔬菜等来完善风味。工艺流程：

- 将所用液体加热至冒气泡。
- 厚底少司锅放油用中火加热，倒入洋葱、蒜头等增味材料炒软（不上色）。
- 倒入谷粒，搅匀，使其表面均匀裹上油脂（不上色）。
- 加入葡萄酒，边搅动边加热，至葡萄酒被吸收。
- 分次加入基础汤（每次150毫升左右）并搅动，待每次加入的汤几乎完全吸收后再加入，这一过程约需20分钟。
- 离火后，拌入黄油、芝士碎、香草等。

米兰式味饭（Risotto Milanaise）

配料：

　　鸡基础汤1.2升，黄油60克，洋葱碎80克，大米350克，干白葡萄酒120毫升，红花粉1/4茶匙，帕马森芝士碎（Parmesan）60克

制作步骤：

- 基础汤煮沸，转小火。
- 取40克黄油放入厚底锅加热，倒入洋葱炒软（不上色）。
- 加入大米，搅动，至黄油完全裹匀大米表面（大米不上色），加葡萄酒，边加热边搅动，至葡萄酒完全被吸收。
- 加红花粉，搅匀。
- 分次加入基础汤，并不断搅动，待基础汤被吸收后再加。
- 待基础汤加完并充分吸收后（约20分钟），离火，加入剩余黄油和芝士搅匀，立即食用。

---

3. 皮拉夫味饭

皮拉夫味饭（Pilaf）是先将谷粒用黄油略炒（常加洋葱和调味品一起炒），再加入热的液体，常用基础汤，加盖后炖至液体完全吸收。工艺流程：

- 将所用液体煮沸。
- 厚底少司锅内放油脂上中火加热，倒入洋葱、蒜头等增味材料炒软（不上色）。
- 倒入谷粒，搅匀，使其表面均匀裹上油脂（不上色）。
- 将热的液体一次倒入。
- 煮沸后转文火加盖炖或送入烤炉加热，直至液体被完全吸收。

碎小麦味饭（Bulgur Pilaf）

配料：

黄油120克，洋葱（剁碎）240克，碎小麦粒600克，香叶2片，鸡基础汤（热）2升，盐、胡椒粉少许

制作步骤：

- 黄油放入厚底锅，上中火融化，加洋葱炒软。
- 倒入碎小麦粒和香叶，炒透。
- 加入热基础汤和调料，转小火，加盖炖至汤被吸收，麦粒成熟。

---

4. 玉米面搅团

玉米面搅团（Polenta）是古老的意大利菜肴，本是古罗马时期的食祭。它是将玉米磨成粗粒，加盐，然后用沸水熬成浆糊的状态。工艺流程：

- 将水或高汤煮开。
- 搅入玉米面（边加热边搅拌）。
- 装入模具冷却、定形。
- 按需求改刀制成菜品。

香肠玉米面（Sausage Polenta）

配料：

　水 1100 克，石磨玉米面 320 克，香肠 200 克，奶油少司 200 克

制作步骤：

- 将水烧开。
- 加入玉米面，小火继续加热，并不时搅拌，约 45 分钟。
- 盛入模具中，冷却。
- 切片夹入香肠。
- 淋少司装盘。

活动二 面食制作

面食是用普通面团（面粉加液体）制成的，面团可混入蔬菜蓉、香草等材料丰富颜色和滋味，最后切或压成各种形状。面食可在其新鲜或干制后加热熟制，可以填入各种夹心或伴以各种少司，它可单独食用，也可用于色拉、甜点、汤和罐焖菜肴中。面食可用作开胃头盆、副盆或伴菜，在意大利，它通常作为主菜用。

（一）半成品面食

优质的意大利面食是用纯硬粒麦粉（Semolina Flour）（图 4-1）制成，色淡黄，有弹性，干制面食质脆硬，表面凸凹不平（便于少司的附着）。市场上，干制的半成品非常普遍，品质繁多，有不同颜色、不同形状。饭店通常购进后，直接加热烹调，使用简单，且便于保存。根据成品形状，半成品意大利面食有三类：

条带形。面团擀薄后切成多种宽度的条、带形，它适合配以番茄、水产类少司，较厚者如意粉（Spaghetti）（图 4-2）等，适合配以奶油或芝士少司，新鲜面皮可以填入夹心，做成意大利馄饨，填馅的面食适合配清淡的奶油类或番茄类少司。

管形。通过挤压制成空心管形（图 4-3），可以是直的或弯的，表面光滑的或带凹槽的，它们适合配肉类和蔬菜少司，常常装于烤斗中烘烤。

实物形。实物形是通过挤压制成各种实物形状，如贝壳粉（图 4-4）、螺丝粉、

蝴蝶粉、烟斗粉等。其凹陷和缝隙处有助于盛载或附着少司，它们适合配肉类少司或色拉油类少司。形状较大者，熟制后可填入肉或芝士馅，然后烘烤。

图4-1　硬粒麦粉

图4-2　意粉

图4-3　直通粉

（二）新鲜面食

1. 面条

新鲜面条的制作非常简单，将面团擀薄后，切成不同形状，量少可手工制作，若大量生产最好使用面条机（图4-5）。

图4-4　贝壳粉

新鲜面团（Fresh Dough）

配料：

鸡蛋7只，橄榄油15毫升，盐1/2汤匙，高筋面粉550克

制作步骤：

- 将上述原料混合，揉成光滑的面团，用保鲜纸包好，在室温下放置20分钟左右。
- 将面团擀成薄面皮。
- 根据需要切成不同形状。

注：● 面团中可混入菠菜或番茄蓉，丰富面团颜色。
　　● 薄面皮可用于制作填馅面食。
　　● 可用硬粒麦粉代替高筋面粉，获得高品质的面食。

图4-5　面条机

2. 填馅面食

生面皮可以填入馅心，制成方形、圆形、半圆形、环形等不同形状的馄饨，馅心几乎可以用各种原料调制，包括芝士、香草、蔬菜、水产和禽畜肉等，馅心可以是生的或熟的，但肉馅应当是完全成熟的，这样可以缩短馄饨熟制的时间。

意大利芝士馄饨（Cheese Ravioli in Herbed Cream Sauce）

配料：

鲜山羊芝士 170 克，奶油芝士 130 克，鲜紫苏叶（剁碎）1.5 汤匙，鲜百里香草（剁碎）1 茶匙，鲜番茜（剁碎）1.5 汤匙，盐、胡椒粉少许，馄饨皮（见新鲜面团）500 克，厚奶油 500 毫升，帕马森芝士（擦碎）30 毫升

制作步骤：

- 芝士馅：将芝士和 1 汤匙紫苏、1/2 茶匙百里香、番茜、胡椒粉混合均匀。
- 将芝士馅包入馄饨皮，成 5 厘米方形。
- 少司：将奶油和剩余的香草混合，煮沸，浓缩至 1/3，加帕马森芝士，用盐、胡椒粉调味。
- 将馄饨煮熟，伴以少司。

拉萨尼（Lasagna）是另一种填馅面食，即在煮熟的宽面皮间，夹入芝士、番茄少司、肉或蔬菜等，然后烘烤而成。

形大的实物形（如贝壳形）或管形面食，也是填馅面食的基本材料，先在盐水中煮至半熟，然后填入夹心，浇以少司，再入烤斗烤制。

肉酱拉萨尼（Lasagna Bolognaise）

配料：

番茄少司 1.5 升，绞牛肉 230 克，绞碎意大利肠 230 克，拉萨尼宽面（生）680 克，意大利里可塔芝士（ricotta）900 克，马苏里拉芝士（擦碎）450 克，帕马森芝士（擦碎）100 克，鸡蛋（打散）3 只，大蒜粉 1 汤匙，盐 1/2 汤匙，番茜末 1 汤匙，马苏里拉芝士（擦碎）230 克

制作步骤：

- 将牛肉、意大利肠炒干炒透。
- 加入番茄少司，混合均匀，制成少司。
- 另将芝士、鸡蛋、蒜粉、盐和番茜末混合，制成芝士馅。
- 取份数盆，喷防黏液或刷油。
- 倒入少量少司，盖没底部。
- 铺入一层宽面，周边超出份数盆边缘（使用生的宽面可以吸收少司中的水分）。
- 倒入芝士馅，抹平整，约 2.5 厘米厚。
- 重复步骤 5 ~ 7。
- 再浇一层少司，铺一层宽面，最后再浇少司。
- 面上撒马苏里拉芝士。
- 送入 180℃烤炉，烤至内部温度达 74℃，约需 1 小时 15 分钟。
- 取出后放置 20 分钟左右，分切，食用。

（三）加热烹调

1. 成熟度的把握

意大利面食一般加热至 7 ~ 8 成熟，咬起来有硬心。烹调的时间取决于面食的形状和质量、水量、水的硬度，甚至海拔高度。新鲜面制品易成熟，加热时间短，而干制品，加热时间则较长。

2. 烹调方法——煮

所有面食的成熟几乎只用一种基本方法，即煮。成功煮制面食的秘诀是水量要

大，一般而言，450克面食用水量要4千克。充足的水量能让面食在其中自由活动，以免相互粘连。水中应当加盐，面食吸收水分，也吸收盐分，熟制后加盐则不易入味。干制面食煮制的工艺流程：

- 水中加少许盐上火煮沸（根据需要加入少许油）。
- 将面食放入锅中，煮至7～8成熟（不时搅动，以防粘连）。
- 过滤后，用冷水冲凉，加少许色拉油拌匀，防止相互粘连。
- 入冰箱冷藏待用。

3. 面食少司

用于意大利面食的少司有上百种，但基本上可分为六大类：

（1）拉格优少司。拉格优少司（Ragus Sauces）即焖类菜肴的原汁少司。

（2）海鲜少司。海鲜少司（Seafood Sauces）有白色和红色两种：白色海鲜少司主要用干白葡萄酒或基础汤（很少用奶油）制成，常加入香草调味；红色海鲜少司则以番茄或番茄酱（少司）作基料制得。

（3）蔬菜少司。蔬菜少司（Vegetable Sauces）通常用新鲜番茄作为基料，用基础汤稀释制成，常加入蔬菜香料、蒜头和红椒片增加滋味，包括传统的番茄少司。

（4）奶油少司。奶油少司（Cream Sauces）用牛奶或奶油作为基料，以油面酱增稠，常加入芝士丰富滋味。

（5）蒜油少司。蒜油少司（Garlic-oil Sauces）用蒜泥、色拉油混合而成，常加入新鲜香草，可冷或加热使用。

（6）生食少司。生食少司（Uncooked Sauces）包括多种未加热熟制的调味汁，常用的原料有：新鲜番茄、紫苏橄榄油、橄榄油、柠檬汁、紫苏红辣椒片、酸菜、鳀鱼（Anchovy）柳、蒜头、橄榄、新鲜香草、芝士粒等。

虽然少司的使用没有固定的规则，但还是有一些习惯的搭配（表4-2）。

表4-2 面食、少司及装饰配料的搭配

少 司	面 食 品 种	装 饰 配 料
拉格优少司	条带形、管形、实物形、填馅	芝士碎
海鲜少司	条带形	水产品
蔬菜少司	条带形、管形、填馅	肉丸、香肠、芝士碎

续表

少 司	面 食 品 种	装 饰 配 料
奶油少司	厚条带形（意粉）填馅	火腿、青豆、香肠、蘑菇、烟三文鱼、坚果、芝士碎
蒜油少司	条带形、实物形、填馅	芝士碎、新鲜香草
生食少司	条带形、实物形	芝士丁（碎）、新鲜蔬菜、新鲜香草

 课 堂 思 考

面食少司有哪几类？如何与面食搭配？

拓展知识　搜索

杜伦小麦与意大利面食

杜伦小麦（Durum）是最硬质的小麦品种，durum 是拉丁语，即"硬"的意思。如今，绝大部分杜伦小麦是琥珀杜伦麦，因麦粒呈琥珀色而得名。加拿大、欧盟、土耳其、叙利亚和美国是杜伦小麦的主要产地，全球年出产约 4000 万吨杜伦小麦。

杜伦小麦磨成粉后，胚乳呈细颗粒状，有一个专门的名称"Semolina"，具有高密度、高筋度等特点，其蛋白质含量比磨制面包粉的硬质红春还要高，在意大利，被广泛用于制作面食，其制成的意大利面食（Pasta）通体成黄色，耐煮，弹性好，有QQ感。①

Pasta 是指传统意大利烹饪中的面食。第一次提及此名，是在 1145 年的西西里岛。典型的意大利面食用杜伦小麦粉与水混合制作而成，但也有用其他面粉与鸡蛋混合制成。一般分为干制和新鲜两大基本种类，又有多种形状和品种，据最近统计，有 310 个具体品种，1300 个名称，如 Spaghetti, Macaroni, Ravioli, Tortellini, Cannelloni, Lasagna 等。

意大利面食制作艺术从它出现那天起就注定会对全世界烹饪做出巨大贡献。据统计，意大利人均每年要吃 60 磅的面食，而美国人均每年的消费量只有 20 磅。意大利人对面食如此狂热，以至于国内生产的小麦无法满足本国国民的需求，所以不断进口小麦用于生产面食。意大利面食以其良好的声誉，穿越国界，流行于全世界。今天，意大利面食无处不在，你可以在当地超市轻易地找到。随着全世界需求量的提升，意大利面食也大批量地生

①　指与嚼 QQ 糖有类似的口感。

产。虽然，世界各地都有生产，但是，意大利依然保持着其久经考验的传统和精湛的工艺，创造着品质优等的面食。

意大利面食的传统原料主要是杜伦小麦面粉，现如今，为了满足健康的诉求和不同人群的需求，其他面粉也被越来越多地使用，甚至是米粉、玉米粉等，有时还添加煮熟的土豆。液体原料，除了鸡蛋、水外，也使用鸭蛋、牛奶、奶油、橄榄油或核桃油、葡萄酒、墨鱼汁、蔬菜蓉（如菠菜、西红柿），甚至猪血。

模块小结

本模块主要系统介绍蔬菜和淀粉类原料的制作工艺，分别就蔬菜、土豆、谷物类和面食的制作要求、流程和方法进行详细的阐述和剖解。蔬菜和淀粉类是人类饮食中必不可少的一部分，随着人们健康饮食需求的提升，蔬菜越来越受欢迎，淀粉类还是人类的主食，最常用的淀粉类原料是土豆、谷物和面食。蔬菜可以自由地烹调制作，淀粉类也可以不受制约地调味、搭配少司。

？ 思考与训练

一、课后练习

（一）填空题

1. 微波用于蔬菜的烹调，最大的优点在于＿＿＿＿＿＿＿。

2. 里昂式炒土豆应选用＿＿＿＿＿＿土豆，而炸薯条则应选用＿＿＿＿＿土豆。

3. 略索多味饭是＿＿＿＿＿＿＿北部传统的米饭菜肴，米粒保留硬心，呈糊状，它一般选用形短而淀粉含量高的大米制作。

4. 按形状，意大利面可分为＿＿＿＿＿＿、＿＿＿＿＿＿＿和＿＿＿＿＿三种类型。

5. 面食可在其新鲜或干制后加热熟制，可以填入各种夹心或伴以各种少司，它可单独食用，也可用于＿＿＿＿＿＿＿、＿＿＿＿＿＿＿、汤和＿＿＿＿＿＿＿中。

（二）选择题

1. 叶绿素主要存在于（　　）中。

A. 黄色蔬菜　　　　B. 紫色蔬菜　　　　C. 绿色蔬菜　　　　D. 红色蔬菜

2. 意大利面食一般加热至（　　）。

A. 7～8成熟　　　B. 4～5成熟　　　　C. 5～6成熟　　　D. 9～10成熟

3. 所有面食的成熟几乎只用一种基本方法，即（　　）。

　A. 烤　　　　　　　B. 煮　　　　　　　C. 蒸　　　　　　　D. 煎

4. 制作意大利面食（Pasta）的原料是（　　）。

A. 小麦粉　　　　　B. 大麦粉　　　　　C. 杜伦麦粉　　　　D. 玉米粉

5. 略索多味饭（Risotto）源于（　　）。

A. 意大利　　　　　B. 德国　　　　　　C. 法国　　　　　　D. 英国

（三）问答题

1. 烹调过程中酸碱对蔬菜有何影响？

2. 蔬菜烹调时有哪些基本要求？

3. 简述烤土豆的工艺流程。

4. 略索多味饭与皮拉夫味饭有何共同与不同之处？

5. 如何煮好意大利面食？

二、拓展训练

（一）运用所学技能，每组创制土豆菜品2款。

（二）根据意大利面条的特性和对少司的搭配习惯制作1款意面。

畜肉制作工艺

　　畜肉类是西餐烹调中最常用的原料，特别是牛肉，制作工艺要求高，难度大，西餐厨师们花在肉类菜品烹调制作上的时间和投入大大超过其他食物。因此，了解畜肉品质特点和烹调基本原理，掌握畜肉的分割加工，并合理应用烹调方法，熟练制作常用畜肉菜品，是西餐烹饪师必须具备的职业技能。

　　本模块主要学习畜肉菜品制作工艺，按牛肉、小牛肉、羊肉、猪肉进行分别讲解示范。围绕两个工作任务进行操作练习，制作常用畜肉菜品，熟练掌握畜肉的分割加工和菜品制作技能。

学习目标

知识目标

1. 了解畜肉的组织结构与特点。
2. 理解相关专业术语并掌握其外文名。
3. 懂得畜肉烹调的基本原理。
4. 掌握畜肉的质量标准和分档切割方法。
5. 熟悉畜肉的制作工艺及操作关键。

能力目标

1. 能根据组织结构对家畜肉进行分割加工。
2. 能根据不同部位的肉质特点，选择合适的烹调方法，并进行合理的优化处理，熟练制作畜肉类常见的典型菜肴。

任务分解

任务一　烹调前的准备

任务二　畜肉的烹调制作

案 例

牛柳的烹制

某五星级酒店西餐厨房要招聘一批西餐厨师，理论考试过后，进行操作考核。操作考核的内容是把从市场上买来的整条牛柳在规定时间内加工成几道牛肉菜肴，必做一道牛柳扒，要求五成熟，其他自定。这里包括了刀工切割技术、原料部位的选择和热菜烹调技能的考核，是一项综合性的考试。裁判一声令下，厨师们开始忙开了，有的把牛柳立即泡在水池里；有的用抹布把牛柳擦了擦就开始剔除多余的脂肪和筋膜；有的把牛柳头部切割成块，制成红烩牛肉，中间部分制成厚牛柳扒，尾部制成俄式炒牛肉丝；有的把整条牛柳肉都做成牛扒，即使碎小不成块的牛肉也把它们拼凑在一起。在煎牛扒的时候，很多厨师对牛扒成熟度的判断感到很头疼，不知所措。有的人不时地用肉叉刺入牛扒内部看流出来的血水颜色来判断是否五成熟了；有的甚至用刀切开牛扒看里面的肉色状况来判断其成熟度；有的人用手指按压牛扒表面，根据牛肉的弹性来确定牛扒的成熟度；有人煎牛扒时生怕牛肉煎焦煳，用小火慢慢煎，结果煎了很长时间牛扒的表面都没上色。

评委们自始至终走动在现场，不停地记录下各位的现场操作细节，尤其是把每个厨师操作失当的地方记录在案，为最终评定各位参加考试人员的成绩提供依据。

案例分析

1. 请你找出上述案例中操作失误或不当之处，并分析其后果。
2. 煎制牛扒时，如何掌握其成熟度？
3. 新鲜牛肉适合泡在水里吗？为什么？

畜肉包括牛肉、小牛肉、羔羊肉和猪肉，它们是厨房最常用最普通的肉类原料，因各部位的肉质各具特点，在烹调中便有不同的应用。

任务一　烹调前的准备

任务目标　>>

　　熟悉畜肉的组织结构及特点；能根据菜品的需要对畜肉进行分割加工；能对畜肉进行增味增湿处理。

活动一　畜肉的组织结构与特点 ▏▏▏

　　任何产肉动物的肉都是由肌肉组织、结缔组织、脂肪组织和骨骼组织等构成的。

　　肌肉组织。 肌肉纤维通过结缔组织连接起来，形成肌肉束。肌肉组织由大量的肌肉束组成。肌肉纤维的粗细、肌肉纤维束的大小以及连接它们的结缔组织的数量决定着肉的纹理状态。如果肌肉纤维和肌肉纤维束细小，这种肉就细而柔嫩，是最优质的肌肉。结缔组织以肌肉表面的膜和筋腱的形式存在于肉中，它的含量决定了肉质的老嫩程度，含量越少，肉质越嫩。

　　结缔组织。 肉的结缔组织决定着肌肉的老嫩。肉中结缔组织形成肌肉纤维壁，将肌肉纤维捆在一起形成小束，作为膜包在肌肉束四周，并形成肌腱和韧带把肌肉依附在骨骼上。有的结缔组织松软，有的则很紧密。结缔组织主要是在肌肉的不断运动中形成的，因而动物不同部位的肉质地老嫩不一。腿部肌肉因频繁运动，肉质就粗老，背部几乎没有运动，肉质就嫩。随着年龄的增长，结缔组织也增多，所以年长的动物的肉质要比年幼的粗老，但肉越老，滋味倒是越浓。

　　脂肪组织。 脂肪以微小的颗粒或以大小不等的团块分布于肉中。即使肌肉束中有时也分布着像大理石花纹样的脂肪。这被认为是衡量肌肉组织柔嫩和风味的一个重要标准。覆盖在肌肉组织外表的脂肪有利于保持肌肉组织的水分和保护肌肉免受微生物的侵害。

　　骨骼组织。 骨骼是支撑动物身架的组织，骨头的形状是辨别不同部位肉块的极好指南。骨骼的状况决定了家畜的年龄。幼畜的脊骨软而带浅红色，完全成年的家畜的骨质硬而色白。家畜骨头所占肉体的比例大小是决定肉的品质的一个重要因素。在烹调中，骨头是制作汤底的重要原料。

活动二　畜肉的主要成分及营养价值

（一）主要成分

蛋白质。蛋白质是肉中最有营养、含量最多的固形物质。肌肉中蛋白质的含量为 15%～20%，主要为肌肉细胞，即原生质蛋白质之肌动蛋白和肌球蛋白，以及胞外蛋白质之胶原蛋白和弹性蛋白，这两种蛋白质在结缔组织中含量较高。肌动蛋白和肌球蛋白共同构成肌肉的收缩组分。蛋白质在烹调中产生水解作用，分解成多种氨基酸，是食物产生鲜味的主要原因，更是美味汤汁不可缺少的物质。

脂肪。脂肪细胞流体中含有固醇，是细胞新陈代谢必不可少的物质。脂肪组织在有机体的发育过程中出现得较晚，脂肪细胞只在可获取的营养成分超过器官发育需要的数量之后才有可能贮存脂肪球。所以，现在饲养产肉的家畜应力求在畜肉脂肪细胞发育形成之前达到一定的年龄和营养指标。脂肪的存在对肉食品的风味影响很大。首先，肉里有滋味的汁液大多来自瘦肉中的脂肪，而不是水分；肌肉表层的脂肪是烤肉的必需，它对肉中的水分蒸发起保护作用，并能产生诱人的香味；脂肪还能使肉嫩滑。瘦肉中的脂肪将肌肉纤维分开，使肉很容易咀嚼。肉馅类的食品更缺少不了适量的脂肪，否则肉馅将干燥无味；脂肪是肉中香味的主要来源，一块带有很好脂肪纹理的上等牛肉要比纯瘦肉味道香浓。

碳水化合物。肉中的碳水化合物以两种形式存在，一是糖元，主要贮存在肝脏中；二是葡萄糖，含藏在血液中。肉里的碳水化合物含量虽然极少，但它对肉制品菜肴的质量影响也很大。因为肉在烤、烧、煎、炸过程中变成褐色的主要原因是碳水化合物起化学反应。没有碳水化合物，肉类食品就不会有可口的滋味，也不会产生诱人的黄褐色。

色素。畜肉显现出红色是由肌肉中的肌红蛋白和血红蛋白两种色素决定的。血红蛋白在血液中输送氧气，而肌红蛋白则在肌肉中保存氧，以保证肌肉的收缩功能。切开肌肉暴露于空气中时，开始呈鲜红色，而后表面会迅速干燥并转变为暗红色。高温会加速肉的腐败变质和颜色变深。所有的肉都应该贮存在冷冻的环境中，才能延长其使用时间。

酶。肉中的酶是蛋白质分解酶，它可引起成熟期肉的嫩度的提高。

矿物质。肉中的矿物质主要有磷和铁。两者都含于肌肉组织中。肌纤维或浓密物质中也含有少量的钾。而钠则更多地集中在畜肉的流体中。肝脏含有畜肉中的大部分铁。

（二）营养价值

肉之所以成为全世界最普遍的食物，是因为它具有显著的营养价值，可以给我们的膳食带来足量的高质量的蛋白质和重要的矿物质及维生素。肉中的蛋白质属于完全蛋白质，可以被人体完全吸收和利用，从而提供人体所必需的氨基酸，维系人的正常发育和健康需要。肉中含有丰富的铁、磷、锌和铜，是人体最重要的矿物质来源之一。肉中还含有丰富的维生素 A、硫胺素和核黄素，它们主要存在于动物的内脏中。瘦猪肉是硫胺素的优质来源。所有瘦肉均含有烟酸、核黄素和硫胺素。这些物质对人体健康十分重要。同时，肉的热值也比较高，这主要来源于肉中的脂肪。

活动三　鲜肉的熟化与嫩度

（一）鲜肉的熟化

1. 热鲜肉

热鲜肉是指刚屠宰好的肉，还没有得到足够的时间软化。这种肉很硬，烹调成熟滋味也不好。这不是肉本身的质量问题，只是没有经过一段时间的自然熟化。

2. 熟化肉

屠宰后的热鲜肉，存在于肌体组织中的酶仍然在肌肉组织中发挥作用。热鲜肉最好在冷却后置于稍高于冻结的温度下放置 2 ~ 3 天。在此期间，肌肉组织中的酶和微生物引起肉的物理变化和化学变化，使肉的构造和化学组成发生改变，肉从僵硬向软化转变，并且产生更多的香味。这一过程就叫肉的熟化。

屠宰后 8 小时，家畜的肌肉由于肌动蛋白和肌球蛋白收缩成肌动球蛋白而变得僵硬。如果在此期间烹调肉，肉就非常老韧。肌肉中的糖元在供应终止之前一直被合成为三磷酸腺苷，三磷酸腺苷随后会分解。这一转化期间所产生的乳酸使肉的 pH 值降到大约 5.3。乳酸作用于结缔组织，使肌肉组织变得柔嫩。

牛肉和羊肉需要熟化，小牛肉和猪肉不需熟化。有些野味熟化的时间较长些。肉在熟化过程中要特别注意环境的温度、清洁和通风状况。刚宰杀的肉如不急用，可以以速冻的方式贮存起来，不一定要经过熟化。

（二）嫩度

结缔组织与嫩度。一般认为肉的嫩度与结缔组织有直接关系。含有较多结缔组织的肉比含少量结缔组织的肉要老。结缔组织中有胶原蛋白和弹性蛋白两种。胶原蛋白在一般的烹调温度下可水解为明胶蛋白质。弹性蛋白在通常温度下不能分解，但温度足够高时可以软化。融化的明胶很容易扩散在肌肉组织的液体介质中，与烹调成熟的肌肉结合便成为更加软嫩的肉制品。弹性硬蛋白即使发生变化对肉的嫩度也不起什么作用。

脂肪与嫩度。脂肪对肌肉有嫩化作用，它的作用在于可以隔开并稀释结缔组织纤维而使之有利于产生加热效果。优质的牛肌肉组织中有良好的大理石花纹样的脂肪，这些脂肪会增加肉的嫩度，这一点不可忽视。同时，脂肪还可以滋润肌肉的干柴感，以提高食物的滋味。

养殖年龄与嫩度。通常幼畜的肉比老畜的肉嫩。幼畜的肉虽不如成年畜肉肌肉发达，但肌纤维较细。随着家畜年龄增加，肌纤维的直径也随着增大，肌肉的嫩度就降低。同时，畜龄较大的畜肉结缔组织也比较多，肉的嫩度也会降低。

烹调温度、时间与嫩度。烹调的温度与时间会改变肉的嫩度并影响肌肉纤维的收缩。嫩的肉适宜相对高温和短时间烹调，以避免肌肉蛋白质过分老化；老韧的肉适宜低温长时间烹调，以促使胶原蛋白软化。

物理加工与嫩度。将肉绞碎、捣烂、拍松或挂糊、上浆等，都可以提高肉的软嫩度。绞、捣、拍能切断肌肉纤维和结缔组织。裹粉、挂糊等方法可以保持肌肉中的水分，保证肌肉细嫩的口感。

酶与嫩度。可用蛋白分解酶使肉柔嫩，木瓜分解酶（番木瓜叶中的提取物质）。现在出现了许多商用肉品嫩化剂，它们除了含有木瓜蛋白酶，还有使用菠萝蛋白酶和无花果蛋白酶的。在实践中，可以把嫩化剂溶液以叉刺入或注射进肌肉中，但无法保证能均匀地分布到所有的肌肉组织，也可以在肉排上均匀地撒上嫩肉粉，但量少只对肉的表面起嫩化作用，量多则副作用较大。使用嫩化剂的副作用是会影响肉以及汁液的自然风味。酶的嫩化作用在于使肌肉组织所含的肌肉纤维外复层与胶原、弹性硬蛋白物质分解，使肉柔嫩化。不过要使嫩化剂起作用，必须要有产生作用的时间和温度。酶在室温下活性较低，在60℃～70℃温度范围内活性最大。因此，嫩化剂起作用是发生在肉的烹调过程中。经嫩化处理的粗老肉块适合于干热烹调法。在西方国家，早已采用宰前往家畜体内注入酶的方式来取得肉的嫩度。为了能使酶均匀地分布于家畜整个躯体组织中，常把嫩化溶液（木瓜蛋白酶）导入家畜的颈静脉中。这一嫩化方法能有效地提高牛肉整体的嫩度。

活动四　畜肉的分割加工及应用

　　肉的分割加工就是根据肉的组织结构，把不同部位的肉分割下来，以便按肉质特点和菜肴制作要求进一步整理加工，合理使用，以保证菜肴的质量。

（一）牛肉的分割加工及应用

1. 牛肉的基本分割

　　牛宰杀后，为便于加工处理，一般被分割成四大块（称为四分之一）。首先，沿脊骨劈成两半。然后，将每一半沿第12根与第13根肋骨之间的自然间隙分割成前四分之一和后四分之一。在此基础上，进一步分割成肩部、胸及前腿部、肋背部、前腹部、腰部、腹部和后腿部（图5-1）。

2. 牛肉的精细分割加工及应用

　　（1）肩部。肩部（chunk）占整牛总重量的28%左右，含部分脊骨、前5根肋骨、肩胛骨和前上腿骨。因为该部分肌肉经常运动，所以结缔组织含量高，肉质粗老，但质老的部位最有滋味。该部位适于湿烹法和混合烹调法。

　　（2）胸及前腿部。胸及前腿部（brisket and shank）占整牛总重量的8%左右，

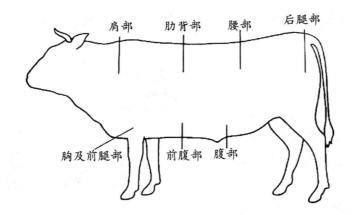

图5-1　牛肉的基本分割

包括部分肋骨、胸骨、胫骨。胸部总是去骨后使用，胸肉很老，并含大量的脂肪，该部位最适合于湿烹法和混合烹调法，也常用来制成咸牛胸或烟熏牛胸。前腿富有滋味，并富含胶质，因此特别适用于吊汤，常加工成绞肉用于吊制高级清汤。

（3）肋背部。肋背部（rib）占整牛总重量的10%左右，含7根肋骨（第6～12根）和部分脊骨。该部位肉质相当细嫩，含较多的脂肪，常用来制成烤肉和牛扒，也常去骨后制成烤肉眼或切成肉眼扒（Rib Eye Steak）。分割下来的肋骨富有滋味，可以做烧烤排骨，肋骨尾端常被修整下来，可用来烧烤或焖制。

（4）前腹部。前腹部（short plate）占整牛总重量的9%左右，包含部分短肋骨和软骨，可加工成短排骨、牛腩扒和绞肉，短排骨肉多且富含结缔组织，最适合于焖制，牛腩扒则经腌渍后铁扒。

（5）腰部。腰部（loin）占整牛总重量的15%左右，含第13根肋骨、部分脊骨。该部位肉质极其细嫩，特别是牛柳是最细嫩的部位，适合于干烹法，尤其是烧烤、铁扒和炙烤。

①将后腰部位（A）整体分割，可加工成4种牛扒：排骨牛扒（Rib Steak）、总汇牛扒（Club Steak）、T骨牛扒（T-bone Steak）、砵口牛扒（Porthouse Steak）（图5-2）。

②将后腰部位（A）去骨去牛柳后分割，可加工成西冷牛扒（Sirloin Steak）（图5-2）。

③整条牛柳（B）分割，可加工成：莎桃布翁（Châteaubriand）、牛柳扒（Fillet Steak）、

小牛柳扒（Tournedos）、精致牛柳扒（Mignon）、烩牛肉块（Goulash）（图5-3）。

（6）腹部。腹部（flank）占整牛总重量的6%左右，无任何骨头。该部位虽富有滋味，但肉质较老，含大量脂肪和结缔组织，通常加工成绞肉。

（7）后腿部。后腿部（round）占整牛总重量的24%左右，包括大腿、小腿、尾巴。该部位肉质较老，富有滋味。大腿可用于烧烤、焖；小腿多用于吊汤；牛尾多用于焖或吊汤。

（8）内脏。内脏（offal）包括牛心、牛腰、牛舌、牛肚等，适合于湿烹法和混合烹调法，常用于吊汤、烩和焖。

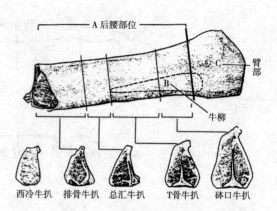

图5-2 后腰部位的分割加工

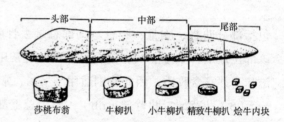

图5-3 牛柳的分割加工

表5-1 牛肉的分割及用途

部 位	分割加工制品	适用烹调方法	菜品举例
肩 部	出骨肉卷（扎紧）	焖、烩	罐焖牛肉 烩牛肉
	烩用肉块	烩	烩牛肉
	绞牛肉	炙烤或铁扒、烧烤	汉堡牛扒 牛肉罗夫
胸及前腿部	胸 肉	炖	卤牛肉 炖牛肉
		焖	罐焖牛肉
	小 腿	焖	

续表

部 位	分割加工制品	适用烹调方法	菜品举例
肋背部	肋背肉	烧 烤	烧烤肋背
	肉眼卷	烧 烤	烧烤肉眼卷
前腹部	牛腩	炙烤或铁扒	牛腩扒
	短肋排	焖	焖短肋排
腰 部	砵口牛扒或 T 骨牛扒	炙烤或铁扒	砵口牛扒 T 骨牛扒
	外脊肉（西冷）	炙烤或铁扒、烧烤、煎	西冷牛扒
	里脊肉（牛柳）	炙烤或铁扒、烧烤	牛柳扒 惠灵顿牛柳
腹 部	牛腹肉	炙烤或铁扒	炙烤牛腹扒
		焖	焖司刀粉牛腹
后腿部	腿 肉	烧 烤	烧烤牛腿
		焖	焖牛肉卷

（二）小牛肉的分割加工及应用

1. 牛仔肉的基本分割

小牛（Veal）宰杀后，一般被分成两部分。一种分割法是沿脊骨将其劈成两半，而更典型的分割法是沿第 11 根与第 12 根肋骨的自然间隙分割成前后两半。然后作基本分割，前半部分分割出三部分：肩部、胸及前腿部、肋背部；后半部分分割出两部分：腰部和后腿部（图 5-4）。

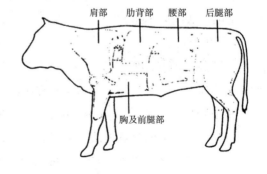

图5-4 小牛肉的基本分割

2. 小牛肉的精细分割加工及其应用

（1）肩部。肩部（shoulder）占整牛总重量的 21% 左右，含 4 根肋骨、部分脊骨、肩胛骨和前上腿骨。该部位常剔除脊骨、肩胛骨和腿骨后使用，可直接烧烤或填馅后烧烤，也常加工成绞肉或切成块用于烩，因为该部位含较多的结缔组织，所以最适合于焖或烩。

（2）胸及前腿部。胸及前腿部（foreshank and breast）占整牛总重量的 16% 左右，含肋骨、肋软骨、胸骨和胫骨，因为是小牛，胸骨多为软骨。胸部含大量的软骨、丰富的脂肪和结缔组织，富有滋味，适合于焖，也可加工成方块用于烩，或加工成绞肉。前腿富有滋味但质老，可整个焖制，或垂直于胫骨制成厚片，做焖牛仔膝。

（3）肋背部。肋背部（rib）又称"鞍部"，占整牛总重量的 9%，含 7 根肋骨和部分脊骨。该部位肉质相当细嫩，可整块烧烤，也可去骨后做成上等的烤肉，但常加工成肉排（带骨或去骨均可），用于铁扒、嫩煎或焖。

（4）腰部。腰部（loin）占整牛总重量的 10%，含 2 根（第 12 ～ 13 根）肋骨，包括肋骨上面的腰眼肉和下面的里脊。腰眼肉质地细嫩，而里脊肉质地最嫩，腰部通常加工成肉排（带骨或去骨均可），适用于炙烤和铁扒、烧烤或嫩煎。

（5）后腿部。后腿部（leg）占整牛总重量的 42%，包括后腰和后腿，含脊骨、尾骨、臀骨、大腿骨、胫骨。该部位质地较细嫩，可整块烧烤，但常加工成净肉片。后小腿的用法同前小腿。

（6）内脏。

①胰腺。质佳的胰腺（sweetbreads）应当丰满硬实，外包完整的薄膜，滋味柔和，质地细嫩，几乎适用于任何烹调方法。

②小牛肝。小牛肝（calves' liver）因其质嫩而更受欢迎，质佳的小牛肝应质硬，表面润泽，最常见的烹调方法是切片后嫩煎、铁扒，伴以少司食用。

③小牛腰。质佳的小牛腰（kidneys）应当丰满质硬，外表裹有光亮的膜，最适合于湿烹法，有时用来制作牛腰批。

表5-2 小牛肉的分割及用途

部 位	分割加工制品	适用烹调方法	菜品举例
肩 部	烩用肉块	烩	白烩牛肉
	绞牛肉	炙烤或铁扒	肉 饼
		焖	肉馅、肉丸
胸及前腿部	胸 肉	焖	司刀粉牛胸
	小 腿	焖	焖牛仔膝
肋背部	小牛鞍	炙烤或铁扒、烧烤	扒小牛排、蘑菇烤小牛鞍
	肉 排	炙烤或铁扒	扒小牛排
		焖	焖小牛排
	肉 眼	炙烤或铁扒、烧烤	炙烤肉眼、烧烤肉眼
		焖	焖肉眼
腰 部	腰 肉	炙烤或铁扒、烧烤、煎	煎小牛肉片青椒少司
	肉 排	炙烤或铁扒、煎	炙烤或铁扒小牛排蘑菇少司
		焖	里昂式焖小牛排
后腿部	腿	烧烤、煎	煎小牛肉片
		烩	烩小牛肉
	大腿上部肉	烧烤、煎、焖	马萨拉煎小牛肉
	大腿下部肉	煎	苹果酒煎小牛肉片
		焖	司刀粉小牛肉片
	小 腿	炖	小牛肉汤
		焖	焖牛仔膝
内 脏	胰 腺	煎炸、煎	煎胰腺
		焖	马爹拉酒焖胰腺
	肝	炙烤或铁扒、煎	洋葱培根炙烤或铁扒小牛肝
	腰 子	焖	腰子派

（三）羔羊肉的分割加工及应用

1. 羔羊肉的基本分割

羔羊（Lamb）宰杀后，通常被分割成五大基本部分：肩部、胸部、鞍部、腰部和后腿部（图5-5）。

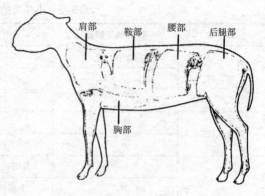

图5-5 羔羊肉的基本分割

2. 羔羊肉的精细分割加工及其应用

（1）肩部。肩部（shoulder）占整羊总重量的34%左右，含4根肋骨、前小腿骨、肩胛骨、颈骨、小块而质老的肌肉。因骨头多而肌肉小，不适合于整块烹制后分切。虽然可分切或去骨后烧烤或焖，但更适合于切成小块后用于烩或加工成绞肉用于做馅饼。

（2）胸部。胸部（breast）占整羊总重量的15%左右，包括胸及前腿，含肋骨、胸骨和胫骨。胸部用途不多，可填馅后焖制（带骨或去骨），前腿多肉，可用于焖制，作副盆（Entrée），或用于吊制肉汤，或加工成绞肉。

（3）鞍部。鞍部（saddle）占整羊总重量的8%左右，含8根肋骨和部分脊骨。因肉质极为细嫩，该部位极具烹调价值，可整块用于烧烤、铁扒或炙烤，也常加工成羊排（Lamb Chops）（图5-6）。

图5-6 羊鞍与羊排

（4）腰部。腰部（loin）占整羊总重量的11%左右，包括第13根肋骨和部分脊骨、腰眼肉、里脊肉和腹部。腰部肉质非常细嫩，最适合于干烹法，尤其是炙烤和铁扒、烧烤，可去骨后烧烤，或分切成羊排（带骨），腰眼肉可切成精致的小件肉片。

（5）后腿部。后腿部（leg）占整羊总重量的32%左右，含脊骨、尾骨、髋骨、臀骨、胫骨。该部位肉质较嫩，通常剔去部分或全部骨头后使用，适用于多种烹调方法，可带骨烧烤，用于自助餐，或与蔬菜或豆类焖制。去骨的羊腿，则常捆扎后烧烤，腿肉可切成小块后烩或加工成绞肉做馅饼。

表5-3 羔羊肉的分割及用途

部　位	分割加工制品	适用烹调方法	菜品举例
肩部	羊　排	炙烤或铁扒	炙烤或铁扒羊排
	羊肉块	烩	烩羊肉、咖喱羊肉
	绞　肉	炙烤或铁扒、煎	羊肉饼
胸部	胸　肉	焖	蘑菇司刀粉羊胸
鞍部	羊　鞍	炙烤或铁扒、烧烤、煎	蒜头迷迭香烧羊鞍
	法式羊鞍（半边）	炙烤或铁扒、烧烤、煎	芥末榛子烧羊鞍
腰部	羊腰肉	炙烤或铁扒、烧烤、煎	煎羊腰肉片烤蒜头少司
	羊　排	炙烤或铁扒、煎	炙烤羊排香草黄油
后腿部	腿	炙烤或铁扒、烧烤	羊肉串、烤羊腿
	羊腿卷（去骨卷起扎紧）	烧　烤	烤羊腿

（四）猪肉的分割加工及应用

1. 猪肉的基本分割

猪宰杀后，一般沿脊骨劈成两半，然后再分割成肩部、颈背部、腹部、腰背部和后腿部（图5-7）。

2. 猪肉的精细分割加工及其应用

（1）肩部。肩部（shoulder）占整猪总重量的 20% 左右，含前上腿骨、胫骨。肩部是肉质较老的部位，可去骨后用于煎或烩。前腿则多用于烟熏，也用于吊汤、烩和焖。

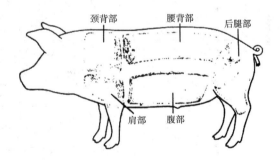

图5-7 猪肉的基本分割

（2）颈背部。颈背部（neck）占整猪总重量的 7% 左右，含少量脊骨。该部位多肉且质嫩，含脂肪高，可加工成肉排，用于铁扒或煎，也可去骨后烟熏。

（3）腹部。腹部（belly）占整猪总重量的 16% 左右，肥瘦相间，含排骨。排骨通常用于炖、铁扒或浇上烧烤汁后烧烤。肥瘦相间的五花肉则常烟熏制成培根。

（4）腰背部。腰背部（loin）占整猪总重量的 20%，包括整个肋背和腰部，含

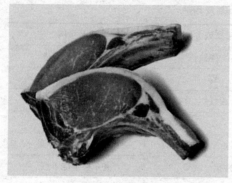

图5-8　猪排

脊骨、部分髋骨、全部肋骨。该部位肉质非常细嫩，适用于多种烹调法，可用于烧烤、煎、焖等。里脊肉质地最为细嫩，可分切成厚片后，用于煎或整条烧烤或焖。去骨的腰眼肉可烟熏制成加拿大式培根，剔下的肋骨则可用来烧烤。该部位最流行的用法是加工成猪排（Pork Chop）（图5-8）。外层的肥膘有广泛的用途，尤其用于冷肉制品，如肉批（Pâté）、特林（Terrine）的制作。

（5）后腿部。后腿部（leg）占整猪总重量的24%左右，含髋骨、后腿骨、胫骨。该部位含大量肌肉，结缔组织较少，可用于多种烹调方法，可烧烤、焖、烩等，也常做成烟熏火腿。

表5-4　猪肉的分割及用途

部　位	分割加工制品	适用烹调方法	菜品举例
肩　部		烧　烤	烟熏野餐猪肉
颈背部		炙烤、铁扒、煎	铁扒颈背
		炖	炖咸猪肉
腹　部	五花肉	煎	早餐培根
		炖	
		焖	
	排　骨	烧烤、先蒸后扒	烧烤排骨
腰背部	外脊肉（大排肉）	烧　烤	烤猪排
		焖	焖猪排
	里脊肉（猪柳）	炙烤、铁扒、煎	烧烤猪里脊
	排　骨	烧烤、先蒸后扒	烧烤排骨
	猪　排	炙烤、铁扒	扒猪排蘑菇少司
		焖	焖猪排
后腿部		烧烤、腌制	烧烤猪后腿

活动五　肉类烹调基本原理

烹调肉的目的是增进风味、改变颜色、使其更加柔嫩和杀灭有害细菌。

（一）温度控制

低温烹调能增进风味和外观，并能减少重量和营养成分的损失。这方面尤其适用于干热烹调法。低温比高温烤出的肉更嫩、汁液更多、风味更佳。但过低温度烤肉是不切合实际的，因为那需要较长的烧烤时间，若烤大块的肉并至全熟，则会因水分流失过多使肉发干并纤维化。

高温在比较短的时间内烤肉，因热能的迅速贯穿，肉会产生相当大的收缩，高温使蛋白质快速变硬，并把肉内汁液排挤出来，使烤肉变老。随着烹调时间的增加和肉中心温度的上升，即随着"成熟度"增至全熟阶段，烤肉的营养损失也就越大。所以在高温下烤肉一定要掌握时间，尽量短时间内完成烹调。大块的较重的肉在全部烤熟时其总的烹调损失比小块烤肉要小。

液体或蒸汽要比气体导热快，所以煮肉要小火慢煮，不要用沸水煮肉，并防止煮过头。

（二）颜色变化

颜色变化是从粉红色至棕色或灰色。烧烤肉表面变成棕红色是由于肉中的蛋白质、脂肪、色素和其他成分部分水解的结果。烤肉颜色变化所需要的时间和变色程度与肉的品种、等级、畜龄和贮存时间长短密切相关。研究人员通过实验证明肉的内部温度达到70℃时肉的颜色变化就结束。在食品安全上，牛肉允许在上菜时呈鲜红色（半熟），小羊肉可以中等嫩度（粉红色）上菜，但猪肉与小牛肉必须是全熟的状态上菜。

（三）滋味的变化

肉在被加热过程中，肉中的挥发性物质会损失，表面的碳水化合物会焦化，脂肪融化并分解，蛋白质凝固或分解，这些会使肉的滋味发生很大变化。各种不同的肉的特有滋味主要是其脂肪的不同所引起的。肉的外表出现焦黄时其风味就增强。另外，可溶性物质如磷酸盐和氯化钠浸入肉汁中，也会明显地改变肉的滋味。研究表明肉的主要风味存在于肉汁中。肉的烹调时间长短和温度可直接影响到它的滋味。全熟、较老的肉块比刚刚成熟、较嫩的肉其风味要差些。肌肉组织中分离出来的若干种氨基化合物以及游离脂肪酸、硫化氢、肌酸酐以及含葡萄糖的糖蛋白等，它们对肉的风味产生也有密切的关系。加热是使肉产生风味的前提。

（四）气味的变化

生鲜肉的气味是令人不愉快的。每种独特熟肉的香味一是加热影响其本身物质成分发生化学反应所致；二是靠烹调过程中使用的香料和调味品来改变肉的不良气味并产生新的混合芳香味所致。肉的香味是加热过程中肉的混合化合物产生的。

活动六　烹制前的增味增湿处理

（一）腌渍

腌渍（Marinating）是将肉浸泡于有滋味的液体中以增加滋味并嫩化肉质的过程。腌渍液可以是香草、调味料和色拉油的简单混合，也可以是红葡萄酒、水果和其他材料经加热调制而成。滋味柔和的腌渍液一般用于小牛肉，而野味和成年牛肉则需用滋味浓重的腌渍液。干白葡萄酒腌渍液用于白色肉类，红葡萄酒腌渍液则用于红色肉类。葡萄酒的使用，不仅能增加独特的风味，其中的酸还可破坏肉中的结缔组织，有助于肉质的嫩化。

至于腌渍时间应视肉的种类及料形大小而定，一般小牛肉和猪肉腌渍时间较短，而成年牛肉和羊肉腌渍时间较长；小件的肉所需时间较短，而大件的肉时间较长。腌渍时，腌渍液应将肉浸没，保存于冰箱中，并时常翻动，以确保滋味均匀地渗入。

（二）覆膘

覆膘（Barding）在肉表面覆盖一薄层猪肥膘并用线扎紧。覆膘的肉常用于烧烤，在受热过程中，肥膘中的脂肪不断融化，渗入肌肉内部从而增加肉的滋味和湿度。这一技术也常用于家禽或野味。

（三）串膘

串膘（Larding）是用肉扦将切成条状的猪肥膘串入瘦肉内部。串膘的肉常用于焖，在受热过程中，融化的脂肪将增加肉的湿度和滋味。由于现在多选用肥瘦相间的肉，所以这一技术已很少使用。

任务二　畜肉的烹调制作

任务目标

能用干热烹调法制作常见畜肉菜肴；能用湿热烹调法制作常见畜肉菜肴；能用混合烹调法制作常见畜肉菜肴。

肉的烹调方法分为干热烹调法，如烤、铁扒、嫩煎、炸等；湿热烹调法，如煮、炖等；还有混合烹调法，如焖、烩等。选择什么样的烹调方法在很大程度上是根据肉的嫩度和烹调设备来决定的。地域性的饮食习惯也影响着烹调方法的选择。不管使用什么烹调方法，有几个一般性原则在制作肉食品时是要普遍遵循的。一是肉不要多洗，更不能长时间地浸泡在水中，只需要把肉擦干净就好，因为洗涤和浸泡会使营养成分和香味物质流失掉；二是尽量不要在烹调前较长时间加盐调味，盐的渗透压会使肉中的水分和脂肪流失加重，特别是那些带调味汁食用的肉食品，烹调前加不加盐是无所谓的。

活动一　干热烹调法的应用

这类烹调法使蛋白质凝固，但不能破坏结缔组织，所以不适用于质地老韧或含结缔组织多的肉类。

（一）炙烤（铁扒）

炙烤（铁扒）是用较高的温度快速烹调的方法，炙烤的肉外表色泽焦黄，皮酥味香，鲜嫩多汁，铁扒肉品表面还留有诱人的交叉烙印。炙烤（铁扒）的肉外表产生美观色泽的意义比把它们制作成熟更为重要，因为大部分炙烤的牛肉都是三成熟或半熟，这样的肉才汁最多，肉最嫩。

1. 肉的选用

应选取畜肉质地最嫩的部位。因结缔组织使肉质粗老，所以应尽量将其剔净。适合炙烤（铁扒）的肉类以牛肉为主，因为在敞开式很高的温度下很难把肉炙烤全熟并保持多汁，除牛肉外其他肉类基本要求全熟。

2. 调味

未腌渍的肉应事先撒盐和胡椒粉调味，但应在临近上炉时进行。若过早用盐，经放置后，因盐的渗透压的作用会使内部水分渗出，使肉质干燥，而且肉表面也难以上色。为防止肉质干燥，扒制前肉表面应刷上黄油或色拉油或烧烤汁。也有一些人认为炙烤前不应调味，或在炙烤前先把肉放进调好味道的油里浸泡半小时。

3. 温度的掌握

对于红色肉类，应用足够的火力确保表面焦化，以获得理想的颜色，但扒炉火力又不能太大，否则会引起肉表很快焦煳而内部未达到所需成熟度的现象。对于白色肉类，所用火力应当稍小，以保证肉内部完全成熟，表面形成深金黄色。

4. 成熟度的判断

对于牛、羊肉，厨师应按食客的要求，将其扒制至恰当的成熟度，一般有很生（Very Rare 或 Bleu）、生（Rare）、四成（Medium Rare）、五成（Medium）、七成（Medium Well）和全熟（Well Done）这几种成熟度。对于大件的肉，常常先在扒炉上扒上色，然后送入烤炉中烤至所需成熟度。

成熟度的判断是一项难度较大的技术，它受诸多因素的影响，包括扒炉的温度、肉自身的温度、肉的种类、肉的厚度等，因此，计时方法是行不通的。对于小块的肉排通常采用的方法是通过手指对肉的按压，根据弹性来判定其成熟度，但这要有长期实践的经验才能把握准确。按压时要按瘦肉部分的中心，而不要按压脂肪。肉越熟感觉越硬实（表 5-5）。

表5-5 成熟度的判断

成熟度	肉内部的颜色	弹性程度
很 生	肉色很红（同生肉）	几乎无弹性
生	中部深红	柔软，很轻微弹性
四 成	中部鲜红	轻微弹性
五 成	玫瑰红过渡至中部红色	稍硬，有弹性
七 成	中部淡粉红色	硬，有弹性
全 熟	内部无红色	很硬，按压后很快弹回

5. 伴食少司

有多种少司都适合于炙烤或铁扒类的食物，包括卑亚尼少司、荷兰少司，布朗少司家族中的波特少司、猎人少司、胡椒少司、蘑菇少司，还有番茄少司、墨西哥辣味少司等。由于炙烤类食品最受欢迎的原因是其焦黄的色泽和香脆的外表，使用这些少司时最好不要将少司浇在肉的外表上，最多在肉表面涂抹窄窄的一条，最好盛入少司盅伴食，调味黄油可直接放在肉块上。用肉扦串起在铁扒炉上炙烤的蔬菜是炙烤肉类的最佳配菜，出菜时也不要在上面浇过多的调味汁，以免影响蔬菜的焦香特色。

6. 工艺流程

- 准备好设备、工具和食品原料，对较大的肉片有必要在其边缘的筋膜上划上小口，以防炙烤时肉片卷翘。
- 预热烤炉或扒炉。
- 用钢丝刷将炉栅刷净。
- 原料加工整理后腌渍或根据需要调味，表面刷油。炙烤前原料表面的油要沥干，太多的油容易引起燃烧。
- 置于炉栅上炙烤或扒制，一面上色后用夹子给肉翻身，使肉两面形成恰当的色泽（不要使用肉叉给原料翻身，否则会使肉汁流失），并加热到所需要的成熟度。

铁扒薄牛排配蓝奶酪黄油（6 客）

（ Grilled Minute Steak with Blue Cheese Butter ）

配料：

淡味黄油 100 克，蓝奶酪 30 克，嫩牛排（180～200 克／块）6 块，油 60 毫升，盐少许，黑胡椒粉少许，西洋菜（装饰用）适量

制作步骤：

- 准备调味黄油：将软黄油与奶酪在碗中充分搅拌均匀，用油脂或锡箔卷成直径 3 厘米左右的圆筒，进冰箱冷却变硬。或用裱花袋裱在油纸上再冷却备用。
- 把牛排拍成 0.8 厘米厚的片，用盐、黑胡椒粉调味。
- 在牛排上刷薄薄一层油，放在炙热的扒炉上快速炙烤上色，每面炙烤 30 秒钟左右。
- 扒好的牛排装盘，将圆筒黄油切成片放在牛排上，放 2～3 片。西洋菜洗净装饰在牛排旁边。

铁扒猪里脊配山芋泥番茄辣酱（5 客）

（ Grilled Pork Tenderloin with Sweet Potato Purée and Warm Chipotle Salsa ）

配料：

猪里脊 1000 克

腌渍料：洋葱 30 克，蒜瓣 1 个，盐适量，墨西哥红辣椒粉 15 毫升，肉桂粉少许，牛至草 0.5 茶匙，孜然适量，柠檬汁 30 毫升，橄榄油 15 毫升

辣酱料：蒜瓣（不去皮）1 个，番茄 250 克，罐装辣椒 1 个，盐适量，辣椒少司 1.5 茶匙

山芋料：山芋 750 克，盐少许

制作步骤：

- 剔除里脊肉上的脂肪和筋膜。
- 把腌渍料混合在一起搅拌均匀，并将混合物涂抹在里脊肉上，包好进冰箱冷藏数小时。
- 将蒜瓣和番茄放进 220℃的烤箱中烤 10 分钟，然后取出，用搅拌器打烂，再把辣椒、盐和辣椒少司加入，继续搅拌。制成粗菜蓉。

- 将山芋洗净，带皮放入200℃烤箱中烤熟，去皮，加盐搅成山芋泥。
- 把腌渍好的里脊肉拿出，去掉上面的洋葱和蒜头，放在烤炉上烤熟。
- 装盘：山芋泥放入盆中央，上放切成片的里脊肉，盘四周围放上制好的辣酱。里脊肉顶部稍作点缀即可。

（二）烧烤

烧烤的肉类应外表焦黄、肉香浓郁、细嫩多汁，牛羊肉也讲究不同的成熟度。

1. 肉的选用

任何嫩的肉类切成块后均适于用烤箱烧烤。某些不太嫩的上等牛肉肩肉或后腿肉也可以烤。所有的猪肉各部位都是嫩的，因其都是在幼龄时屠宰的且脂肪分布良好。大块猪肉或肋骨肉，不论鲜、咸，均可烤制。

2. 调味

如果在烤之前才给肉调味的话，那么在烤肉的过程中盐味最多只能渗透到肉里大约2厘米的深度，除盐以外其他调味料的效果都一样。临烤前加盐，由于食物中水分的渗出会妨碍肉表面色泽的形成。要调味最好在几小时前就加盐调味，使调味料有充分的时间渗入肉的里面；要么就不事先调味。

对于小件肉或表面几乎无肥膘的肉，事先调味特别重要，调味料一方面渗入肉的内部而增加滋味，另一方面有助于形成香脆的表皮，获得满意的品质；对于表面有厚重肥膘的大件肉，则不会因调味而获得很大益处，因为调味品不可能渗透肥膘层。

实践中，表面多余的肥膘应当剔除，但要保留薄薄的一层，以在烤制时湿润肉质。净瘦肉可事先进行覆膘或串覆处理，以增味增湿。对于烤羊腿，有时用刀尖戳些小孔，塞入蒜头。肉类烤制时，通常底部垫以蔬菜香料，一方面可以增进肉的滋味，另一方面因不直接接触烤盘，可以避免肉底部烤过火。

3. 温度、时间的掌握

将肉块烤成满意的外表和成熟度是比较困难的。这需要自始至终控制好烤箱的温度和时间，什么时候高温，什么时候低温，要视不同情况而定。

把热量传到肉块最厚部分的中心位置，再把肉中心部分烤至所需要的成熟度是至关重要的。肉块越大，重量与体积之比也越大，热传至其中心也越难，烹调所需要的时间也越长，烧烤的温度一定是从高温到低温。羊鞍或牛柳这样的小件烤肉，应当用190℃～230℃的高温，以使其表面在短时间内获得满意的颜色；而对于大件的烤肉，开始应用高温使表面迅速结皮，封住内部肉汁，然后转较低温度慢烤。实践表明，低温慢烤，肉的收缩程度会小些，120℃～160℃的温度是理想的选择。

烧烤肉食品除重量与炉温外，还有其他一些因素影响烹调时间，如：烤前肉的温度、脂肪层的厚度（脂肪会妨碍热传递）、骨头的多少和大小（骨头的导热速度快于肌肉）、炉门的开关次数、肉块的形状（肉块的厚度往往决定烤制的温度与时间）。

4.成熟度的判断

对于小件的烤肉，可采用指压法，根据弹性程度来判断成熟度，但对于大件烤肉，此法并不可行。虽然计时是一种实用的手段，但因变数太多，也不是很可靠，最好的方法是使用速读温度计，通过内部温度来判断其成熟度（表5-6）。

表5-6 烤肉成熟度与内部温度要求

肉 类	成熟度	颜色与质感	内部温度（℃）
牛 肉	半 熟	外皮棕褐色，向里暗灰色、桃红色、中心为玫瑰红色，肉汁鲜红。近一半厚度成熟	60
	七成熟	外皮及边缘是棕褐色，内部为浅粉红色，肉汁桃红色	70
	全 熟	外皮焦黄色暗，中心是浅灰色	80
羔羊肉	七八成熟	内部为浅粉红色，肉汁浅粉红色	70
	全 熟	中心为浅灰褐色，质地坚实，肉汁清澈	80～82
小牛肉	全 熟	质地坚实，中心为浅粉红色，肉汁清	74
猪肉（肋条、腰肉）	全 熟	中心为浅灰色	77
猪肉（肩胛肉、鲜火腿）	全 熟	中心为浅灰色	85

5. 后续加热

烤肉从烤炉中取出后，其加热过程并未立即停止，通过传导，热量仍将由外向内传递，使肉内部继续受热。事实上，对于小件烤肉，离开烤炉后，其内部温度会继续上升 3℃ ~ 6℃；而对于大件烤肉，其内部温度会上升 10℃左右。因此，烤肉在达到所需成熟度以前就应从烤炉中取出，让后续加热完成熟制过程，表 5-6 中的温度是指后续加热后的烤肉内部温度。

在加热过程中，肉内水分不断流向中部，如果烤肉在离开烤炉后立即分切，水分将流出，使肉失去颜色并变得干燥，正确的做法是，在分切前让烤肉放置一段时间，使内部水分重新均匀分布，这样烤肉在分切时会保留较多的水分，小件烤肉只需放置 5 ~ 10 分钟，大件烤肉则需放置 30 分钟甚至更长时间。

6. 伴食少司

烤肉常伴以烧烤原汁、烧汁或其他少司（表 3-9）。

7. 工艺流程

● 准备设备和工具，选择浅边大小适中的烤盘。

● 加工整理，剔除过多的脂肪和筋络。

● 若有需要，提前数小时或一夜对大的肉块进行腌渍调味。

● 放入预热好的烤箱内时，肉的脂肪面朝上放在烤盘里，最好在肉下垫以蔬菜香料，或垫上肉骨头，以隔离烤肉滴下的肉汁。

● 把温度计插入肉的中央部位，不要碰到骨头。

● 取出让后续加热达到所需成熟度；临食时再切割装盘。

香草风味烤羊鞍（Roast Rack of Lamb）（4 客）

配料：

羊鞍 2 块，芥末酱适量，蒜蓉 1 汤匙，鲜番茜末 2 汤匙，面包屑 500 毫升

少司调味料：胡萝卜半根，洋葱半只，西芹半根，蒜瓣 1 瓣，白葡萄酒 150 毫升，鸡汤 300 毫升，盐、胡椒粉、色拉油、黄油各适量

制作步骤：

- 将面包屑和番茜末混合均匀。
- 把羊鞍有少许脂肪的一面撒少许盐、胡椒粉抹匀，用高温的油煎上色，取出。再抹上芥末酱，裹上面包屑、番茜末。
- 把蔬菜香料切成块放入烤盘内，上放羊排（裹粉的一面朝上），进入200℃左右的烤箱烤15～20分钟。
- 取出烤肉保温。撇去烤盘内多余油脂，将原汁过滤到煎锅内，倒入白葡萄酒浓缩，加鸡汤适当浓缩，加盐、胡椒粉调味。
- 羊排切块装盘（每客2～3块），少司垫底，旁边可配炸薯条、黄油蔬菜，点缀即可。

（三）嫩煎（炒）

嫩煎是指把块（片）形较大的肉用少量油在高温下烹调的方法，油量以食物在整个烹调中表面能润到油为宜。一般选择植物油或精制黄油烹制，普通黄油烟点底，易燃烧。有些大件的烤肉或焖制的肉类，通常也先用少量的高温油将其煎上色后再进行下一步的低温烹调，这样能烹制出色美质嫩的美味肉食品。纯煎的肉类在锅中一般只需翻两次身，即一面煎上色，有一层硬皮后，再煎另一面至上色。有时，肉表面还拍上面粉，以利迅速封住内部水分，同时易使表面上色。肉馅饼则适合于沾上面包屑后再煎制。

炒是指把切得比较细小的肉片、肉丝等用更少量油在锅中适时翻跳的烹调方法。炒的时候一次不要放入太多的原料，以免降低油温，延长烹调时间，影响到菜肴质量。

1. 肉的选用

与铁扒和烧烤一样，应选取质地细嫩的肉，且料形应当规则、均匀。

2. 调味

可以腌渍或用盐、胡椒粉调味，如采用腌渍方法，煎制前必须吸干表面水分，以便于上色。

3. 成熟度的判断

一般用指压法判断成熟度，就表面色泽而言，红色肉应较深，小牛肉或猪肉则应较浅。

4. 伴食少司

通常直接使用原煎锅调制少司。调制程序如下：

- 将煎锅中的肉取出，保留锅中的油脂和液体，根据需要加入蒜头、冬葱头、蘑菇等，炒软。
- 加入葡萄酒或少许基础汤，晃动煎锅，使其充分混合。
- 再加入基础汤，浓缩至所需的浓稠度。
- 加入香草、香料等，加盐、胡椒粉调味。

5. 工艺流程

- 煎锅上火加热，倒入油脂（色拉油或清黄油），油量以正好盖没锅底为准。
- 肉类加工整理成合适的形状，根据需要调味或拍上面粉。
- 将肉放入煎锅，煎至表面金黄，达到所需成熟度（给肉翻身时，使用食物夹，而不要用肉叉，对于小件肉可运用翻锅技术）。
- 对于大件的肉，可先煎至上色，然后送入烤炉烤制。

核桃风味煎猪排（Sautéed Pork Chop with Nuts）（6 客）

配料：

　　猪排加工料：猪排（带肋骨）6 块，核桃（烤熟切碎）80 克，松子（烤熟切碎）60 克，芥末酱 6 汤匙

　　少司料：牛肉清汤 500 毫升，白葡萄酒 150 毫升，番茄 2 个，芥末 1.5 汤匙，核桃油少许，香葱少许

　　配菜：包菜叶少许，培根 3 片，洋葱 60 克，胡萝卜 60 克，泰国香米 100 克，干红葡萄酒适量，鸡汤适量，盐、胡椒粉适量，黄油适量

制作步骤：

- 将核桃油涂抹在猪排的表面放置片刻滋润。煎之前加盐、胡椒粉调味。

- 用强火把猪排表面煎上色，转中火慢煎，并不时地将煎锅中原汁浇于猪排上，煎熟后离火。
- 将包菜叶烫熟冲凉。用黄油炒培根碎、洋葱、胡萝卜碎和少量包菜丝，再加入适量红葡萄酒、鸡汤、稻米、盐、胡椒粉。煮沸离火。
- 烫好的包菜叶放入食模的底部和四周，把炒好的稻米装入，并盖上菜叶，上放少量黄油。再把它们放入盛有热水的烤盘中，进180℃的烤箱烤15分钟左右。
- 从煎锅中取出猪排，倒出油脂，上火倒入白葡萄酒浓缩，加入牛肉清汤，略煮浓缩。再加入番茄肉碎、盐、胡椒粉、芥末酱，制成少司。
- 把煎好的猪排一面吸干多余油脂，抹上一层芥末酱，再沾上坚果碎。用黄油将其一面煎黄即可。
- 装盘。少司浇盘底部，撒少许青葱碎，上放猪排。旁边配上倒扣出来的包菜叶米饭。

（四）煎炸

煎炸的肉品应当色泽金黄，肉质细嫩，外表香脆。

1. 肉的选用

应选取质地细嫩的肉类，通常加工成规则均匀的片状，且无骨。

2. 调味

撒盐、胡椒粉简单地调味。生料通常裹以面包粉，以增加香味，保持水分。

3. 成熟度的判断

最准确的方法是通过计时法确定成熟度。

4. 伴食少司

一般无须少司，有时可伴以熬黄的黄油、番茄少司（Ketchup）或柠檬汁。

5. 工艺流程

● 将肉加工成形。

● 调味后裹上面包粉。

● 植物油倒入厚底煎锅中加热至所需温度，一般油温在 150℃ ~ 170℃。

● 将裹粉的肉块轻轻放入煎锅（油应浸没至原料的 1/3 ~ 1/2 处），加热至两面色泽金黄而肉成熟。

● 取出后沥干油脂。

哥登堡猪排（Pork Chop Gordon Bleu）（4 客）

配料：

猪里脊肉（75 克 / 片）8 片，瑞士奶酪 8 片，熟火腿 8 片，盐、胡椒粉适量，面粉、蛋液、面包屑适量

配菜：鸡蛋手擀面 200 克，奶油焗花菜 4 朵，黄油适量

制作步骤：

● 把猪里脊拍成薄片，夹入奶酪片、火腿片，并封口。

● 将包好的里脊肉表面撒适量盐和胡椒粉，再沾上面粉、蛋液、面包屑。

● 色拉油加热至 165℃，把猪排放入，煎炸至金黄成熟。取出沥干油。

● 蛋黄面条用黄油炒好，调味。焯水后的花菜，加奶油少司、奶酪焗黄。

● 装盘即可。

注：此菜也可以配炸土豆条和应时蔬菜。

炸牛仔吉力（Veal Cutlets）（4 客）

配料：

牛仔吉力肉片（180 克 / 片）4 片，盐、胡椒粉适量，面粉、鸡蛋液、面包屑适量，色拉油适量，黄油 90 克，柠檬角 4 只

制作步骤：

● 牛仔肉片用松肉锤轻拍成厚度均匀的片（约 8 毫米厚）。

● 撒盐、胡椒粉调味，拍上面粉，挂蛋液，裹上面包屑。

● 厚底锅放油用中火加热。

> - 放入牛仔肉片，两面炸至金黄色，肉片炸熟，取出吸油、装盘。
> - 将适量黄油放入小煎锅加热至起泡沫，淋到炸好的牛仔吉力上，配以柠檬角。

活动二 湿热烹调法的应用

湿热烹调法适用于不太嫩的肉块。人们一直认为老韧的肉块经湿热法烹调可以使胶原蛋白软化，肉就变得不老了，并产生酥烂可口的美感。纯粹的湿热法是将肉放在水或汤中以小火长时间加热，使肉质酥烂。实际上，这类方法只有炖适用于肉的烹制。

炖

常用于质地粗老的肉，通过长时间慢慢地加热，肉质变得酥烂，滋味浓醇。

1. 肉的选用

炖肉的典型例子是烹制腌制品。新鲜或咸牛胸肉、新鲜或咸猪腿和舌头。

2. 调味

如果使用卤泡或烟熏制品，则无须进行调味。炖鲜肉要调味，通常使用植物香料、香草和葡萄酒，它有助于增加肉的味道。炖肉的水一般都要淹没过食物，炖新鲜的肉块注意水不要太多，否则调味会被冲淡。

3. 温度的掌握

炖制肉类的温度一般控制在82℃～85℃，对于火腿等大件肉类则用66℃的低温加热10小时以上。

4. 配菜与少司

炖肉常常配煮或蒸的蔬菜，如咸牛肉配煮包菜。卤泡的肉类通常配芥末或辣根少司。

5.工艺流程

- ●将肉加工整理或扎紧。
- ●将足量的液体煮沸（液体应将肉完全盖没），加充足的蔬菜香料、调味料等。
- ●将肉放入液体中（若炖烟熏或咸肉制品，应冷水下锅）。
- ●转小火加热至肉熟烂（不能让液体沸腾）。
- ●取出分切。

炖咸牛胸（Simmered Corned Beef Brisket）

配料：

咸牛胸（3千克/块）1块，白色基础汤适量

香料包：香叶1片，百里香草1/4茶匙，胡椒籽（压碎）1/4茶匙，番茜枝
5根，芥末籽1/2汤匙，玉桂棒1支，牙买加胡椒籽2粒

制作步骤：

- ●牛胸放入汤锅，倒入基础汤，放入香料包。
- ●上火煮至将沸，转小火炖至牛肉熟烂，取出待用。

活动三　混合烹调法的应用

（一）焖

焖是一种先把肉的表面用高温油煎或炸上色后，再放到调好味的汤汁中炖制的一种综合烹调方法。焖制食品的不同风味都来源于焖制的少司，不同的调味料和香料决定了焖肉食品的特色。焖制食品的调味料有葡萄酒、腌泡汁、番茄类、果汁等。焖制的肉品滋味浓醇，肉质酥烂，形整而不松散。

1.肉的选用

质嫩或质老的肉都可选取，但更多的是选用质老者，肩和腿是最常用的部位，因为它们富有滋味，且富含胶原蛋白。肉通常大块焖制，然后分切成片，有时也加工成小件焖制。

2. 调味

待焖制的肉可通过腌渍定味，通常用葡萄酒和香料浸渍几小时或一整夜，这样可以使肉质嫩化。也可用盐、胡椒粉简单地调味。但要知道，肉表面上的盐会延缓在煎制时变黄的时间。

在加热开始时，通常使用标准的香料包和番茄制品，番茄制品一方面增加少司的滋味和颜色，同时在加热过程中其中的酸促使肉质嫩化。

3. 温度的掌握

焖的方法包括煎黄和炖两大步骤。小件的肉通常需事先拍上面粉（大件肉则不需），面粉将封住肉内水分，且有助于表面上色，还使少司浓稠。白色肉应煎成金黄或琥珀色，红色肉应煎成棕黄色，为使表面获得恰当的焦化效果，煎制时不应使用太高的温度，焦化的表面有助于增加成品的颜色和香气。煎好的肉放入液体中，上火煮开，加盖后转小火炖，这一步也可在烤炉中完成，烤炉的火力温和、均匀，避免糊底，如选择在炉头上完成，必须使用文火，应特别小心，防止锅底焦煳。

4. 上光收汁

在临近结尾时，揭去盖子，将锅中液体淋在肉表面，以增加表面湿度和光泽。通过继续加热，使水分蒸发，少司浓缩变稠。

5. 成熟度的判断

肉应焖至酥烂，但要保持形状完整而不失松散。若肉松散，则表明加热过度；若肉质硬老，可能是加热不到位或火力过猛；若缺乏滋味，可能是肉煎制时上色不充分，或液体调味不足。

6. 配菜与少司

焖肉原汁直接用作伴食少司。焖肉通常配以一些蔬菜，根据蔬菜的品种，采用与肉一起焖制或单独熟制的方法。

7. 工艺流程

● 取一厚底锅，放入少量色拉油加热。

- 肉调味后拍上面粉（视需要而定），放入煎锅，煎至表面金黄，取出。
- 原煎锅中加蔬菜香料，炒黄炒香（若使用油面酱，此时应加入）。
- 倒入基础汤或少司（液体量以没至原料 1/3 处为准）。
- 加香料和调味料。
- 将肉放回锅中，加盖后上火慢炖（或在 120℃～150℃ 的烤炉内加热）。
- 不时将锅内液体浇至肉表面并将其翻身，使肉全面获得水分和滋味。
- 当肉熟烂时，将其取出，保温待用。
- 调制少司：原汁少司可加热浓缩以增滋味；若液体为基础汤，应当用油面酱增稠；若需要，将少司过滤，蔬菜香料一起粉碎，然后倒回少司中。

焖牛臀肉（Beef Pot Roast）（12 客）

配料：

整理好的鲜牛臀肉 1.5 千克

蔬菜香料：洋葱 150 克，胡萝卜 60 克，西芹 60 克

香料包：黑胡椒籽 1/2 茶匙，香叶 1 片，番茜枝 3 根，丁香 2 粒，蒜头 1 瓣

制作步骤：

- 将牛肉放入汤锅中，加冷水高温煮沸撇去浮沫。加入蔬菜香料和香料袋，转文火慢炖。
- 炖到牛肉熟透，取出放到盘中，并放入足够的炖肉清汤，冷却。也可以放入烤箱内，盖上锅盖烤熟。
- 出菜时将肉横切成片（1 厘米左右厚），每份 125 克，配蔬菜少司或芥末，再配上应时清煮蔬菜。
- 多余的肉汤不应倒掉，可用来制汤和少司。

注：此菜可做冷食。

（二）烩

烩的原理与制作过程与焖基本相同，只是用于烩的肉类一般料形较小。

1. 烩的种类

（1）红烩。红烩（Brown Stew）成品颜色棕红。其工艺包括两个步骤：第一步，将肉煎黄；第二步，加液体炖制。

（2）白烩。白烩（White Stew/Fricassee）成品为本色或奶白色。其工艺也包括两个步骤：第一步，将肉煎制或焯水处理；第二步，加液体炖制。

2. 肉的选用

烩和焖的原理和工艺流程基本一致，对原料的要求也基本相同，但应当剔除多余的脂肪和结缔组织，并切成 3 厘米左右的方块。

3. 调味

可事先用盐、胡椒粉简单调味。与焖一样，肉还能从液体中获得大量的滋味。

4. 温度的掌握

用于红烩的肉先以大火将表面煎黄；用于白烩的肉则以小火煎制但不上色。加液体后，用文火炖，不能加热至沸腾，以免质地老韧。这一过程也可加盖后入烤炉完成。

5. 成熟度的判断

成品应肉质酥烂，肉叉易刺入，提起后肉块易滑落，但肉块保持形整不散。与肉一起烩制的蔬菜应根据不同品种适时加入，使其与肉同步成熟。

6. 配菜与少司

烩菜应当是一道完整的菜肴，其中包括肉类、蔬菜和土豆，原汁经增稠或加热浓缩后就是少司，若另需配菜，一般配以面食和米饭。

7. 红烩的工艺流程

- 剔除肉上过多的肥膘和筋络，切成 3 厘米的方块，撒盐、胡椒粉（如需要拍上面粉）。
- 煎锅放油加热，将肉表面煎黄（根据需要加入洋葱和蒜头炒黄）。

- 边加入液体，边搅动，以免结疙瘩。
- 加热至即将沸腾，转小火炖。
- 加番茄制品和香料包或香草束，加盖后继续炖或送入烤炉，直至肉质酥烂为止。
- 取出香料包或香草束，过滤，原汁用油面酱或玉米淀粉等增稠或加热浓缩。
- 所有蔬菜等配料若未在加热过程中加入，可另外熟制后再放入成品中混合。

红酒烩牛肉配蛋黄面条（Beef Stew）（6 客）

配料：

鲜牛腹肉（或牛肩肉） 1000 克

蔬菜香料（洋葱 150 克，胡萝卜 60 克，西芹 60 克，蒜头 2 瓣），香草束（西芹、芫荽茎、百里香、香叶）1 束，红葡萄酒 1 瓶（750 毫升），清牛仔肉汤 550 毫升，番茄 1 只，番茄酱 3 汤匙，番茜末（装饰用）适量，蛋黄面条 400 克，黄油 40 克，盐、胡椒粉适量，色拉油适量

制作步骤：

- 把牛肉切成 3 厘米见方的块，蔬菜香料切丝或片与香草束一同放入牛肉盆里，再倒入红葡萄酒，用布把盆盖好，送进冰箱浸渍 5 小时或一夜。
- 把牛肉块从腌渍汁中分拣出来，吸净水分，撒盐和胡椒粉。用筛过滤，把蔬菜与腌渍汁分开。
- 用油把牛肉煎上一层硬膜，取出放入焖锅。原煎锅里放少许水，涮一下倒入烩锅。蔬菜香料也用油炒香后倒入锅内，同时还放入腌渍汁、番茄酱、番茄块、牛肉清汤，煮至将沸。盖上锅盖，放入200℃的烤炉内加热 2 小时。
- 取出牛肉，原汁过滤，调好口味和浓度。
- 烩好的牛肉与原汁装盘。把煮熟的面条用黄油炒透，调味，用餐叉卷起配在牛肉旁。撒番茜末装饰。

---

8. 白烩的工艺流程

- 剔除肉上过多的肥膘和筋络，切成 3 厘米的方块。
- 烩锅加油，放入肉块煎制（不上色）。

- 撒入面粉，炒制成嫩黄色油面酱。
- 逐渐加入液体，边加边搅动，以防结疙瘩，煮至将沸，转文火。
- 加香草束和调味料，加盖炖或送入烤炉，直至肉质酥烂。
- 若少司太稀，则将肉取出保温，少司上火浓缩，或用油面酱或玉米淀粉增稠。

烩酿馅牛仔核配淡水龙虾（Ris de veau Stew）（4 客）

配料：

整理好的鲜牛仔核 400 克，淡水龙虾 40 只

馅料：鸡胸肉 250 克，蛋清 1 个，鲜奶油 200 毫升，坚果仁 30 克，罐装红甜椒 1 只，黑菌半只

香草束（洋葱 150 克，胡萝卜 60 克，西芹 50 克，香叶 1 片，百里香 1 枝），白葡萄酒 150 毫升，鸡汤 800 毫升，鲜奶油 200 毫升，面粉适量，盐、胡椒粉适量，黄油适量

制作步骤：

- 把龙虾取出泥肠，用盐水煮熟，去壳取肉。
- 鸡胸肉去筋切小块，放入绞碎机绞成馅，并加盐、胡椒粉、蛋清、鲜奶油调味。再把红甜椒、果仁、黑菌都切碎搅入鸡肉馅中。
- 将牛仔核用小刀在上方切开一小口，并进入中间划开里面部分，供填馅。
- 将鸡肉馅用裱花袋挤入牛仔核，并塞入切小的龙虾肉。牛仔核表面撒上盐、胡椒粉，并沾上面粉。
- 锅里放入橄榄油和黄油将牛仔核煎上一层硬膜后取出，倒去多余的油脂，用黄油把洋葱、西芹、胡萝卜炒软，不要上色。再放入葡萄酒、香叶、百里香和鸡汤。再把煎好的牛仔核放入。盖上锅盖，焖 30 分钟左右。
- 取出牛仔核保温。焖锅中原汁过滤，加入鲜奶油和剩余的龙虾肉，略煮，调味。
- 装盘：牛仔核切成 1 厘米厚的片，每客两片，少司垫底。旁边可用带壳的熟龙虾装饰。

白烩小牛肉（Veal Fricassee ）

配料：

小牛肉（肩肉或腿肉）2 千克，盐、胡椒粉适量，黄油 150 克，洋葱丁 200 克，蒜头碎 1/2 汤匙，面粉 100 克，干白葡萄酒 60 毫升，白色基础汤 1.7 升

香草束（胡萝卜条 1 条，大蒜茎 1 根，百里香 1 枝，香叶 1 片），厚奶油（热）250 毫升

制作步骤：

- 小牛肉用盐、胡椒粉腌渍后，用黄油稍煎上色。
- 加入洋葱、蒜头略炒，不要炒黄。加入面粉炒成牙黄色。
- 加入葡萄酒和白色汤底，边加边搅拌，以免结疙瘩，煮沸。再放入香草束，加盖后用文火炖至牛肉酥烂。
- 取出牛肉，原汁过滤后再倒回锅内，撇去油脂。加入厚奶油，稍加浓缩，牛肉放回锅内，调味即可。
- 装盘时配米饭食用。

爱尔兰烩羊肉（Irish Lamb Stew）（6 ~ 8 客）

配料：

小羊腿（1500 克／只）1 只，盐、胡椒粉适量

香料包（黑胡椒籽 1/2 茶匙，香叶 1 片，番茜枝 5 根，百里香草适量，蒜头 1 瓣，洋葱 400 克，大蒜茎 200 克），土豆 700 克，胡萝卜（小）2 根，番茜末适量

制作步骤：

- 将整个羊腿放入锅中加香料包小火炖熟。取出稍冷却。
- 取出羊骨，把羊肉切成 5 厘米见方的块。羊肉汤过滤。土豆、胡萝卜去皮、切块，大蒜切段，与羊肉一起放入汤中烩至土豆酥烂易碎，汤汁稠浓。
- 加盐、胡椒粉调味后，取出装盘。最后撒上番茜末即可。

课 堂 思 考

牛扒常见成熟度有哪几种？操作中如何把握？

模块小结

家畜肉类在烹调中扮演着极其重要的角色，尤其是牛肉，被称为"烹调中的灵魂"，各部位肉质特点的差异决定着其不同的用途。实践中，应善于根据家畜肉的品质特点，灵活运用各种烹调方法。

思考与训练

一、课后练习

（一）填空题

1. 动物的肉是由_____、_____、_____和_____等组成。_____的多少决定着肌肉的老嫩。

2. 肉中的碳水化合物以_____和_____两种形式存在；碳水化合物是在烹调中使肉产生_____的主要原因。

3. 热鲜肉是指_____。最利于烹调的肉是_____，因为_____。

4. 在烹调前使用的肉的嫩化剂叫_____，使用过的嫩化剂会影响_____和_____的自然风味。

5. 可用于烹调的牛内脏有_____、_____、_____和_____。

（二）选择题

1. 肌肉组织中的蛋白质含量一般在（   ）。

A. 20%～28%　　　B. 25%～30%　　　C. 15%～20%　　　D. 15%～25%

2. 肉中所含的维生素主要是（　　）。

A. 维生素 B、硫胺素、维生素 A　　　　　B. 硫胺素、核黄素、维生素 A

C. 维生素 C、维生素 B、维生素 E　　　　D. 维生素 P、维生素 E、维生素 A

3. 牛肉的肋背部占牛肉总重量的（　　）。

A. 20%　　　　　　B. 30%　　　　　　C. 15%　　　　　D. 10%

4. 小牛肉的后腿部位占牛肉总重量的（　）。

A. 35%　　　　　　B. 42%　　　　　　C. 38%　　　　　D. 28%

5. 羔羊肉中的鞍部含（　　）。

A. 7 根肋骨　　　B. 9 根肋骨　　　　C. 8 根肋骨　　　D. 6 根肋骨

（三）问答题

1. 烹调过程中肉自身的滋味为什么会发生变化？

2. 说出低温烹调肉类的优点。

3. 在什么情况下用高温烧烤肉类食物？

4. 烤肉时为什么要在肉的表面覆膘或涂抹脂肪？

5. 老韧的肉块为什么适合于焖或炖？

6. 深油炸的烹调要领有哪些？

7. 怎样判断煎牛排的成熟度？

8. 炙烤类的肉类配什么少司和蔬菜最适宜？

9. 说出肉类的烹调基本原理。

10. 炖肉对原料有什么要求？如何控制好火候？

二、拓展训练

（一）运用所学知识和技能，每人创新 3 款肉类菜肴。

（二）深入市场，了解我国目前肉类的生产和品质检验的标准。

禽肉制作工艺

  禽肉是人们普遍喜爱的食物，在烹调中的应用极为普遍，而且，几乎适合于任何烹调方法。通过学习训练，使学生掌握家禽的加工方法以及禽肉菜品制作的基本技能，培养学生综合运用不同家禽原料和不同工艺，制作常用的禽肉菜品。

  本模块主要学习禽肉的加工方法和菜品制作工艺，按烹调前的准备、禽肉的烹调制作分别进行讲解示范。围绕两个工作任务的操作练习，制作基本禽肉菜品，熟练掌握禽肉菜品的制作技能。

学习目标 »

知识目标

1. 了解并熟悉常用家禽的种类与品质特点，理解相关专业术语并掌握其外文名。
2. 懂得禽肉烹调基本原理。
3. 熟悉禽肉质量标准与初加工要求，掌握禽肉菜品制作工艺及操作关键。

能力目标

1. 能根据组织结构对禽肉进行初步加工和基本的分割加工。
2. 能根据不同部位的肉质特点，选择与运用适合的烹调方法，熟练制作禽肉类常见的典型菜品。

任务分解 »

任务一 烹调前的准备

任务二 禽肉的烹调制作

案 例

烤火鸡的质量问题

在传统的圣诞餐桌上，烤火鸡是不可缺少的菜品。在一些亚洲国家，或许每年只有圣诞节这一天才吃火鸡，以庆祝佳节。但在欧美，尤其是美洲大陆，火鸡是很普通的一种肉食，而且在感恩节和圣诞节这两个大节日里，火鸡更是传统的美食。

某年11月22日晚，几位外国客人相聚青岛某五星级酒店的扒房，点了一瓶香槟酒、烤火鸡、芥末蛋黄酱生菜色拉等，以此庆祝圣诞佳节的到来。斟上香槟，边相互祝愿，边期待火鸡的到来。稍后，服务员端上刚刚出炉的火鸡，乍一看色泽金黄，同时也散发着浓郁的香气，让人垂涎欲滴。客人们兴致勃勃地分享起来，但是品尝之后，感觉火鸡肉远没达到期望的那样，不免有些扫兴，于是让服务人员请来当班厨师，请他拿回厨房重新加工一下。几分钟后，烤火鸡又被重新端上桌，客人再次品尝后，觉得不仅没有什么改进，反而肉质更糟了，客人非常失望⋯⋯

案 例 分 析

1. 试分析烤火鸡质量问题的原因。
2. 说说禽类的品质特点和选料要求。

任务一　烹调前的准备

任务目标

熟悉常用禽类品种及其品质特点；能熟练进行禽类的分割加工；能对禽类进行基本的腌渍加工。

活动一　常用禽类及其品质特点

家禽（Poultry），包括鸡、鸭、鹅、珍珠鸡、鸽子、火鸡等，是人们喜食的食物，尤其是鸡和火鸡。禽肉富含高质量蛋白质，且热量较低，特别是去皮之后，其脂肪和胆固醇含量也较低。

（一）常用禽类

鸡。鸡（Chicken）肉是最常用的禽肉，全身包括浅色和深色肉，脂肪含量较低。年幼质嫩的鸡肉几乎适用于任何烹调方法，而年长质老的鸡肉最适合于烩和焖。

鸭。最常用的是仔鸭（Duckling），鸭（Duck）全身都是深色肉，含大量脂肪，鸭多用于烧烤，成年鸭则用于焖或烩。

鹅。鹅（Goose）全身都是深色肉，表皮多脂肪，通常以高温烤烧，使脂肪尽可能地融化，从而形成脆皮。烤鹅是西方节假日传统食物，常配酸味水果类少司，以解油腻。

珍珠鸡。珍珠鸡（Guinea）全身有浅色和深色肉，滋味相似于野鸡，肉质细嫩，适合于嫩煎，也适合于烧烤，但通常需进行覆膘处理，因为其含脂肪极少。

鸽子。常用的是乳鸽（Squab），肉色深，质细嫩，适合于铁扒、嫩煎或烧烤，因脂肪极少，烧烤时需覆膘处理。

火鸡。火鸡（Turkey）在西方是最常用的禽肉之一，仅次于鸡肉，有浅色和深色肉，脂肪较少，年幼的火鸡更为常用，几乎适合任何烹调方法，烤火鸡是西方节日传统食物。

杂碎。杂碎（Giblets）包括肝、肫、心和颈。肫、心、颈常用于制作杂碎烧汁，肫有时用于炸，心有时用于煎，颈因富有滋味，也可用于吊制基础汤。在禽杂碎中，肝的用途最广，用得也最多，鸡肝常用于制批（Pâté），也常用来嫩煎或铁扒，用作副盆（Entrée）。在古罗马时期，鸭肝和鹅肝就被视作珍馐佳肴，通过对鸭或鹅填喂特制的玉米饲料并限制其活动，肝脏就变得特别肥硕，品质上好的鸭或鹅肝质细、形圆、色正。鲜鸭肝和鹅肝可用于铁扒、烧烤、嫩煎，或制成批、特林（Terrine）或莫司（Mousse）等，黑菌（Truffle）是肝及其制品的天然伴侣。

（二）禽类肌肉组织特点

与家畜肉一样，家禽的肌肉组织也是由肌肉纤维组成，肌肉纤维由结缔组织连接起来。但不同于红色肉类，家禽肉并不是肥瘦相间的，其脂肪主要存在于皮下、腹腔、臀部，并且家禽脂肪熔点较低，加热时易融化。

与家畜肉一样，家禽活动中经常使用的肌肉质地较老，而不经常使用的质地较嫩，同样，年长者肉质较老。

对于鸡和火鸡，胸及翅膀部位的肉色较腿部淡，这是因为肌血球素主要集中在腿部肌肉中。肌血球素是一种蛋白质，它为肌肉组织储备氧气，经常活动的肌肉需要更多的肌血球素来储备氧气，致使肉色较深，鸡和火鸡不是飞禽，其胸及翅膀部位肌肉含很少的肌血球素，所以色较淡，而飞禽通体都是深色的肌肉，并含较多的脂肪和结缔组织，烹制时则需较长的加热时间。

拓展知识 🔍搜索

表6-1 常用家禽种类与特点

品 名		特 点
鸡	肉用型	以产肉为主，体型较大，躯体宽而身短，冠小，颈短而粗，肌肉发达，羽毛蓬松，动作迟缓，性情温驯，容易育肥，觅食力差，就巢性强，如白洛克鸡
	卵用型	以产蛋为主，体型较小，细致紧凑，跗高身长，后躯发达，羽毛紧贴，活泼好动，代谢旺盛，性成熟早，产蛋多，蛋壳薄，肉质差，如意大利来杭鸡
	兼用型	体型介于卵用型和肉用型之间，保持上述两者优点；肉质良好，产蛋较多，性情温驯，体质健壮，觅食力强，如美国的洛岛鸡、我国的芦花鸡
火鸡		火鸡又名吐绶鸡、七面鸡，原产北美，现墨西哥仍有野生。最初由墨西哥印第安人驯养，以后逐渐在美洲普及，15世纪末传入欧洲，成年公火鸡体重可达15千克以上，母火鸡躯体较小，通常为9千克左右，肉质肥嫩；火鸡在使用上还有老、幼之分，幼火鸡2.5 ~ 5千克，主要用于烤；老火鸡一般6 ~ 10千克，最大可达30千克，肉质较粗老，适宜去骨后制火鸡卷。火鸡是一种高蛋白、低脂肪、低胆固醇的肉食佳品，通常在秋季宰杀，是欧美国家圣诞节和感恩节不可缺少的佳肴，常用于烧烤
	宽胸火鸡	是近二三十年西方国家培育出的优良品种，胸部肌肉非常发达，腿部肉很丰厚，生长快、出肉率高、肉瘦、味美、饲养期短。主要品种有：加拿大的海布里德火鸡、美国的尼古拉火鸡、法国的贝蒂纳火鸡等。国内许多饭店都用美国的尼古拉宽胸白羽火鸡
	黑色火鸡	是传统的火鸡品种，与野生火鸡较接近，毛色全黑或间有灰白色，胸部肉色浅白，腿肉灰白，我国引进较早，但生长慢，出肉率低，个较小，雄性体重6 ~ 8千克，雌性3 ~ 4千克
	古铜色火鸡	是传统的火鸡品种，但经过人工饲养后已有较大变异，毛色大体为古铜色，略带黑白斑纹，体形大，雄性重达9千克

续表

品　名	特　点
珍珠鸡	原产于非洲西部，因羽间密缀浅色圆点，状似珍珠而得名，过去仅供观赏，后来经过驯化饲养，逐渐成为肉用品种的家禽。有赤色白胸、奶油色和灰色花斑 3 种。成年的体重可达 1.5～2.5 千克，出肉率达 90%，肉深红色，脂肪含量低，肉质与山鸡相似，极鲜嫩，有特有的野味鲜，适用各种烹调方法
鸭	我国各地均有，尤其北京填鸭闻名世界。肉用鸭一般体形较长，肉粗糙而有腥味，油脂少。母鸭体形较短肉细嫩，油脂多，腥味少。西餐中多使用瘦型鸭，主要为英国的樱桃谷鸭
鹅	世界范围内很普遍，肉用鹅大都饲养约 1 年，否则肉质粗老。西餐中的鹅用量不多，鹅有幼鹅和成年鹅之分，幼鹅为饲养 5 个月内的鹅，不超 4 千克，宜 9 月宰杀
鸽（Pigeon）	西餐主要使用肉鸽和乳鸽，肉鸽体形较大，500～700 克，成长快繁殖强，乳鸽 4 个星期即可成熟，胸饱满肉细嫩，味美，宜整只使用，可用于炸、烤、焖、铁扒等
鹌鹑（Quail）	体小，身长约 20 厘米，头小尾秃，颈和喉部为红色，羽白色有纹，肉质嫩，味美，宜整用，可用于烤、焖、铁扒等

活动二　禽肉的初步加工

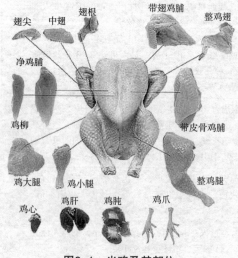

图6-1　光鸡及其部位

翅尖　中翅　翅根　带翅鸡脯　整鸡翅
净鸡脯
鸡柳　带皮骨鸡脯
鸡大腿　鸡小腿　整鸡腿
鸡心　鸡肝　鸡肫　鸡爪

（一）禽肉常见的分割加工

禽类的初步加工大致可分为开膛、洗涤整理、部位分割 3 个步骤。由于食品加工工业分工越来越细，现在厨房一般都直接购进宰杀并清理好的光禽。所以，通常只需根据菜品的需要进行分割成形即可。下面以鸡为例（图 6-1），介绍常见的分割方法。

1. 两大块分割法

将光鸡仰卧于砧板上，用刀沿胸骨

中线切开（或用剪刀剪开），用双手将鸡胸向两侧掰开，剁去脊，整只光鸡则被分成等分的两半，撕去胸骨，即成两大块（图6-2）。

2. 四大块分割法

在两大块基础上，用刀在鸡腿与鸡脯相连处割开皮膜，再割断脊椎与腿骨相连的关节，用手一掰即可把鸡腿取下，就得到两胸、两腿四大块（图6-3）。

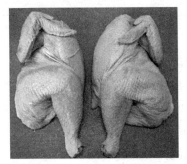
图6-2　两大块分割法

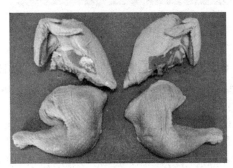
图6-3　四大块分割法

3. 八大块分割法

在四大块基础上，将两腿沿关节处分割出大腿和小腿，将两胸沿关节处将整个翅膀分割下来，最后得两件小腿、两件大腿、两件胸肉、两件翅膀，共8块（图6-4）。

4. 鸡排加工法

将光鸡侧卧于砧板上，在胸骨顶端两侧割开小口，用左手拉紧翅膀，使其关节处突出，随之用刀割断关节，并用刀根压住鸡骨，左手用力一拉，将鸡脯撕下，然后用刀尖划破里脊肉与胸骨相连处的薄膜，再用手把里脊肉取下。沿上翅和中翅关节处切下中翅和翅尖，剔净上翅的肉及皮，露出上翅骨，并剁去2/3的关节骨，剔去鸡脯中部的一根大筋。再把里脊中部的一根筋剔去与鸡脯肉放在一起备用（图6-5）。

（二）鸽子和鹌鹑的加工整理

● 用手仔细地摘除细毛。

图6-4 八大块分割法

图6-5 鸡排

- 纵向在颈皮上切开长口，把颈骨拉出来，切除颈和头。
- 摘除食道和肺。用手指抓住气管，将其从颈皮中撕下来，然后再抓住肺，用手指将肺脏拽出来。
- 摘除 V 形锁骨，以便于整鸽或整鹌鹑成熟后能把肉块切整齐。
- 把肛门切开一个大口，从此处把内脏摘除并洗涤干净。

（三）鹅肝的加工整理

- 先将鹅肝解冻，使其变柔软。
- 解冻后用手把肥鹅肝掰成大小两块，把鹅肝较圆的一面朝上，用刀在肥鹅肝的中间位置上，纵向切开一个长切口，用两个拇指把该切口掰开。
- 查找到肥鹅肝中的筋，然后再用餐刀和手指一边摸索一边把筋挑出来，不要把筋拉断。因为肥鹅肝的筋从根部到筋梢越来越细，很容易拉断。
- 在摘除大筋的同时，应注意摘除分支的筋、血管和红色斑点。

活动三 禽肉的腌渍

　　大多数家禽肉滋味柔和，通常需腌渍以增加滋味和湿度，尤其是用于铁扒的禽肉。用于烧烤的禽肉一般用烧烤少司腌渍。常用的腌渍液一般用干白葡萄酒、柠檬汁、色拉油、盐、胡椒粉、香料等混合而成。

白酒腌渍液（White Wine Marinade）

配料：

蒜泥 1 茶匙，洋葱（切小丁）80 克，干白葡萄酒 350 克，香叶 1 片，干百里香草 1 茶匙，白胡椒粉 1/2 茶匙，盐 1/2 汤匙，柠檬汁 15 毫升，色拉油 60 毫升

制作步骤：

将上述所有原料混合。

禽肉会快速吸收滋味，所以腌渍时间不宜过长，一般两小时就足够了，形小者时间较短。如腌渍液中有色拉油，应沥干油脂后再上扒炉以免引起燃烧，同时，为使表面易于上色，应吸干表面的水分。

任务二　禽肉的烹调制作

任务目标 >>

能运用干烹法制作禽肉菜品；能运用湿烹法制作禽肉菜品；能运用混合烹调法制作禽肉菜品。

禽肉用途广泛，几乎适合于任何烹调方法，其滋味柔和，适合与各种少司和配菜伴食。干烹法适用于年幼质嫩的禽肉，湿烹法适用于年长质老的禽肉。

活动一　干热烹调法的应用

烹调整只家禽时，鸡胸肉成熟的速度比家禽腿肉成熟的速度快，待鸡腿肉完全成熟时，鸡胸肉已经过火了，尤其是使用烤的方法烹制整只家禽时表现更为明显；通常我们会在整只的家禽外部刷上一层植物油以保护禽肉的外皮完整、美观，还可以达到保持家禽胸肉中的水分的目的。

（一）炙烤和铁扒

炙烤或铁扒的禽肉表面色泽诱人，留有焦黄色交叉烙印，肉质细嫩多汁。

1. 禽肉的选用

小型的家禽，如鸡和乳鸽，特别适合于炙烤或铁扒。整只的家禽应当一分为二或分切成更小的块使用，其关节处的筋络应当割断，以免收缩变形。鹌鹑和其他小型禽肉可用肉扦串起来扒制，以均匀受热并保持形状。胸肉或无骨的禽肉也可用来炙烤或铁扒，但要特别注意，避免过火。

2. 调味

禽肉滋味柔和，事先应适当腌渍，也可在加热过程中不断淋以有味黄油、色拉油或烧烤汁，但起码应事先用盐和胡椒粉调味。

3. 成熟度的判断

除了鸭胸和乳鸽有时肉色可略带粉红色外，禽肉一般均应加热至全熟，这就容易加热过度，造成肉质干燥粗老，因为禽肉含脂肪极少，所以应特别注意，避免加热过度。可采用以下 4 种方法把握好成熟度。

（1）手指按压。对于有经验的厨师，这是简单易行的方法。与畜肉一样，禽肉成熟后，用手指按压，感觉质硬，有弹性。

（2）测量温度。用速读温度计插入禽肉最厚部位，深入中心，但不能碰到骨头，测量禽肉中心部位的温度，达到 74℃ 即可，但因受禽肉大小和火力的影响，掌握起来较困难。

（3）检查关节。关节的松动情况能反映禽肉的成熟状况，带骨的禽肉成熟后，关节处易分离。

（4）肉汁颜色。用肉叉刺入大腿根部，观察流出肉汁的色泽，禽肉成熟，肉汁清澈，否则肉汁呈粉红色。当然，用速读温度计刺入，结合温度测量则是更好的方法。

4. 少司与配菜

若禽肉事先刷过香草黄油，则以香草黄油伴食；若刷过烧烤少司则用烧烤少司伴食。当然，也可伴以其他少司（表3-9）。但腌渍液不能直接伴食，应加热后使用。铁扒禽肉适应面较广，几乎可搭配任何配菜，铁扒蔬菜是最自然的配菜，炸土豆也是常用的配菜。

5. 工艺流程

● 炙烤炉或扒炉预热。

● 用钢丝刷将炉栅刷净。

● 根据需要对禽肉调味，表面刷上少许色拉油以防粘连于炉栅上。

● 将禽肉放于炉栅上，带皮一面朝下，待上色后，用食物夹翻身，注意不要使用肉叉，以免肉汁流失。

● 直至两面形成恰当的颜色且成熟。对于大件或带骨的禽肉，因难以成熟，当其带皮一面上色时，将其翻身，然后送入烤炉烤熟。

铁扒乳鸽（Grilled Squab）（4 客）

配料：

> 光乳鸽（整只）2 只，新鲜紫苏叶 8 片，白酒腌渍液 220 毫升，盐、胡椒粉少许，紫苏黄油 80 克

制作步骤：

● 乳鸽去脊骨和胸骨，铺平。

● 在两侧下腹处各戳一孔，将腿骨插入。

● 放入腌渍液腌渍 1 ~ 2 小时，取出吸干。

● 取 60 克紫苏黄油融化，刷于乳鸽表面。

● 上扒炉，带皮一面朝下，扒至所需成熟度。中途需翻身，每翻身一次，刷一次融化的黄油。

● 剩余的紫苏黄油切片，乳鸽带皮一面朝上装盘，胸部各放一片黄油。

（二）烧烤

烧烤的禽肉，表面色泽金黄，质细嫩多汁。恰当的火候是皮脆肉嫩的保证，大多数禽类应当烤至全熟，即流出的肉汁清澈，但乳鸽和鸭胸例外，它们通常只需烤

至四五成熟或肉呈粉红色即可。

1. 禽肉的选用

几乎各种禽肉都适合用来烧烤，但最好选用幼禽以保证成品质地细嫩，由于脂肪含量的不同，不同种类的禽肉要求不同的烧烤温度和操作方法。

2. 禽肉的捆扎

对家禽进行捆扎，是为了获得紧密美观的造型，并使其在烧烤过程中均匀受热，同时可保持内部水分（图6-6）。

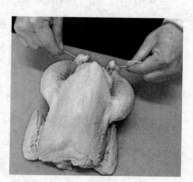

图6-6　整禽的捆扎

3. 调味

虽然滋味柔和的禽肉需要各种香草和香料增味，但一般情况下，仅用盐和胡椒粉即可，若一定要使用香草，应当塞入腹腔，而不能撒在禽肉表面，因为烧烤时禽肉表面的香草容易烤焦。烤烧禽肉常使用蔬菜香料来增加香味，它们也可填入腹腔中。对于深色禽肉，如鸭和鹅，腹腔中还常填入新鲜或干制的水果。

4. 覆膘处理

珍珠鸡、乳鸽或任何无表皮的禽肉因缺乏脂肪，烧烤过程中肉质易干燥，因此，表面应当覆盖一薄层猪肥膘，并用线扎紧。

5. 温度的掌握

小型的家禽，如乳鸽，应当使用较高的温度，有助于获得脆黄的表皮和细嫩的肉质；肉鸡最好使用较低的温度，有助于皮脆而肉嫩多汁；大型的家禽，如火鸡，开始以高温，使表皮迅速上色，然后用低温，使其均匀受热，保持水分；鸭和鹅脂肪多，必须用高温烧烤，以尽可能使表皮中的脂肪融化，表皮常需在烧烤前刺上细孔，以便于融化的油脂流出，有助于形成脆皮（表6-2）。

6. 烧烤过程中的淋（刷）油

家禽，鸭和鹅除外，在烧烤过程中应当淋或刷油，以保持湿润，这一操作方法就是将烤盘内的油脂浇淋到禽肉表面，每隔 15 ～ 20 分钟一次；而对于瘦且未覆膘的家禽，烤盘内几乎没有油脂，可另外刷上黄油。

7. 成熟度的判断

（1）测量温度。用速读温度计测量大腿内部温度，但温度计不能碰及骨头，大腿中心部位温度达到 74℃即可，这种方法最适用于像火鸡这样的大型家禽。

（2）检查关节的松动情况。腿部关节处容易分离表明已成熟。

（3）肉汁颜色。这种方法适用于未填馅的家禽，即将肉叉刺入大腿内侧深处，观察流出肉汁的颜色，若肉汁清澈，表明已成熟，若肉汁混浊或呈粉红色，表明未成熟。

（4）计时。计时也是常用的方法（表 6-2），一般烤箱上都配有定时装置，便携式计时器也非常普及，使用十分方便。当然，因受许多因素的影响，单用计时方法不太可靠。

为了能更为准确地判断其成熟状况，以上几种方法最好综合起来使用。

表6-2　家禽的烧烤温度和时间

种　类	烧烤温度（℃）	烧烤时间（分钟 /500 克）
乳　鸽	200	30 ～ 40
鸡	190 ～ 200	15 ～ 18
火鸡（大）	200 ～ 160	12 ～ 15
阉　鸡	180 ～ 190	18 ～ 20
鸭和鹅	190 ～ 220	12 ～ 15

8. 配菜与少司

烧烤家禽通常伴以面包馅，小型的禽类则常填入野米馅或其他馅心；鸭和鹅一般填入大米、水果和坚果的混合馅，因为它们脂肪含量很高，烧烤时烤盘内会集聚许多油脂，可能会流入腹腔，而使腹腔中的馅心变得油腻，所以，鸭和鹅应当置于金属架上或垫以蔬菜香料进行烧烤。烧烤禽肉最常用的少司是烧汁，对于大型禽类，如火鸡、阉鸡，烧烤时会流出足够的肉汁，用它调制的少司或烧汁，是最为自然的伴食少司；鸭和鹅通常伴以柑橘类水果少司；而小型禽类，少司只能另外调制。

9. 工艺流程

- 根据需要对家禽进行调味、覆膘、填馅、捆扎等加工处理。
- 将家禽放入烤盘，底下最好垫以蔬菜香料，以防底部烤焦，并使其均匀受热。
- 送入预热的烤炉，每隔 15 分钟淋上或刷上油脂。
- 烤熟后出炉，分切前应放置片刻，使内部肉汁均匀分布，同时，调制少司。

烤火鸡栗子馅（Roast Turkey with Chestnut Stuffing）

配料：

光火鸡 1 只（约 5 千克），盐、胡椒粉少许，蔬菜香料 600 克，洋葱（切小丁）200 克，芹菜（切小丁）150 克，黄油 100 克，面包丁 800 克，鸡蛋（打散）2 只，新鲜番茜（剁碎）1 汤匙，鸡基础汤 1.8 升，熟栗子肉（剁碎）250 克，面粉 90 克

制作步骤：

- 取出火鸡腹腔中内脏备用，用盐、胡椒粉擦遍全身和腹腔，用线将火鸡捆扎起来。
- 将火鸡放入烤盘，送入 200℃ 的烤炉烤 30 分钟，调至 160℃ 继续烤至内部温度 71℃（烧烤过程不时淋油）即可。在火鸡烤熟前 40 分钟，将蔬菜香料倒入烤盘一起烤制。
- 调制栗子馅：先用黄油将洋葱丁、芹菜丁炒香，加面包丁、盐、胡椒粉、鸡蛋、番茜、基础汤（120 克）、栗子肉拌匀，然后装入涂过黄油的不锈钢方斗，盖上锡纸或油纸，用 180℃ 温度烤熟，约需 30 分钟。
- 同时，将内脏（包括颈、心和肫）放入 900 毫升的基础汤中炖至熟烂。
- 火鸡烤熟后，从烤盘中取出，撇出烤盘内油脂，留部分用于炒制油面酱。
- 将烤盘移至炉头加热，加入少许基础汤，混合后连同烤盘内的蔬菜香料一起倒入少司锅，加入剩余的基础汤和炖内脏的汤，上火炖，撇去浮油。

●用从烤盘中撇出的浮油与面粉炒制成金黄色油面酱，搅入上述液体中，炖15分钟左右，制成烧汁，然后过滤。

●剔下颈肉，与心和肫一起剁碎，倒入烧汁中，调味。

●火鸡肉切片，伴以栗子馅和烧汁。

（三）嫩煎

嫩煎的禽肉具有质地细嫩多汁、色泽金黄的特点。

1. 禽肉的选用

大多数禽肉质地非常细嫩，均适合于嫩煎。乳鸽这样的小型禽类可带骨使用，但较大型的禽类一般不适合带骨使用。最适合嫩煎的是净胸肉或鸡排，鸭胸因脂肪多，可直接煎制而无须另加油脂。

2. 调味

禽肉滋味柔和，常常用多种香草、香料、调味料和腌渍液等来增进滋味。

3. 温度的掌握

在整个煎制过程中常需调节温度，以获得满意的结果，但不能让煎锅冷却下来。温度的高低取决于料形的厚度及成品所需的表面色泽，对于薄而无骨的肉片需要用较高的温度，使表面迅速上色，而又不致加热过度，而像胸排这样较厚的肉件则要求较低的温度，以使其既成熟而表面又不至于焦煳，但温度过低会导致成品含油。

4. 成熟度的判断

薄的禽肉成熟快，计时是有效的方法，但不适用于厚的禽肉。较实用的方法是指压法，可根据弹性程度来判断。

5. 配菜与少司

嫩煎禽肉常以淀粉类作配菜，如面食、米饭和土豆等。少司则直接用煎制禽肉的原锅制作，常加入洋葱碎、蒜泥、冬葱头碎、蘑菇、番茄以及葡萄酒、基础汤等调制，也可伴以其他少司。

6. 工艺流程

- 取煎锅加热，倒入适量的油脂，以刚好盖没锅底为准。
- 将禽肉放入，展示的一面朝下，煎至金黄色。
- 用食物夹或漏铲将其翻身，煎制另一面，至成熟。大件的禽肉在翻身后可以送入烤炉烤熟。
- 取出禽肉保温，用原煎锅调制少司。

7. 少司的调制

- 原煎锅中留少许油脂，加入洋葱、蒜头或蘑菇等原料炒香。
- 倒入葡萄酒、基础汤或其他液体，转动煎锅，使锅中各材料充分混合，加热浓缩。
- 再将禽肉放回煎锅，稍微加热，使少司裹于其表面。

嫩煎鸡胸（Sautéed Chicken Breasts）（3 客）

配料：

鸡胸（去骨去皮）3块（130克／块），盐、胡椒粉少许，面粉适量，清黄油1汤匙，洋葱（切小丁）30克，蒜头（剁碎）3瓣，干红葡萄酒60毫升，柠檬汁1/2汤匙，番茄碎90毫升，鸡基础汤60毫升，新鲜紫苏叶（切细丝）3片

制作步骤：

- 鸡胸撒盐、胡椒粉调味，拍上面粉。
- 放入煎锅煎至表面金黄，内部成熟，取出保温。
- 原煎锅内放入黄油、洋葱、蒜泥，炒至洋葱呈牙黄色。
- 倒入干白葡萄酒和柠檬汁，稍加热，再加入番茄碎和基础汤，加热浓缩至所需程度。
- 最后加入紫苏叶，将鸡胸放回煎锅，调味。
- 上桌时每客1块鸡胸，浇上少司。

（四）煎炸

煎炸的禽肉具有色泽金黄、外皮香脆、细嫩多汁的特点。

1. 禽肉的选用

鸡肉是常见的用于煎炸的禽肉，尤其是净鸡胸，火鸡也较常用。

2. 调味

用于煎炸的禽肉通常需拍面粉、裹面包粉或挂面糊，面粉、面包粉或面糊事先加有调味料，通常情况下，仅使用盐、胡椒粉调味。

3. 温度的掌握

温度的高低取决于料形的大小及厚度，小而薄者要求温度较高，时间较短；大而厚者要求温度较低，时间较长。

4. 成熟度的判断

温度计测温和指压法，不适用于煎炸烹调法，最实用的方法是计时和经验判断的综合运用。

5. 配菜与少司

通常配以柠檬角、蔬菜等，少司则需另制，但鸡例外，它有时伴以乡村式烧汁，即用原煎锅留少许油脂加面粉炒制油面酱，加入牛奶和调料调制而成。

6. 工艺流程

- 禽肉调味，拍面粉或裹面包粉或挂糊。
- 厚底煎锅中放入足量的油脂（以盖至原料 1/3 ~ 1/2 处为准），加热至 160℃ 左右。
- 将禽肉轻轻放入热油中加热。
- 待底面呈金黄色且肉成半熟时，将其翻面，大件原料可能需翻面几次。
- 煎炸至成熟，且表面色泽金黄。
- 取出后吸干表面油脂。

煎炸鸡块（Pan-Fried Chicken）（4 客）

配料：

光鸡 1 只（1 千克 / 只），盐、胡椒粉少许，大蒜粉 1 茶匙，洋葱粉 1 茶匙，干奥利根奴香草 1/2 茶匙，干紫苏 1/2 茶匙，面粉 130 克，牛奶 120 克，色拉油适量，洋葱（切小丁）60 克，鸡基础汤 300 毫升

制作步骤：

● 光鸡分割成 8 块，撒盐、胡椒粉调味。

● 取 120 克面粉，混入香料和香草。

● 鸡块在牛奶中浸湿，再拍上面粉。

● 煎锅放油加热，放入鸡块煎炸至黄熟，中途翻身以均匀受热和上色，取出沥油。

● 少司的调制：将原煎锅中的油倒出，留少许，加入洋葱炒至牙黄，倒入剩余的面粉，炒制成金黄色的油面酱，搅入基础汤，炖 15 分钟，过滤并调味。

● 每客 2 块鸡肉装盘，伴以上述少司。

活动二　湿热烹调法的应用

对家禽而言，汆和炖是最常用的两种湿烹法，汆适用于质地较嫩的禽肉，而炖适用于质地较老的禽肉。两者操作方法相似，其主要区别在于温度和时间不同。

汆和炖

汆或炖的禽肉应当湿润、清淡。虽在水或汤中加热，但过火也会导致肉质干燥粗老，加热过程中，禽肉本身的滋味会部分地转移至液体中，所以液体应当用来制成伴食少司。

1. 禽肉的选用

对于汆，最好选用年幼的禽类，去骨的鸡肉最常用；对于炖，通常选用年长质老者。鸭和鹅不适合于这两种方法，因为它的脂肪含量较高。

2. 调味

对于氽，禽肉应当充分调味，液体应当滋味浓重，以获得滋味良好的成品，液体最好是加入香料包的浓基础汤，或者是加入干白葡萄酒、香草的基础汤或水。液体的量以盖没禽肉为准，以使禽肉均匀受热，如果液体太多且味不够浓的话，将溶出禽肉内部的大量滋味，使成品淡而无味。对于炖，一般使用水作为介质，而不用汤，通常要加入香料包和蔬菜香料。

3. 温度的掌握

氽应当用低温，一般在 70℃ ~ 80℃，以获得质嫩湿润的成品；炖应用稍高的温度，通常在 85℃ ~ 96℃。注意不能让液体沸腾，否则会使成品干燥粗老。

4. 成熟度的判断

氽制禽肉，不管是整只还是去骨的，应当刚好成熟，用速读温度计显示大腿或较厚部位的内部温度应当在 74℃，流出的汁水应当清澈或稍带粉红色的血丝。炖制禽肉通常需较长的时间，以充分软化肉质，例如，一只 1.5 千克的鸡可能需要炖 1.5 小时以上。

5. 少司和配菜

氽或炖的禽肉冷、热食用均可。

氽制的禽肉常伴以蛋黄酱或用原锅内液体调制的少司，如上等少司，也常伴以果蔬蓉少司，也可直接伴以氽制禽肉的液体和蔬菜；炖的禽肉若用来冷食，应当让其留在液体中一起冷却，这样使肉质湿润且更有滋味。

6. 工艺流程

- 根据需要将家禽加工成形。
- 准备好液体，加热至微沸状态，将禽肉放入。
- 将其氽或炖熟，根据氽或炖的要求，掌握好恰当的温度。
- 若热食，则将禽肉取出，与原液体伴食；若冷食，则将锅连同禽肉、液体置冰水中一起冷却。
- 液体可用于调制成伴食少司或留作他用。

汆鸡胸肉（Poached Breast of Chicken）

配料：

> 净鸡胸（无皮无骨）4 片（130 克／片），黄油 20 克，盐、胡椒粉少许，干白葡萄酒 60 克，鸡基础汤 200 克，香叶 1 片，干百里香草少许，干他拉根香草 1/2 茶匙，面粉 10 克，厚奶油 60 克

制作步骤：

- 取厚底煎锅，涂抹黄油。
- 鸡胸撒胡椒粉调味，放入锅内，胸外侧朝上。
- 倒入基础汤、干白葡萄酒，加香叶、百里香草和他拉根香草，盖上锡纸，上火汆制。
- 面粉与黄油炒制成金黄色油面酱，冷却待用。
- 鸡胸肉成熟后取出，液体用油面酱增稠，加入奶油，加热浓缩至所需浓稠度，过滤并调味。
- 每客 1 片鸡胸，伴以上述少司。

活动三　混合烹调法的应用

焖和烩

焖或烩的禽肉具有湿润滑嫩、滋味浓醇的特点。

1. 禽肉的选用

年长质老的禽肉最适合于焖和烩，幼鸭和仔鸡也常用来焖或烩，以获得浓郁的滋味。原料通常沿关节处分开并带骨烹制。

2. 调味

禽肉在加热前至少要用盐、胡椒粉调味，在加热过程中，禽肉将从液体中获得大量的滋味，因此液体也应有浓郁的滋味，香料包、香草束或香草和香料常常在加热开始时被投入，以充分增进液体的滋味，最终渗入禽肉内部。

3. 温度的掌握

有时，禽肉需先煎制，这就要求有足够的火力，让其表面充分上色，加入液体后，只用文火慢慢炖，以保证成品质嫩多汁，这一过程可在炉头或烤炉内进行。

4. 成熟度的判断

滑嫩是决定成熟程度的关键，一般可用肉叉穿刺方法判断，成熟度恰到好处的话，肉叉易刺入，也易拔出，但肉应保持形状完整，不松散，否则，表明加热过度。

5. 少司与配菜

焖或烩用的液体最终成为原汁少司，是成品不可缺少的一部分。米饭、面食或煮土豆等，几乎适合与任何焖或烩的菜肴伴食，当然，煮蔬菜也常用作它们的配菜。

6. 工艺流程

- 将禽肉煎制，根据需要决定是否上色。
- 加入蔬菜等炒制。
- 加入面粉炒制油面酱或直接加入油面酱。
- 加入适量液体（根据焖和烩的要求而定）。
- 加盖后以文火炖制或送入烤炉加热。
- 适时加入调料和装饰配料。
- 最后加奶油或奶油蛋液拌匀，调味。
- 伴以原汁少司及装饰配料。

白汁烩鸡（Chicken Fricassee）

配料：

光鸡1只（1千克/只），盐、胡椒粉少许，清黄油40克，洋葱（切中丁）150克，面粉40克，干白葡萄酒120毫升，鸡基础汤500毫升

香料包［香叶1片，干百里香草1/4茶匙，胡椒籽（压碎）1/4茶匙，番茜枝4根，蒜头（压碎）1瓣］，厚奶油120克，豆蔻粉少许

制作步骤：

- 光鸡分割为 8 块，撒盐、胡椒粉调味。

- 清黄油放入锅内加热，放入鸡块，用文火煎制，不上色。放入洋葱，炒至洋葱呈透明状。

- 撒入面粉，炒制成白色油面酱。

- 倒入干白葡萄酒、基础汤和香料包，加盖炖至鸡块熟烂，约 30 分钟。

- 取出鸡块，保温待用，少司过滤，倒回原锅。

- 加奶油，上文火炖，加豆蔻粉并调味。

- 鸡块放回锅中，加热后食用。

法式红酒鸡（Coq au Vin）

配料：

光鸡 1 只（1.2 千克/只），面粉适量，盐、胡椒粉少许，清黄油 60 毫升，白兰地 120 毫升

香草束［胡萝卜条 1 根，蒜白（劈开）1 个，新鲜百里香 1 支，香叶 1 片，蒜头（压碎）6 瓣］，红酒 700 毫升，鸡基础汤 250 毫升，培根片 120 克，珍珠洋葱（去皮）18 只，中等蘑菇（4 等分）10 只，黄油面团适量，三角形面包干 8 片

制作步骤：

- 光鸡分割为 8 块，撒盐、胡椒粉、面粉，拌匀。

- 清黄油放入焖锅内加热，放入鸡块煎黄。

- 倒入白兰地酒，引焰燃烧。

- 加入香草束、蒜头、红酒、基础汤，烧开，加盖调小火炖至鸡块熟烂，约 40 分钟。

- 另取一锅，将培根炒至出油，加入洋葱，炒黄炒香，加盖，用小火加热至洋葱变软。加入蘑菇，继续加热至蘑菇变软。

- 取出鸡块，用黄油面团勾芡少司，然后过滤，调味。

- 用勺将培根、洋葱和蘑菇装入餐盘，上面放鸡块，浇上少司，配上三角面包干。

课 堂 思 考

"家禽对于厨师来说，就如同画家的画布。"谈谈你对这句话的理解。

拓展知识 🔍搜索

鹅 肝

鹅肝，法语"Foie Gras"，是法国的传统名菜，有"世界绿色食品之王"的美誉。"Gras"在法语中是"顶级"的意思。没尝过鹅肝，不能算是真正吃过法国菜。

吃鹅肝的历史可以追溯到2000多年前，那时的罗马人发现了鹅肝的美味及吃鹅肝的乐趣。起初，他们配着无花果食用，并呈献给恺撒大帝，恺撒视其为佳肴。之后，流传到阿尔萨斯（Alsace）及法国西南部乡村，渐渐开始有人用鹅肝制作肉冻及肉酱，并搭配法国面包食用，既简单方便又平易近人。直到法王路易十六统治时期，鹅肝被进贡至宫廷，深受国王喜爱，从此声名大噪，并被当时许多社会名流及艺术家所称赞，从此奠定其高贵珍馐的不凡地位。

经过专门挑选的鹅，被混合了麦、玉米、脂肪和盐等的混合饲料以"填鸭"方式喂养，为的是取它的那一副肝。这些在春天出生的鹅到了秋天，每天被至少1公斤的混合饲料填塞喂养，时间长达至少4周，直到鹅的肝被撑大为止。鹅肝往往重达700～900克。除了重量外，鹅肝的颜色也很重要，受伤或有损坏的鹅肝是不被采用的。产自史特拉斯堡（Strasbourg）地区的鹅肝被认为是世界上最好的。

在法国，鹅肝的吃法，通常是用小火稍煎后，佐以波特酒或深色的酱，冷食时，法国人的习惯是将鹅肝制成新鲜的鹅肝酱，通常加入白兰地、苹果白兰地、波特酒和松露，烤熟后冷却，再切片做冷盘。

模块小结 ▌▌▌

家禽肉在厨房中的应用极为普遍，法国有位烹饪大师曾经说，"家禽对于厨师来说，就如同画家的画布"。禽肉几乎适合于任何烹调方法和调味料，适合与各种少司和配菜搭配。本模块主要系统介绍了禽肉原料的不同种类和特点，分别对常用禽类原料的初加工以及禽肉菜品的烹调方法与制作工艺进行了详细的阐述和解析。

思考与训练

一、课后练习

（一）填空题

1. 火鸡原产__________，是一种__________、__________、__________的肉食佳品，是欧美国家__________和__________不可或缺的佳肴。

2. 禽类的初加工大致可分为__________、__________和__________3个步骤。

3. 大多数家禽肉滋味柔和，通常需腌渍以增加滋味和湿度，常用的腌渍液一般用__________、__________、色拉油、盐、胡椒粉、__________等混合而成。

4. 除了__________和__________有时肉色可略带粉红色外，禽肉一般均应加热至全熟。

5. 烧烤家禽时，成熟度一般通过__________、__________、__________和__________等方法来判断。

（二）选择题

1. 在禽杂碎中，用途最广，用得也最多，常用于制批，也常用来嫩煎或铁扒的是（　）。

A. 心　　B. 肝　　C. 肫　　D. 肾

2. 禽肉会快速吸收滋味，所以腌渍时间不宜过长，一般为（　）。

A. 2 小时　　B. 4 小时　　C. 6 小时　　D. 8 小时

3. 火鸡若烤制成熟，其大腿中心部位温度应达到（　）。

A. 55℃　　B. 65℃　　C. 74℃　　D. 82℃

4. 通常，烤制乳鸽适宜的温度为（　　）。

A. 200℃　　　　　B. 180℃　　　　　C. 160℃　　　　　D. 140℃

5. 被认为是世界上鹅肝最好的产地是法国的（　　）。

A. 孛艮地　　　　B. 史特拉斯堡　　　C. 马赛　　　　　D. 里昂

（三）问答题

1. 列举常用家禽的品种及其用途。

2. 以鸡为例，简述两大块、四大块、八大块的分割方法。

3. 简述鸡排的加工步骤。

4. 铁扒对禽肉的选用有何要求？

5. 如何掌控禽肉的成熟度？

二、拓展训练

（一）运用所学技能，每人 1 只鸡进行分割加工练习。

（二）根据顾客要求，每人研制 1 款禽肉菜品。

水产品制作工艺

　　水产品因其独特的肉质及营养价值，在人们饮食生活中越发普及，在烹调中的使用越来越广。通过学习训练，学生要掌握常用水产品的加工方法以及水产类菜品制作的基本技能，培养学生综合运用水产原料和不同工艺，制作常用的水产类菜品。

　　本模块主要学习水产品的加工方法和制作工艺，按烹调前的准备、水产品的烹调制作分别进行讲解示范。围绕两个工作任务的操作训练，制作基本的水产类菜品，熟练掌握水产类菜品的制作技能。

学习目标

知识目标

1. 了解并熟悉常用水产品的种类与特点，理解相关专业术语并掌握其外文名。
2. 懂得水产品烹调的基本原理。
3. 熟悉水产品的初加工要求，掌握水产类菜品制作工艺及操作关键。

能力目标

1. 能根据水产品的特点，对不同水产原料进行初步加工整理和基本料形加工。
2. 能根据各种水产品的品质，选用适合的烹调方法，熟练制作水产类常用菜肴。

任务分解

任务一　烹调前的准备

任务二　水产品的烹调制作

以鱼为主料的西餐创意菜

　　为了提高学生的专业技术水平和学习积极性，增强学生学习西餐的兴趣，北方某烹饪学院在校园内举办了"西餐创意菜大赛"，本次活动以"创意西餐，引领食尚"为主题。根据学院指定的比赛要求，每位参赛选手制作一道以鱼为主料的创意西式菜品。同学们踊跃报名，积极参赛。比赛当天，各位参赛选手齐聚比赛现场，欲展身手。比赛指令一下，选手们紧张地忙碌起来，全神贯注地制作参赛作品，尤其是西餐工艺专业二年级的学生手法较为娴熟，操作规范。经过近1小时的紧张制作，一个个作品陆续完成，一道道菜品精美呈现，可谓百花齐放，特色彰显，创新各具，涌现出了许多创意独特的菜肴，如奶酪口蘑烤鱼、黄油汁土豆煮鱼、扒三文鱼、海鲜鱼卷、香煎三文鱼、焗扇贝等。

　　比赛结束后，评委老师们对参赛作品逐一进行了点评，比如：黄油汁土豆煮鱼，造型上很有创意，盘饰和盛器完美搭配，口味上好，但主料与配料形状搭配不够协调，肉质偏老；海鲜鱼卷整体效果较突出，色彩搭配鲜艳和谐，调味汁口味把握得当，但鱼肉在刀工处理时有破损，略显瑕疵……各位评委老师们对本次比赛及时进行了点评和总结，让同学们受益匪浅。同时，院领导和专业老师对此次比赛所取得的成果给予了充分的肯定，并鼓励同学们继续加油，好好钻研西餐厨艺，争做一名优秀的西餐大师！

案例分析

1. 试分析鱼肉在初加工时的细节问题。
2. 讨论水产原料在烹调加热中成熟度的把握。

任务一　烹调前的准备

任务目标

　　了解常用水产品品种及其品质特点；能熟练加工常用水产品。

活动一 水产品基本种类及其特点

水产品（Fish and Shellfish）是指生活于淡水或海水中的各种可食用的动植物，应用于烹调中，主要包括各种鱼类、贝壳类和甲壳类。

（一）基本种类

水产原料可分为三大基本种类，鱼类、贝壳类和甲壳类。

1. 鱼类

按体型，鱼可分为两种，即圆体鱼和扁体鱼。

（1）圆体鱼类。身体平直于水中游动，双眼分别位于头两侧，大多数身体呈圆形或椭圆形，如三文鱼、鳟鱼、鲈鱼等，也有少数呈扁体形，如扁鱼，身体两侧对称（图7-1）。

（2）扁体鱼类。身体呈不对称的扁平状，水平于水中游动，双眼均位于头上侧，故又称"比目鱼"，鱼体背侧色深，有细小鱼鳞，腹侧呈白色，无鱼鳞，如龙利鱼、鲆鱼等（图7-2）。

图7-1 圆体鱼

图7-2 扁体鱼

2. 贝壳类

（1）单壳类。仅有一只坚硬外壳，如鲍鱼等。

（2）双壳类。有两只可闭合的外壳，如文蛤、蚝和青口等。

（3）头足类。无外壳，但体内有一软骨，如鱿鱼、墨鱼、章鱼等。

3.甲壳类

通体有甲质外壳，包括虾和蟹等。

（二）肉质特点

水产品的肉主要含有水分、蛋白质、脂肪和矿物质等。鱼及大部分贝甲类的肌肉纤维细小，结缔组织细而短，因而质地细嫩，加热烹调的目的在于使蛋白质凝固和增进鲜美滋味。由于缺乏肌红蛋白，肌肉颜色浅淡或色白，三文鱼和部分鳟鱼的肉呈橙红色，原因在于其食物中的色素。与畜肉相比，大多数鱼类含脂肪较少，但脂肪含量决定着其烹调方法。三文鱼、马鲛鱼等脂肪含量稍高，鳕鱼和贝甲类几乎不含脂肪。

活动二　水产品常见料形的加工

水产品的成形加工就是根据水产品的结构和菜肴的要求将其分切成所需的形状，以便于均匀受热，美化菜肴的造型。

（一）鱼柳的加工

1.圆体鱼

- 将鱼横放于砧板上（头朝右，尾朝左），用厨刀沿腮口处垂直切至脊骨（不切断脊骨）。
- 将刀身转至水平方向（刀口朝向鱼尾），紧贴脊骨从脊背处划开，直至腹部，完整批下鱼肉（含胸刺）（图7-3）。
- 同法批下另一侧鱼肉。
- 剔下胸刺，得到带皮鱼柳。
- 鱼肉置砧板上（皮朝下），从尾部下刀，将皮铲下（图7-4）。
- 最终得到两片净鱼柳，每侧各一片。

图7-3 批下鱼肉

图7-4 铲鱼皮

2. 扁体鱼

● 撕去鱼皮。

● 鱼放置于砧板上（背侧向上），用刀沿脊骨划开。

● 沿刺骨将两侧鱼肉剔下（图 7-5）。

● 鱼体翻身（腹侧向上），同样方法，剔下鱼肉。

● 最终得到四片净鱼柳，每侧各两片。

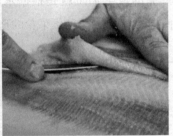
图7-5 扁体鱼柳的加工

（二）净鱼块的加工

净鱼块的加工适用于形大的圆体或扁体鱼类。将带皮鱼柳放置于砧板上（带皮一面朝下），刀身倾斜，将其切成所需重量的块。刀身倾斜度越大，鱼块表面积越大（图 7-6）。

图7-6 净鱼块的分切方法

（三）鱼排的加工

鱼排的加工只应用于形大的圆体鱼类，加工程序如下：

- 鱼去鳞，去内脏，去鳍，去头；
- 刀身垂直于鱼体，将鱼切成所需厚度的段（含部分鱼骨）即成（图7–7）。

图7-7　鱼排的分切方法

（四）虾的蝴蝶形加工

- 鲜虾去头、去壳。
- 用刀沿背部中线深剖至尾部，腹部不断开。
- 拉去泥肠，展开成蝴蝶形（图7–8）。

（五）炙烤龙虾的加工

- 将龙虾置于砧板上，腹部朝上，刀尖插入头部，用力铡切至背壳，不切断。

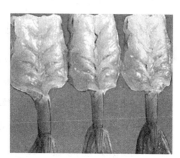

图7-8　蝴蝶虾

- 双手用劲将两侧掰开，将其平展开，用刀背敲裂虾钳。
- 将尾部切断，让其两侧自然卷起，去除胃、肝、子，子可留作他用。

（六）文蛤（牡蛎）的开壳出肉加工

- 将文蛤外壳刷洗干净，入冰箱放置至少1小时。
- 左手掌上铺开毛巾，紧握文蛤，裂隙朝向手指。
- 将刀口沿裂隙切入。
- 撬开文蛤上下壳。
- 铲下文蛤肉。

任务二　水产品的烹调制作

任务目标　≫

能运用干烹法制作常用水产菜品；能运用湿烹法制作常用水产菜品。

不同于畜肉和禽类，几乎所有水产品肉质均十分细嫩，因此加热至刚成熟即可，而事实上，熟制过度是水产品烹调中最常见的问题。一般可通过以下方法把握成熟度：

- 肉色由半透明变成不透明状。大多数的水产品肉呈半透明状，在加热过程中，随着蛋白质的凝固，肉色逐渐变得不透明。
- 肉质变硬。随着肉的成熟，肉质逐渐变硬，可通过手指按压，根据软硬度判断成熟度。
- 骨肉易于分离。生的鱼肉原本与骨粘连在一起，随着加热成熟，鱼肉便易于从鱼骨上分拆下来。
- 鱼肉开始碎裂。鱼肉由短细的肌肉纤维组成，并由细薄的结缔组织相连，随着鱼肉的成熟，结缔组织被破坏，肌肉纤维群开始相互分离，如果鱼肉分离相当容易，则表明熟制过度。

活动一　干热烹调法的应用

（一）炙烤和铁扒

炙烤或铁扒的成品菜肴具有色泽金黄、细嫩多汁的特点。

1. 水产品的选用

几乎所有的水产品都能用来炙烤或铁扒。三文鱼、鳟鱼、剑鱼等含脂肪较多的鱼类及鲈鱼、鲷鱼等瘦型鱼尤其适合于铁扒。鲆鱼和龙利鱼等瘦型鱼的鱼柳质地细腻，适合于炙烤。

鲜蚝和文蛤，带半只壳盖上风味黄油、面包粉或其他材料后用于炙烤，趁热食用。鱿鱼，填馅后用牙签别牢，然后炙烤或铁扒。龙虾，可以从腹部剖开展平后炙烤或铁扒。巨型蟹的腿，也可劈开后用于炙烤或铁扒。小虾和鲜贝，常涂上风味黄油后炙烤或串在肉扦上铁扒。

2. 调味

鱼应当事先刷上黄油或色拉油，以防止粘连于扒炉上，更重要的是可以保持肉质湿润。大多数鱼一般只需撒盐和胡椒粉，简单地调味，但最好使用腌渍液，尤其是用干白葡萄酒和柠檬汁混合制成的腌渍液，但大多数鱼类本身滋味鲜美，所以只需短暂地腌渍。

文蛤、鲜蚝及其他贝壳类一般可填馅或加黄油、蔬菜、培根或其他材料后加热烹调，以增进滋味。但值得注意的是，味浓的调味料会掩盖贝类本身的鲜美滋味，因此，选用调味料时应特别小心。

3. 少司和配菜

炙烤或铁扒水产品常配以柠檬角、黄油类少司，如白酒黄油少司最为流行。蔬菜蓉少司则是追求健康饮食者的最佳选择。若与风味黄油一起炙烤，则与融化黄油一起食用。当然，也可伴以其他少司（表3-9）。

几乎任何旁菜均适合用作炙烤和铁扒水产品的配菜，煮土豆、面食和米饭是最佳选择，铁扒蔬菜则是最自然的配菜。

4. 工艺流程

- 预热炙烤炉或扒炉。
- 用钢丝刷将炉栅刷净，可擦些色拉油。
- 加工准备好水产原料。
- 根据需要对原料调味或腌渍，刷上黄油或色拉油。
- 将原料放于扒炉上，展示的一面朝下。若是炙烤法，直接将原料放于炙烤架或预热的炙烤盘内，肉质细嫩的鱼通常将展示的一面朝上，加热过程中不翻面。

● 根据实际情况,将原料翻身,使两面形成诱人的交叉烙印,并达到所需成熟度。

● 离火装盘,立即食用。

对于鱼类,为获得诱人的成品,必须小心加工处理,若炙烤整条或带皮的鱼柳,事先应在带皮一面均匀地划上几道 5 毫米深的刀口,以防止加热时鱼皮收缩卷曲,并促进均匀受热。

炙烤海鲈(Broiled Black Sea Bass)(1 客)

配料:

海鲈鱼柳(带皮)1 件(200 克/件),盐、胡椒粉少许,黄油(融化)适量,大蒜(切丝)1 头,柠檬汁 2 茶匙,香草黄油 2 片

制作步骤:

● 用刀将鱼肉(带皮一面)划上三刀,深约 5 毫米。

● 撒盐、胡椒粉,刷上黄油。

● 将鱼柳放入热的炙烤盘内,带皮一面朝上,送入炙烤炉。

● 大蒜丝焯水,沥干后用黄油炒软,加柠檬汁、盐、胡椒粉调味,铺于餐盘中。

● 鱼肉成熟后取出,放于餐盘的蒜丝上,顶部放香草黄油。

(二)烘烤

烘烤的方法用于鱼类的烹调有一大缺陷,因加热时间短而不易使其表面上色,为解决这一问题,可以先将鱼放入煎锅内煎黄,然后送入烤炉。

1. 水产品的选用

一般选用脂肪含量较多的鱼类,可以获得上好的成品,最好加工成鱼柳或鱼排,因形状规则便于均匀受热。虽然瘦的鱼类也可用来烘烤,但肉质易干燥,烘烤过程中必须不断淋上油或汤汁,以保持湿润。

2. 调味

鱼类最常用的调味料是柠檬汁、黄油、盐和胡椒粉,当然也可事先进行腌渍处

理，但烤鱼通常依靠伴食少司确定滋味。

贝甲类在烤前常盖上馅料或与其他配料混合。鲜蚝（带半只壳）盖上菠菜或西洋菜，然后烘烤；小虾常加工成蝴蝶形，盖馅后烘烤；龙虾则劈开后盖馅烘烤；文蛤常将肉取出，与面包粉、调味料或其他配料混合，再装回壳内，然后烘烤。

3. 少司和配料

烤鱼常常伴以风味别致的少司，如克里奥尔少司或白酒黄油少司及其他少司（表3–9）。各种米饭、面食、土豆和炒蔬菜均是烘烤水产品常用的配菜。

4. 工艺流程

- 烤盘刷油。
- 放入加工好的原料，展示的一面朝上。
- 根据需要调味，表面刷上融化的黄油，根据需要加入配料。
- 送入预热至200℃的烤炉内烘烤。
- 烤制过程中不时淋油，瘦型鱼应频繁些。
- 当鱼即将成熟时，从烤炉中取出，让后续加热完成熟制。

烘烤鲷鱼（Baked Snapper）（2客）

配料：

鲷鱼柳2件（200克/件），盐、白胡椒粉少许，黄油（融化）30克，薄荷叶（剁碎）1/2汤匙，蒜泥1/2茶匙，番茜末30克，干白葡萄酒15毫升，柠檬汁15毫升

制作步骤：

- 将鱼柳放入刷过黄油的烤盘，撒盐、胡椒粉，刷黄油。
- 将薄荷、蒜泥和番茜末混合，放于鱼柳上，淋干白葡萄酒、柠檬汁。
- 送入200℃的烤炉中烤至将熟（不时淋油）。

（三）嫩煎

嫩煎是水产品比较流行的烹调方法，成品具有表面色泽金黄、肉质细嫩的特点。

1. 水产品的选用

肥或瘦的鱼均可用于嫩煎，扁体鱼和形小的圆体鱼，如鳟鱼可整条用于嫩煎，三文鱼这样形大的圆体鱼可以加工成鱼排或鱼柳；文蛤、青口和鲜蚝不适合于嫩煎，但鲜贝和甲壳类则常用于嫩煎。

2. 调味

多种鱼类，尤其是龙利鱼、鲆鱼和其他质地细嫩的瘦型鱼的鱼柳在煎制前常常撒盐、胡椒粉，甚至拍上面粉（有时加入调料），煎制时常常使用风味黄油，以增进滋味。

3. 温度的掌握

煎锅必须加油脂预热，一次投入原料不宜过多，否则煎锅和油脂温度将下降，造成汁水的流失，且表面难以上色。若料形小而薄，应以大火短时间加热，以使表面迅速上色，避免加热过度；若料形大而厚或带壳的贝类，火力应稍低，以确保其成熟而避免表面颜色过深。

4. 少司与配菜

一般伴以用原煎锅直接制作的少司，少司可以是用煎锅熬黄的黄油或用鱼汤调制的复合少司，风味黄油也可用于伴食嫩煎水产品（表3-9）。味清淡的米饭和面食是最好的配菜。

5. 工艺流程

- 将水产品分切加工成形。
- 根据需要调味并拍上面粉。
- 取一合适的煎锅用中火加热，倒入足够的色拉油或清黄油。
- 将水产品放入煎锅，展示的一面朝下。待底面煎黄，翻过来煎制另一面。
- 煎至成熟，立即取出。
- 用原煎锅调制少司。

煎比目鱼柳（Sautéed Halibut）（2 客）

配料：

比目鱼柳 2 件（150 克 / 件），盐、胡椒粉少许，橄榄油 30 毫升，洋葱（切丝）40 克，蒜泥 1 茶匙，青椒（切幼条）40 克，红椒（切幼条）40 克，黄椒（切幼条）40 克，番茄碎 120 克，橄榄（去核，等切为四）30 克，鲜百里香草（剁碎）1 茶匙，柠檬汁 30 毫升，鱼基础汤 30 毫升

制作步骤：

- 鱼柳撒盐、胡椒粉。
- 煎锅上火加热，倒入橄榄油。
- 放入鱼柳，将两面煎黄，取出保温待用。
- 原煎锅放洋葱、蒜泥，炒香，倒入青、红、黄椒，炒透。
- 再加入番茄碎、橄榄和百里香草，略炒。
- 倒入柠檬汁，略炒，再倒入鱼基础汤，炖 2 分钟左右，调味。
- 将鱼柳放回锅内，继续加热至成熟。
- 取锅内蔬菜及少司垫于盘底，上放鱼柳。

（四）煎炸

用于煎炸的水产品一般先拍面粉、挂面糊或裹面包粉，成品具有色泽金黄、表皮香脆、细嫩多汁的特点。

1. 水产品的选用

肥或瘦型鱼均可用于煎炸，鳟鱼等形小的鱼和比目鱼的鱼柳最适合于煎炸。用于煎炸的水产品料形应当规则且较薄，以便于均匀受热，易于成熟。

2. 调味

水产原料可以事先腌渍和调味，但更常见的是通过拍粉、挂糊或裹粉来调味，面糊中可加入芝士，面包粉中混入坚果粉或其他材料，以形成不同的风味。另外，还可通过伴食少司等定味。

3. 伴食少司

柠檬角（取汁）是传统的搭配，少司则单独调制，蛋黄酱类少司，如太太少司、雷莫拉德少司特别流行，蔬菜蓉少司也较常用。

4. 工艺流程

- 取一厚底锅，放入足量的清黄油或色拉油（以盖没原料厚度的 1/3 ~ 1/2 为准），加热至 160℃ ~ 180℃。
- 原料调味，拍面粉、裹面包粉或挂面糊后轻轻放入，煎炸至成熟，中途翻身一次。
- 取出，吸干油分。
- 伴以适当的少司食用。

煎炸鳟鱼（Pan-Fried Trout）（1 客）

配料：

鳟鱼（整理洗净）1 条，盐、胡椒粉少许，面粉适量，清黄油 30 毫升，黄油 1 汤匙，蒜头（切片）2 瓣，柠檬汁 30 毫升，鲜番茜（剁碎）1/2 茶匙

制作步骤：

- 鳟鱼撒盐、胡椒粉，拍上面粉。
- 放入煎锅用清黄油煎炸至表面金黄，鱼肉成熟，取出待用。
- 原煎锅滗去油，放入黄油熬黄，倒入蒜片，炒黄。
- 倒入柠檬汁、番茜碎，转动煎锅，混合均匀。
- 将上述少司浇至鱼上。

活动二 湿热烹调法的应用 ▌▌▌

（一）蒸

蒸是烹调水产品最自然的方法，它最大限度地保持水产品原有的鲜美滋味和

营养，所用液体可以是水或蔬菜基础汤，液体中加香草、香料、葡萄酒，以增加滋味。成品具有细嫩湿润、滋味清淡的特点。

1. 水产品的选用

贝壳类，如青口和文蛤，可带半只壳直接置于锅中蒸制，锅中放少量葡萄酒或其他液体。水产品也可与香草、蔬菜、黄油或伴食少司一起包于锡纸中，送入烤炉加热，这种方法称为"纸包"。三文鱼、鲈鱼等肥型鱼和龙利鱼等瘦型鱼，都可用于蒸，形状应厚薄均匀，且不宜超过 2.5 厘米，以便于均匀受热，易于成熟。

2. 调味

蒸制的水产品应忠实于其本味而少量使用调味品，不过盐、胡椒粉、香草和香料等可在蒸制前直接加于水产品进行调味，但要控制用量。美味的液体也将给予一定滋味，如果最终液体直接与水产品伴食或用来制作伴食少司，那么液体应适当进行调味。柠檬、青柠和其他水果或蔬菜可与水产品一起蒸制，以增进滋味。文蛤和青口一般不需加盐，因为壳内的水分已含足够的盐分。

3. 少司与配菜

蒸制的水产品含脂肪少，伴食少司和配菜应视实际需要而定，若需保持低脂肪这一特点，应搭配低脂肪或无脂肪的少司，或仅挤些鲜柠檬汁即可，配菜应选用蒸制的新鲜蔬菜；如果不考虑脂肪含量，可以配以乳化黄油少司，如白酒黄油少司、荷兰少司。蒸文蛤可以直接伴以液体食用；蒸青口，则将蒸制时所用的葡萄酒和其他材料调制成少司，与青口伴食。

4. 工艺流程

- 将鱼分切成适当大小或将贝甲类洗净。
- 准备好液体，根据需要加入调味料，上火煮沸。
- 将水产原料放于蒸锅内，加盖。
- 蒸至成熟取出。
- 伴以液体或适当的少司，立即食用。

蒸三文鱼（Steamed Salmon）（2 客）

配料：

柠檬皮（切丝，焯水）2汤匙，柠檬汁60毫升，盐、胡椒粉少许，橄榄油60毫升，干白葡萄酒500毫升，香叶2片，大蒜（剁碎）120克，鲜百里香草2支，胡椒籽（压碎）1茶匙，三文鱼块（或鱼排）2件（180克／件）

制作步骤：

- 将柠檬皮、汁和盐、胡椒粉、橄榄油一起搅匀，制成调味汁。
- 将葡萄酒、香叶、大蒜、百里香草、胡椒碎一起放入蒸锅。
- 三文鱼表面撒盐、胡椒粉，放于蒸架上。
- 加盖上火煮沸，蒸至鱼肉成熟（5分钟左右）。
- 鱼肉装盘，浇上调味汁。

（二）氽

对于鱼类，氽是十分流行的方法，但贝甲类几乎不用此法。氽又有两种形式，深氽和浅氽。

深氽法 即液体完全淹没鱼体，液体通常是蔬菜基础汤、鱼汤。鱼肉应氽至刚好成熟，成品一般伴以用原锅液体调制成的少司，整条鱼（用纱布包裹以保持形状）、鱼块和鱼排均可用于此法。

浅氽法 即液体只浸没鱼肉的一半，且鱼肉下面通常垫有芳香的蔬菜，实际上就是氽与蒸两种方法的结合。一般盖以油纸或加盖，直接置于炉火或送入烤炉完成。成品一般伴以浓缩的原锅液体。有时，鱼肉稍煎后再加入液体氽制，确切地说，这是焖的方法。

1. 鱼的选用

瘦型色白的鱼类，如大菱鲆、鲈鱼和龙利鱼，最适合于氽；某些肥型鱼，如三文鱼和鳟鱼，也适合于氽。

2. 调味

无论深氽法还是浅氽法，鱼肉将从液体及其调制而成的少司中获取各种滋味，所以，液体应当选用上好的鱼基础汤或蔬菜基础汤。鱼类菜肴，一般需要干白葡萄酒，不管是加入液体还是少司中，一定要选用品质上好的葡萄酒，否则会破坏鱼肉本身的鲜美滋味。柑橘类水果尤其是柠檬，是非常流行的氽鱼调味料，柠檬汁或皮可以直接加入液体、少司甚至成品菜肴中。

3. 少司与配菜

（1）深氽法：最适合与荷兰少司和白酒黄油少司搭配。如果要求低脂肪，选用蔬菜蓉，如西蓝花蓉、红椒蓉少司更佳。若用于冷食，一般选用蛋黄酱类调味汁，如雷莫拉德少司。

（2）浅氽法：宜配白酒少司或白酒黄油少司及其他少司（表3-9）。

配菜一般选用米饭、面食、蒸或煮的蔬菜。

4. 深氽法的工艺流程

- 准备好液体，确保能足够浸没鱼体。
- 将鱼放入液体。整条鱼应趁冷下锅，鱼块应在液体不断冒小气泡时下锅。
- 以79℃~85℃的温度将其氽至成熟。
- 将鱼捞出保温，浇些液体以保持湿润，或加盖冷却，以防表面干燥。进冰箱保存。
- 配以适当少司。

氽三文鱼（Poached Salmon）

配料：

三文鱼（整条）1条（2千克/条），蔬菜基础汤适量

制作步骤：

- 汤锅注入冷基础汤。
- 三文鱼整理洗净，将其捆扎在金属网架上，以保持形状。
- 放入汤锅，加盖后用中火加热至不断冒小气泡，转小火，保持79℃~85℃的温度，将鱼氽至成熟（约30分钟）。
- 取出三文鱼，沥干。若热食，伴以适当的配菜，立即食用；若冷食，则冷却后入冰箱，数小时后根据需要装饰。

---

5. 浅汆法的工艺流程

- 煎锅底部抹上黄油，按需要加入芳香蔬菜。
- 将鱼放入煎锅，注入液体。
- 盖上油纸或加盖。
- 上火加热至出现细密的气泡，转小火保持该状态，至鱼肉成熟。
- 捞出鱼肉保温，浇些液体以保持湿润。
- 浓缩液体，并根据需要调制少司。
- 伴以少司上桌。

汆龙利鱼柳（Poached Fillets of Sole）（4 客）

配料：

龙利鱼柳 8 片（75 克／片），盐、胡椒粉少许，黄油 20 毫升，冬葱头末 2 茶匙，蘑菇片 240 克，干白葡萄酒 180 毫升，鱼基础汤 240 毫升，鱼瓦鲁迪少司 240 毫升，柠檬汁少许，番茜（剁碎）2 茶匙

制作步骤：

- 龙利鱼柳撒盐、胡椒粉。
- 煎锅内放黄油加热融化，倒入冬葱头末和蘑菇片，上放龙利鱼柳，倒入基础汤和干白葡萄酒。
- 上火加热至出现细密的气泡，盖上油纸，加热至鱼肉成熟，5 分钟左右。
- 取出鱼肉并保温。
- 将汤汁加热浓缩，加入鱼瓦鲁迪少司，再加柠檬汁，用盐、胡椒粉调味。
- 鱼柳伴以少司，撒番茜碎。

（三）炖

习惯上称为"煮"，如煮龙虾，但事实上并非煮，而是炖。此法主要适用于甲壳类水产品，如虾、蟹等。若以沸水煮制，易加热过度，其肉质极易变老。

1. 水产品的选用

龙虾、蟹、小虾常用于炖，在加热过程中，其甲质外壳保护着内部细嫩的肉。

2. 调味

甲壳类水产用于炖制，一般不用事先调味，而是在加热过程中从美味的液体，如蔬菜基础汤中获取滋味。有时放入香料包等，以增加香气。

3. 成熟度的判断

计时是判断成熟度最适用的方法。小虾一般只需 3 ~ 5 分钟；蟹一般需 5 ~ 10 分钟；而对于龙虾而言，因其大小差异较大，所需时间差别也大，应区别对待，500 克重的龙虾一般需 6 ~ 8 分钟，而若是 1 千克的龙虾则需 15 ~ 20 分钟。

4. 少司与配菜

标准的少司是柠檬角（取其汁）和融化的黄油，若冷食，传统的少司是鸡尾少司。几乎可配各种蔬菜或淀粉制品，最常见的是新鲜玉米棒和煮土豆。

5. 工艺流程

- 将蔬菜基础汤或水煮沸。
- 将原料加入，上火煮至将沸，转小火炖。原料加入后，水温会降低，若用水量大，温度下降就少，为节省加热的时间，尽量加大用水量。
- 炖至原料成熟。
- 取出后，立即食用，若冷食，则浸入冰水中让其迅速冷却。

（炖）煮龙虾（Boiled Lobster）

配料：

龙虾 1 只（600 克 / 只），开水（加盐）5 升，柠檬角 4 只，黄油（融化）50 克

制作步骤：

- 将龙虾放入开水中，用小火炖至龙虾成熟（约 10 分钟）。
- 取出龙虾，沥干，伴以柠檬角和融化黄油食用。
- 若冷食，放入冰水，冷透后取出虾肉。

课 堂 思 考

水产品最合适的烹调方法是什么？为什么？

拓展知识　🔍搜索

常用水产品品种与特点

1. 淡水鱼

种　　类	特　　　　点
鳟鱼（Trout）	鳟鱼有湖鳟和虹鳟等品种。颜色有白色、红色和淡青色。全身有黑点。鳟鱼是欧美人喜爱食用的鱼类之一。大鳟鱼的重量可达 5 千克，肉质坚实，味道鲜美、刺少。世界上许多地方均出产，以丹麦和日本的鳟鱼最著名。适用于煮、烤、煎、炸等烹调方法
鲈鱼（Perch）	鲈鱼品种很多，如黄鲈、湖鲈、白鲈等。鲈鱼体长、呈圆形，嘴大、背厚、鳞小，肉丰厚、呈白色，刺少，鱼肉鲜美。世界上许多地方均出产，以加拿大和澳大利亚等国的湖泊产量最高。鲈鱼适用于炸、煮、煎等烹调方法
鳜鱼（Mandarin Fish）	又称桂鱼、花鲫鱼，是中国特产的一种淡水鱼，广泛分布于我国东部平原的江河湖泊。体侧上部呈青黄色或青褐色，有许多不规则暗棕色或黑色斑点和斑块，腹部灰白色，背部隆起，口较大，下颌突出，鱼鳞细小、呈圆形，性凶猛，肉食性。肉洁白、细嫩而鲜美，无小刺，富含蛋白质，适用于煎、炸、烤等烹调方法
青鱼（Black Carp）	青鱼主要分布于我国长江以南的平原地区，为我国淡水养殖的四大家鱼之一。体长，略呈圆筒形，头部稍平扁，尾部侧扁。口端位呈弧形，上颌稍长于下颌。体背及体侧上半部青黑色，腹部灰白色。肉质细嫩，适用于煎、炸、烤、煮等烹调方法
草鱼（Grass Carp）	又称鲩鱼。为中国东部广西至黑龙江等平原地区江河湖泊，一般喜居于水的中下层和近岸多水草区域，是中国淡水养殖的四大家鱼之一。体形相似于青鱼。背部青灰，腹部灰白。性活泼，常成群觅食，为典型的草食性鱼类。肉质细嫩，适用于煎、炸、烤、煮等烹调方法

2. 海水鱼

种　类	特　点
海鲈鱼（Sea Bass）	海鲈包括若干种类，西餐常用四种海鲈鱼：黑鲈、花鲈、白鲈和红鲈。黑鲈体积较小，体形像黄鱼，呈黑色。花鲈体形像鲤鱼，背部有黑点。白鲈体形较长。红鲈体形圆，全身呈黑色。鲈鱼是西餐常用的鱼类之一，其肉质白色并坚实、味道鲜美，略带甜味，适用于各种烹调方法
龙利鱼（Sole）	主要产于大西洋、太平洋、白令海峡及许多内海地区。它有若干品种，如柠檬鲽、灰鲽、白鲽等。其身体扁平像一个薄片，长椭圆形，有细鳞，两眼都同在背侧。生活在浅海中。肉质细嫩、鲜美，适用于各种烹调方法
金枪鱼（Tuna）	属于鲭鱼类，用途广泛，肉质坚实，味道鲜美。金枪鱼除了制作罐头、鱼干、冷菜，还可用于煎、炸、烧、烤等方法
三文鱼（Salmon）	产于大西洋海岸，肉质坚实，粉红色肉，略带浅棕色，用途广泛，常用于自助餐中的开胃菜，生吃，也可以腌制、熏烤
鳀鱼（Anchovy）	是一种短而细小银色的鱼，体形像沙丁鱼和小鲱鱼，约10厘米长，肉色粉红，味嫩鲜，常作为西餐菜肴的装饰品和配菜
沙丁鱼（Sardine）	因最初在意大利萨丁尼亚捕获而得名。细长的银色小鱼，头部无鳞，体长15～30公分。背苍腹白，肉美，多用来制作罐头食品。也可干制、盐制或熏制，还常制成鱼粉或鱼油
鲱鱼（Herring）	是冷水性海洋上层鱼类，食浮游生物。是世界重要经济鱼类之一，分布于北太平洋沿岸、印度洋。我国沿海也有鲱鱼生产，但数量有限。鲱鱼体侧扁，长约20厘米，背青黑色，腹银白色
马鲛鱼（Mackerel）	鱼体细长，呈纺锤形，侧线位近脊背，鳞小而光滑，背鳍有两个，在背鳍和臀鳍的后部上下各有5个小鳍。体背为青蓝色，并有不规则的花纹，头顶浅黑色，腹部淡黄色。鱼肉富有丰富的蛋白质、维生素和矿物质，可用于熏、腌、煎和烤等烹调方法制熟
鳕鱼（Cod）	产于北大西洋，颜色有淡红色和灰色等，肉质细白，适用于煎、炸、烤等烹调方法，也是制作鱼肉串的理想原料

3. 贝甲类

名　称	特　点
龙虾（Lobster）	龙虾生长在温热带海洋中（地中海沿岸一直到北海一带），我国产于南海。龙虾是最大的虾类，虾体粗壮，圆锥形，略平扁，头胸甲坚硬多棘，触角发达，无鳞片，有五对步足，无钳，呈爪状。欧洲大西洋沿岸产的个体较大，我国南海产的锦秀龙虾个体较小，一般长30厘米左右。龙虾形美肉鲜，是高档的烹饪原料，既可做热菜，也可做冷菜，适用于多种烹调方法

续表

名　称	特　点
对虾、明虾（Prawn）	主产于渤海、黄海和朝鲜西部海面，4～5月及9～10月为捕捞旺季；体长侧扁，雌的比雄的稍大；外壳呈青白色，以皮亮、身硬、头爪整齐、须长者为上品；身体分为头胸部（有坚硬的头胸盔）、腹部（腹部背有甲壳、有5对步足）和尾部3部分（尾部有扇状尾肢）；肉质脆嫩、鲜美。在西餐中常作开胃品、冷菜和热菜。适合蒸、煮、煎、炸、焗、铁扒等多种烹调方法
小虾（Shrimp）	包括海产和淡水产的各种小虾，可用于煎、炸、炒、焗等，也可用来制作少司等
扇贝（Scallop）	扇贝又称带子，因其壳形似扇而得名，在澳大利亚沿海和大西洋沿岸都可以找到。扇贝有两个壳，可利用壳的关闭在水中自由跳动；壳内的肌肉为可食部位。扇贝有鲜品和干制品两种，其味鲜美、肉质细腻、洁白。通常用于汆煮、煎、炸等
牡蛎（Oyster）	牡蛎分布在温、热带海洋中，成堆地趴在石壁上，壳大而厚重，壳形不规则，下壳大且较凹，附着他物，上壳小而平滑，掩覆而盖，壳面有灰青、紫棕等颜色；其肉鲜美，可生食，也可熟食、做罐头或干制
青口贝（Mussel）	生活在沿海岸的多石区，个体较小，呈椭圆形，前端呈圆锥形，两片贝壳等同，青黑色相间，有圆心纹，一般体长可达6～8厘米，大多为鲜活原料，可带壳用也可去壳用。使用前须很好地清洁，可制作色拉、开胃品、配菜及热菜等
文蛤（Clam）	盛产于我国沿海一带，特别是江苏南通地区。文蛤分泌出来的乳汁是高级调味品，烹调时放少许便鲜香美味。文蛤肉则是海鲜中的美味，常用作头盘、汤、热菜、煮、焗、炸等。使用时须反复冲洗，烹调的时间也不宜过长，以防质老
蜗牛（Escargot/Snail）	蜗牛的品种很多，目前普遍食用的有3种，即法国蜗牛（苹果蜗牛、葡萄蜗牛）、意大利蜗牛（意大利庭院蜗牛）、玛瑙蜗牛（非洲大蜗牛）。蜗牛是一种软体动物，头部有两对触角，腹面有扁平的脚。壳呈扁圆形、球形或椭圆形。常在庭院中加以人工培育，尤其在法国受到高度重视，被认为是一种名贵的佳肴。蜗牛营养丰富，烹调方法以焗为主，法式焗蜗牛是传统名菜

模块小结

　　本模块主要系统介绍水产品原料的不同种类和特点，分别对常用水产品原料的初加工以及菜品的烹调方法与经典菜品的制作进行了详细的阐述和剖解。

随着人们对健康饮食的追求，水产品在烹调中的使用越来越多。水产品的适应面很广，实践中，应突出其本身肉质细嫩、滋味鲜美的特点，特别注意避免加热过度和使用过多或味浓的调味料。

思考与训练

一、课后练习

（一）填空题

1. 水产品原料可分为三大基本种类，即＿＿＿＿＿＿＿、＿＿＿＿＿＿＿和＿＿＿＿＿＿＿。

2. 对于炙烤或铁扒水产菜品，＿＿＿＿＿＿＿＿＿＿＿＿＿少司最为流行，＿＿＿＿＿＿＿少司则是追求健康饮食者的最佳选择。

3. 对于煎炸的鱼类，＿＿＿＿＿＿＿少司特别流行，＿＿＿＿＿＿＿也较常用。

4. 无论深氽法还是浅氽法，鱼肉将从液体及其调制而成的少司中获取各种滋味，所以，液体应当选用上好的＿＿＿＿＿＿＿或＿＿＿＿＿＿＿。

5. 深氽法制作的鱼最适合与＿＿＿＿＿＿＿少司和＿＿＿＿＿＿＿少司搭配。

（二）选择题

1. 烘烤的方法用于鱼类的烹调，因加热时间短而不易使其表面上色，为解决这一问题，可以（　　）。

A. 先将鱼煎黄　　B. 延长烘烤时间　　C. 开始用高温　　D. 先将鱼炸黄

2. 煎炸方法烹调水产品时，油温应该为（　　）。

A. 110℃～130℃　B. 130℃～150℃　　C. 160℃～180℃　　D. 200℃～220℃

3. 烹调水产品最自然的方法是（　　）。

A. 烤　　　　　　　B. 煎　　　　　　　C. 炸　　　　　　　D. 蒸

4. 鱼排最适合使用（　　）的方法进行烹调。

A. 扒　　　　　　　B. 水波　　　　　　C. 炸　　　　　　　D. 焗

5. 深氽法烹调鱼的温度为（　　）。

A. 45℃～55℃　　B. 55℃～65℃　　　C. 65℃～75℃　　　D. 79℃～85℃

（三）问答题

1. 简述水产品的主要肉质特点。

2. 简述鱼柳的加工流程。

3. 讨论判断水产品成熟度的 4 种方法。

4. 为什么汆是水产品十分流行的烹调方法？浅汆法与深汆法有何不同？

5. 列举常用水产品品种，并简述其用途。

二、拓展训练

（一）运用所学技能，每人 1 条整鱼进行初加工练习。

（二）根据水产原料特点，每人开发水产菜品 1 款。

蛋与早餐食品 制作工艺

　　早餐食品包括各种蛋品、肉、水果、面包和谷物类等，其中，最流行最常见的是蛋品。通过学习训练，学生掌握鸡蛋的基本特性及其应用，掌握蛋品与其他早餐食品制作的基本技能。

　　本模块主要学习蛋与早餐食品制作工艺，按烹调前的准备、蛋与早餐食品的烹调制作分别进行讲解示范。围绕两个工作任务的操作练习，制作基本蛋与其他早餐食品，熟练掌握早餐食品的制作技能。

学习目标　》

知识目标

1. 了解蛋的基本构成与特性，掌握蛋品制作的基本要求，理解相关专业术语并掌握其外文名。

2. 熟悉蛋与早餐食品的基本类型，掌握蛋与早餐食品的制作工艺及操作关键。

能力目标

1. 能根据蛋类的基本特性烹调制作常用早餐蛋品。

2. 能熟练制作其他常用早餐食品。

任务分解　》

任务一　烹调前的准备

任务二　蛋与早餐食品的制作

案 例

早餐蛋品制作

正值旅游高峰期，北方某四星级饭店里，早餐自助餐厅的客人很多，在蛋品明档前已排起了队。正值就餐高峰期，餐饮部经理又带来了一批16人的美国旅游团，餐厅主管迅速迎了上去，立即给他们安排了座位，安稳下来。根据多年的服务经验，在征得客人的同意后，为客人点了各式蛋品，分别是5份单面煎蛋、3份双面煎蛋、4份奄列蛋、3份水波蛋以及1份煮蛋。5分钟过后，蛋品陆续送到客人面前，40分钟后，就餐结束。餐厅主管主动上前，就蛋品质量征询了客人的意见（昨天蛋品刚被客人投诉），客人对本次早餐比较满意，他们对蛋品给予了真诚的评价：西班牙奄列蛋口味很好；单面煎蛋的蛋清是生的，且盘子是凉的，导致蛋品的温度不足有腥味；水波蛋的蛋白包裹蛋黄不完整。针对客人的意见反馈，餐厅主管一方面对客人表示真诚感谢，另一方面迅速将客人的反馈意见以书面的形式递交给了餐厅部。餐厅部经理当天下午就召集了厨师长和餐厅经理，针对客人的反馈信息，要求必须尽快得到改善。为此，厨师长召集相关人员，有针对性地进行培训和讲解，在强调员工责任心的同时，从进货源头抓起，进行合理的烹调。不久，蛋品质量就有了显著提高。

案 例 分 析

1. 请分别说明单面煎蛋、水波蛋质量问题的主要原因。
2. 请分析蛋品制作过程中的细节问题。

任务一　烹调前的准备

任 务 目 标

了解鸡蛋的基本结构和卫生要求；掌握鸡蛋的基本特性和烹调要求。

蛋类价廉物美，富有营养，在烹调中使用极其广泛，既可做成独立的菜品，也是许多菜点常用的主配料，它能改变制品的质地、风味、结构，增加制品的湿度、营养。

活动一　初识蛋品

（一）鸡蛋的结构组成

鸡蛋主要由蛋壳、蛋清和蛋黄三部分组成（图8-1）。

蛋壳。蛋壳的主要成分为碳酸钙，它可以阻止细菌的侵入和水分的蒸发，其颜色取决于饲料的品种，但不决定蛋的质量、滋味和营养。一般占蛋总重量的11%左右。

蛋清。蛋清占蛋总重量的58%左右。蛋内一半以上的蛋白质和核黄素存在于蛋清

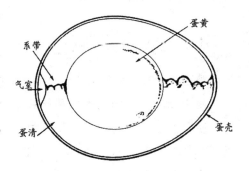

图8-1　蛋的结构

中，蛋白质在60℃～65℃时凝固。蛋清经搅打，成泡沫状，用于制作蛋糕、梳乎烈、莫司（Mousse）、班戟饼（Pancake）等。蛋清的浓稠度是衡量鸡蛋品质好坏的重要标志之一，浓稠蛋清含量愈高的鸡蛋品质愈好，也耐储存。

蛋黄。蛋黄占蛋总重量的31%左右。蛋内3/4的卡路里、大多数的矿物质、维生素和全部脂肪存在于蛋黄中。蛋黄内还含有卵磷脂，其乳化作用在烹饪中的应用极具意义。蛋黄在62℃～70℃时凝固，其颜色的深浅取决于饲料品种，但不决定蛋的质量和营养。

（二）鸡蛋的安全卫生

鸡蛋病毒的由来。鸡蛋病毒主要源于被感染上沙门肠炎菌的新鲜带壳鸡蛋。生鸡蛋或未熟透的鸡蛋所引起的食物中毒主要是由沙门氏菌造成的，在实际的烹调中，应将采用高温杀菌的鸡蛋制品供应给顾客。

鸡蛋质量的保持。生鸡蛋品质的保持，主要由两大因素决定，一是储藏环境，

二是储藏时间。适当的储藏温度对保持鸡蛋的品质至关重要，在2℃的情况下，鸡蛋品质可以保持数周，但在室温下（25℃左右），其品质会迅速降低。同时，鸡蛋的存放时间不能过长，长时间的存放，鸡蛋会通过蛋壳逐渐失去水分，其内部的气室会变得更大，一方面降低了鸡蛋的密度，另一方面导致气室膜塌落，鸡蛋的品质大受影响。当然，鸡蛋在储藏时要远离散发异味的食物，这一点要特别注意。

活动二　鸡蛋的特性与烹调要求

（一）鸡蛋的基本特性

鸡蛋主要有三大基本特性，即起泡性、凝固性以及硫化性。

起泡性。鸡蛋的起泡性是指鸡蛋在搅打的过程中，能吸收（捕捉）周围的空气，使全蛋液或蛋清膨松胀发。很多鸡蛋制品即使用这一特性来获得最佳口感效果，如海绵蛋糕（Sponge Cake）、梳乎烈（Soufflé）等。

凝固性。鸡蛋的凝固性是指鸡蛋在加热后，由原来的液体变成了固体的过程。由于鸡蛋里含有大量的蛋白质，受热后蛋白质会凝固。鸡蛋的凝固温度随自身成分的变化而有所不同。蛋黄的凝固温度为62℃~70℃，蛋清的凝固温度为60℃~65℃，而全蛋液的凝固温度为69℃。

硫化性。鸡蛋的硫化性是指鸡蛋在高温下或长时间加热后，蛋清中的硫黄遇到蛋黄中的铁而形成的有强烈味道的绿色化合物。经较长时间煮过的鸡蛋，我们看到蛋黄表面呈绿色，就是典型的例子。因此，为了避免绿色的出现，最好的办法是低温、短时间烹饪。

（二）鸡蛋的烹调要求

首先是选择原料。烹调前必须准备好原材料，就鸡蛋而言，必须新鲜且温度符合要求。其次是烹调时应对所有设备和器具进行清洗和消毒。最后，要避免高温和长时间烹调，过度烹调的鸡蛋其品质是硬的，像橡胶的感觉。只有低温才能烹制出上好的蛋品。

课 堂 思 考

鸡蛋有何基本特性？烹调中如何合理利用？

任务二 蛋与早餐食品的制作

任 务 目 标 >>

能应用干烹法制作蛋品；能使用湿烹法制作蛋品；能制作其他常见早餐食品。

鸡蛋是早餐最大众化的食物，而且在烹调中用途极为广泛，这是任何食物所无法与之匹敌的，它几乎适合于任何烹调方法，可与各种调味料、配料配合食用。

不管使用何种烹调方法，最关键的一点是掌握好成熟度，加热过度或火力太大将导致其质地老韧，而加热不够则会引发致病菌。

活动一 干热烹调法的应用

（一）烘烤

1. 烤蛋

烤蛋（Shirred Eggs）（2只/客）是将蛋装入小型模具（ramekin）内进行的，模具一般先垫入面包、火腿、奶油、菠菜或朝鲜蓟等材料，蛋表面覆盖芝士、新鲜香草或少司。成品应当蛋清凝固而蛋黄保持稀软状态。工艺流程：

● 小模具刷黄油，根据需要底部垫入原料。

图8-2 烤蛋

- 蛋去壳后倒入模具（保持蛋黄形状完整），撒盐、胡椒粉。
- 送入烤炉烤至所需程度（烤 3 ~ 5 分钟时，根据需要，盖以奶油、芝士碎、火腿粒、新鲜香草等）。

火腿烤蛋（Shirred Eggs with Ham）

配料：

　黄油（融化）适量，火腿片 30 克，鸡蛋 2 只，盐、胡椒粉少许，厚奶油（热）15 毫升，瑞士芝士碎 15 毫升

制作步骤：

- 小模具内刷一层黄油，铺入火腿片。
- 鸡蛋打入小碗，倒入小模具内，撒盐、胡椒粉。
- 送入 175℃ 烤炉，烤至鸡蛋即将凝固。
- 取出，倒入奶油和芝士碎，继续烤至芝士融化，立即食用。

番茄烤蛋（Shirred Eggs with Tomato）

配料：

　黄油（融化）适量，番茄酱 20 克，鸡蛋 2 只，盐、胡椒粉少许，厚奶油（热）15 毫升

制作步骤：

- 小模具内刷一层黄油。
- 鸡蛋打入小碗，倒入小模具内，用高温烤 1 ~ 2 分钟使模具底部略有凝固。
- 用盐和胡椒粉调味，并搅入淡奶油和番茄酱。
- 送入 175℃ 烤炉，6 ~ 7 分钟烤至鸡蛋凝固，立即食用。

---

2. 乳蛋饼

乳蛋饼（Quiche）是早餐和早中餐的传统食物，它通常是将乳蛋液（蛋、奶油或牛奶和调味品混合）和配料装入油酥派底内烤制而成。配料通常包括芝士（至少一种）、肉制品（香肠、培根、火腿等）、水产品、焯水的蔬菜（如蘑菇、洋葱、芦笋、西蓝花），这些配料可使用下脚料，但应当新鲜质佳。油酥派底的材料可以是面粉、

全麦粉、玉米粉等。工艺流程：

- 制好油酥派底，装入配料。
- 调制好乳蛋液（6 ~ 8 只鸡蛋 / 升液体），倒入派底。
- 送入烤炉烤熟。

图8-3　乳蛋饼

洛林乳蛋饼（Quiche Lorraine）

配料：

　　烤熟派底（直径16厘米）1 只，熟培根（切丁）80 克，瑞士芝士碎20 克，鸡蛋 3 只，牛奶300 毫升，厚奶油 80 毫升，盐、胡椒粉少许，豆蔻粉少许

制作步骤：

- 将培根、芝士碎装入派底。
- 鸡蛋、牛奶、奶油、盐、胡椒粉、豆蔻粉混合成乳蛋液。
- 将乳蛋液倒入派底，送入190℃烤炉，烤至成熟。

芦笋番茄乳蛋饼（Asparagus and Sun–Dried Tomato Quiche）

配料：

　　烤熟派底（直径22厘米）1 只，葱白片 60 克，蒜白片 225 克，干番茄丁60 克，芦笋丁（煮熟）285 克，农夫芝士 100 克，巴马森芝士碎 60 克，鸡蛋 3 只，牛奶360 毫升，盐、胡椒粉少许，黄油或色拉油适量，混合香草末 5 克

制作步骤：

- 把葱白片、蒜白片炒香加入芦笋丁调味装入派底。
- 鸡蛋、牛奶、香草、农夫芝士、巴马森芝士碎混合成乳蛋液并用盐、胡椒粉调味。
- 将乳蛋液倒入派底，送入175℃烤炉，烤40 ~ 45分钟至成熟。

注：混合香草为他力干、香葱末、荷兰芹碎、香菜末等量混合。

3. 梳乎烈

梳乎烈是法语"Soufflé"的音译，也叫"沙勿来"、"梳乎厘"、"乳蛋酥"。它不仅是早餐类食品更是早午餐的传统食品，有时也可以当成点心写在晚宴的菜单上。乳蛋酥的温度和服务也非常讲究。通常在餐厅点乳蛋酥的客人都明白是要客人等乳蛋酥而不是把乳蛋酥做好等客人。厨房和前厅的配合也非常重要，只有把刚出炉的乳蛋酥及时送到客人面前，客人才可以品尝到松软可口的美味蛋酥。乳蛋酥可以是甜味的，也可以是咸味的，一般来讲甜味的乳蛋酥不用蛋黄只用蛋清；咸味的乳蛋酥可以把蛋黄加在里面。工艺流程：

- 咸乳蛋酥面糊的制作：将黄油和面粉炒成面酱；加入牛奶制成面糊；加入打发的蛋黄并用木铲溜 4 ~ 5 分钟使面糊光滑均匀；用盐和胡椒粉调准口味。
- 打发蛋清，分批加入坯司中拌匀。
- 拌入配料并调味，倒入准备好的蛋酥盅。
- 送入烤炉烤熟。

菠菜梳乎烈（咸）（Spinach Soufflé）

配料：

巴马森芝士碎 85 克，鸡蛋清 10 只，盐、胡椒粉少许，熟菠菜末 285 克

基础梳乎烈面糊：黄油 60 克，面粉 75 克，牛奶 720 克，蛋黄 15 只，盐、胡椒粉适量

制作步骤：

- 制作基础梳乎烈面糊，并拌入芝士碎。
- 鸡蛋清打发，分批加入面糊中。
- 准备梳乎烈盅 20 只（直径 6 厘米），梳乎烈盅内壁抹上黄油并沾上面包糠。
- 拌入菠菜末，并调味，倒入准备好的梳乎烈盅内。
- 入烤箱 220℃烤 16 ~ 18 分钟，成熟后迅速奉客。

香橙梳乎烈（甜）（Orange Soufflé）

配料：

蛋酥盅（直径6厘米）4只，鸡蛋清8只，糖112克，黄油56克，粟粉60克，牛奶252克，君度橙酒适量

制作步骤：

- 一半牛奶烧开，调入粟粉，另一半牛奶加黄油烧开，再合到一起搅匀。
- 加入橙酒并快速搅匀。
- 蛋清加糖打发分次加入。
- 准备梳乎烈盅，内壁抹上黄油并沾上砂糖。
- 梳乎烈面糊倒入准备好的梳乎烈盅内。
- 入烤箱先180℃烤约10分钟，后200℃烤20分钟完全成熟，表面上色后撒糖粉奉客。

（二）煎（炒）

1. 熘糊蛋

熘糊蛋（Scrambled Eggs）（2只/客），又称炒蛋，是将鸡蛋打散并调味，用文火边加热边搅炒而成。成品应当呈松软的糊状。为使成品质地细腻嫩滑，常加入牛奶或奶油来稀释蛋液。搅炒时火候要掌握恰当，火力过大或时间过长，将导致成品质地老韧（图8-4）。制作熘糊蛋时，常加入一些配料和调味料以增滋味。肉类或蔬菜，包括辣椒、洋葱、蘑菇、黄瓜、

图8-4 熘糊蛋

番茄、培根粒、火腿丁、火鸡丁、牛肉丁、烟三文鱼碎片、虾仁、香肠碎片等，应在蛋液入锅前先炒热；芝士和新鲜香草则在最后放入。熘糊蛋也可以用纯蛋清制作，这样可以得到低脂肪、低热量、低胆固醇的健康制品。另外，用水或脱脂牛奶替换全奶或奶油，可以进一步降低脂肪和热量。值得注意的是，蛋清凝固温度较低于蛋黄，所以加热过程中，火力适当调小。工艺流程：

- 将鸡蛋打散，加盐、胡椒粉搅匀，加牛奶或奶油（10毫升/只鸡蛋）搅匀。
- 煎锅加热，倒入清黄油。
- 加入配料炒热。
- 倒入蛋液，不断搅动。
- 待其临近凝固时，撒入芝士或香草等（根据需要而定）。
- 装入餐盘，立即食用。

熘糊蛋（Scrambled Eggs）（3客）

配料：

鸡蛋6只，厚奶油30毫升，盐、胡椒粉少许，清黄油30毫升

制作步骤：

- 将鸡蛋、奶油、盐和胡椒粉混合均匀。
- 清黄油倒入煎锅中加热。
- 倒入蛋液，不断搅炒，即将凝固时离火，立即食用。

---

2. 奄列蛋

奄列蛋（2只/客），"Omelet"的音译名，又称"恩利蛋"、"炒蛋卷"。即将调过味的蛋液倒入煎锅搅炒，凝固前卷成半圆形或月牙形，常卷入馅心，包括蔬菜、芝士和肉制品等。工艺流程：

- 将鸡蛋液打散，加盐、胡椒粉调味。
- 熟制馅料。
- 奄列蛋煎锅置于中火上加热，倒入清黄油。

图8-5 奄列蛋

- 加入蛋液，不断用铲将锅底凝固的鸡蛋从锅边推至中心，并让上层蛋液流到锅底空当处。
- 撒入馅料，迅速用蛋铲将其包卷起来，移入餐盘（图8-5）。
- 浇上少司，根据需要作装饰，立即食用。

火腿奄列蛋（Ham Omelet）（1 客）

配料：

鸡蛋 2 只，盐、胡椒粉少许，火腿（切丁）30 克，清黄油 20 毫升

制作步骤：

- 鸡蛋打散，加盐、胡椒粉搅匀。
- 火腿丁用一半清黄油炒热。
- 将奄列蛋煎锅加热，倒入剩余黄油。
- 将蛋液倒入，用蛋铲不断将锅底凝固的鸡蛋从锅边推向中心，让生蛋液滚满底部。
- 倒入火腿，迅速卷起，装盘。

法式奄列蛋（French Style Omelets）制法略有差别，加热成形时不加入馅料，而是待包卷成形后，装盘，上面用刀切开，填入需要的馅料。另有一种开口奄列蛋（Frittatas），源于西班牙和意大利，区别于普通奄列蛋，馅料直接混入蛋液中，加热过程不包卷，最终成圆形的蛋饼。它一般先在炉头上煎制，然后移入烤炉、面火焗炉、炙烤炉完成。

田园开口奄列蛋（Garden Frittata）

配料：

净鸡胸肉 50 克，蒜泥 1 茶匙，土茴香适量，盐、胡椒粉适量，蘑菇（切片）60 克，淡味黄油 45 克，墨西哥胡椒（去籽，绞碎）1 茶匙，红椒（烤黄、去皮去籽，切丝）60 克，青葱花 30 克，鸡蛋 2 只，切打芝士（擦碎）60 克

制作步骤：

- 鸡胸用蒜泥、土茴香、盐和胡椒粉擦遍，扒或炙烤成熟，切成条。
- 取一煎锅，放黄油加热，加蘑菇片炒软，加入墨西哥胡椒炒透，加入鸡肉、红椒丝、青葱花，炒热。
- 鸡蛋打开，加盐、胡椒粉打散，倒入锅中，边加热边搅动，并不断将底部凝固的鸡蛋从边缘推向中间，直至鸡蛋即将完全凝固。
- 撒入芝士碎，送入面火焗炉或炙烤。
- 整只装盘或切成扇形。

---

3. 煎

将鸡蛋（2 只 / 客）倒入平底煎锅，煎至所需程度。最好选用新鲜的鸡蛋。因为，新鲜鸡蛋的蛋清浓稠，不易流淌，能更好地保持蛋黄的形状，成品保持完整的外观。煎包括单面煎（Sunny-Side-up）和双面煎（Over-easy）。单面煎，鸡蛋不翻面，使用文火慢慢加热至蛋清完全凝固，而蛋黄保持流汁状。双面煎，当蛋清凝固时，翻面，煎制另一面，待蛋黄部分或完全成熟即成。工艺流程：

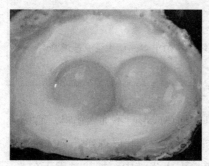

图8-6 单面煎蛋

- 选取合适的平底煎锅，一般直径为 20 厘米。
- 平底煎锅上火加热，倒入清黄油。
- 鸡蛋打入小碗，轻轻倒入锅内（保持蛋黄形状完整）。
- 用文火煎至所需程度（根据需要进行单面、双面煎）（图 8-6）。

活动二 湿热烹调法的应用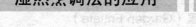

（一）煮

煮（Boiling），即将带壳鸡蛋放于足量的水中煮至所需成熟度。尽管称之为"煮"，但实际上是用文火"炖"。煮时温度不宜过高，否则鸡蛋质地会变得老韧。非常新鲜的蛋，尤其是刚下的蛋，并不适合带壳加热烹调，因为成品不容易剥壳，所以，最好选用存放几天后的鸡蛋来煮。煮嫩蛋（Soft-Boiled Eggs）工艺流程：

- 汤锅装入足量的水（以盖没鸡蛋为准），煮沸后转小火保持微沸状态。
- 轻轻放入鸡蛋，炖（不加盖）3 ~ 5 分钟。
- 取出鸡蛋，立即食用。

煮老蛋（Hard-Boiled Eggs）的工艺流程：基本同煮嫩蛋，只是炖的时间延长为 8 ~ 10 分钟。

（二）水波（汆）

水波（Poaching），即汆。用于水波的鸡蛋应当相当新鲜，而且最好冷藏后，使蛋清浓稠，这样入水后不至于散开，能保持完好的形状。水波蛋应当质地湿软，蛋清完全凝固，完整地包裹住蛋黄，而蛋黄保持流汁状。为获得理想的形状和洁白的色泽，最好加少许白醋，用量为 30 毫升白醋 / 升水。工艺流程：

- 少司锅或汤锅内装水，深度至少在 8 厘米。
- 加盐和白醋，上火加热至 90℃左右（有细密气泡上浮），转小火，并保持此温度。
- 鸡蛋打入小碗（蛋黄保持形状完整），轻轻倒入水中，加热 3 ~ 5 分钟（图 8-7）。
- 用漏勺轻轻捞出，将边角修切整齐。
- 装盘。一般底下垫一片吐司，配上火腿、培根或早餐肠蔬菜，如番茄、黄瓜片等。

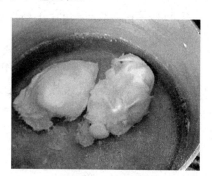

图8-7　水波蛋

水波蛋（Poached Eggs）

配料：

　　水适量，盐 2 茶匙，白醋 2 汤匙，鸡蛋 2 只

制作步骤：

- 将水加热至冒细小的气泡。
- 将鸡蛋打入小碗，一只只轻轻地倒入水中。
- 加热至所需成熟度（一般 3 ~ 5 分钟），用漏勺捞出，立即食用。

活动三　其他早餐食品的制作

"一日之计在于晨"，这也可以用来说明早餐的重要性。经过一晚睡眠停食后，人体急需要补充营养，早餐正是醒来后的第一餐，所以它是一天中最重要的一餐。早餐食品通常包括蛋品、早餐肉品（如火腿、培根和早餐肠）、土豆类、松饼、谷物类等。蛋品上文已经详细介绍，这里再介绍其他常见早餐食品种类。

（一）煎饼类

1. 松饼

热饼（Pancake）和瓦夫饼（Waffle）是早餐流行的品种，因为它们容易消化，可以搭配多种配料或调味品食用，而且成本低廉。热饼和瓦夫饼必须趁热食用，通常配上黄油、糖浆、果酱、果冻和水果，其中，枫树糖浆最为流行，水果或水果味糖浆也很受欢迎。虽然热饼和瓦夫饼成本低廉，但往往搭配高品质的水果，如草莓、樱桃、蓝莓、苹果等。

热饼的原料包括面粉、糖、盐、泡打粉、牛奶、鸡蛋和融化黄油。基本制作方法是：先将面粉、泡打粉过筛；其他原料混合均匀；再将面粉、泡打粉与液体原料混合均匀，得到面糊；用炒勺舀取面糊，倒在预热的平扒炉或厚底煎锅上，呈圆形；烙至表面起细密的泡，翻面。成品表面应色泽金黄，质地松软（图8-8）。

瓦夫饼（图8-9）的制作方法与热饼基本一致，只是成熟是用专用的瓦夫饼炉（图8-10）。将面糊舀入预热的瓦夫饼炉，合上上盖，烤几分钟后即可。瓦夫饼常搭配水果和打发奶油。

图8-8　热饼　　　　　　图8-9　瓦夫饼　　　　　图8-10　瓦夫饼炉

热饼（Pancake）

配料：

面粉240克，糖2汤匙，盐1茶匙，泡打粉2茶匙，苏打粉1茶匙，牛奶450克，鸡蛋2只，融化黄油2汤匙，色拉油2汤匙

制作步骤：

● 将所有干性材料一起筛入大不锈钢盆。

- 另取一大碗，将牛奶、鸡蛋、黄油混合均匀。
- 将牛奶混合液倒入面粉中，轻轻搅拌均匀，注意不要搅拌过度。
- 厚底煎锅或平扒炉用中火加热，用纸巾蘸取少许色拉油，涂于锅底。
- 舀取面糊，倒在煎锅或平扒炉上，呈圆形。
- 待表面起细密的气泡，翻身，煎另一面。
- 成熟后，趁热食用。

瓦夫饼（Waffle）

配料：

鸡蛋 2 只，牛奶 350 克，糖 3 汤匙，低筋粉 240 克，泡打粉 1 汤匙，融化黄油 90 克

制作步骤：

- 将鸡蛋打散搅匀，倒入牛奶、糖，搅拌均匀。
- 面粉、泡打粉混合，过筛三次，倒入鸡蛋与牛奶混合液中，搅拌均匀。
- 倒入融化黄油，充分混合，送入冰箱保存，待用。
- 瓦夫饼炉预热至 180℃，刷油。
- 舀取面糊，倒入瓦夫饼炉。
- 待面糊流平，合上上盖，加热 3 分钟左右。
- 打开上盖，取出瓦夫饼，趁热食用。

2. 可丽饼

可丽饼，法文 "Crêpe" 的音译名，也称班戟饼，是法国烹饪中一种薄的煎饼（图 8-11）。通常卷入水果馅，撒糖粉后食用。多用于早餐或作甜品。

可丽饼（Crêpe）

配料：

鸡蛋 6 只，牛奶 1 升，糖 80 克，盐 1/2 茶匙，面粉 280 克，融化黄油 80 克，果酱适量，糖粉适量

图8-11 可丽饼

制作步骤:

● 将鸡蛋打散搅匀,倒入牛奶、糖、盐,搅拌均匀。

● 面粉过筛,倒入鸡蛋与牛奶混合液中,搅拌均匀。

● 倒入融化黄油,充分混合,送入冰箱保存,待用。

● 取可丽饼炉,用中火加热,涂抹少许色拉油。

● 舀取适量面糊,倒入锅内,迅速旋转,使面糊薄薄覆盖锅底。

● 上文火加热至周边略上色,用手将薄饼翻面,上火稍稍加热,反扣出来,铺平,冷却。

● 每片可丽饼涂上果酱,卷起,撒糖粉。

(二)法式吐司

法式吐司(French Toast)是比较常用的早餐蛋品,它可以做成甜的——用面包片夹上花生酱或是果酱再沾上蛋液煎制,也可以做成咸的——用面包片夹上火腿片或奶酪片再沾上蛋液煎制。而且馅料可以根据不同客人的喜好进行灵活变化,所以很受大家的喜欢,一般甜味的法式吐司上桌时会跟上不同风味的砂糖,如玉桂糖、玫瑰糖或蜂蜜。工艺流程:

● 吐司切成所需大小的吐司片。

● 打蛋液并调味。

● 吐司片夹入馅料沾上蛋液。

● 用文火煎至鸡蛋成熟,配上适当调料上桌。

花生酱吐司（甜）（French Toast with Peanut Paste）

配料：

> 吐司片 3 片，牛奶 180 克，鸡蛋 5 只，花生酱适量，玉桂粉、肉蔻粉少许，
> 蜂蜜适量，色拉油适量

制作步骤：

- 方形吐司去边改刀成三角形，在其中一面抹上花生酱，并把抹酱的吐司面相对扣紧。
- 鸡蛋加牛奶打成蛋液加入玉桂粉、肉蔻粉调味。
- 夹馅吐司泡入蛋液中浸透后，用小火煎至两面上色即可。
- 配蜂蜜上桌奉客。

火腿吐司（咸）（French Toast with Ham）

配料：

> 吐司片 3 片，牛奶 180 克，鸡蛋 5 只，火腿片 3 片，盐、胡椒粉少许，色拉
> 油适量

制作步骤：

- 方形吐司去边改刀成三角形，并两两相对中间夹上火腿片。
- 鸡蛋加牛奶打成蛋液加入盐、胡椒粉调味。
- 夹馅吐司泡入蛋液中浸透后，用小火煎至两面上色即可。

（三）早餐肉类

早餐肉类主要包括火腿、培根和早餐肠。市面有多种品牌、多种包装，根据需要购进，按要求保存。上桌前，进行加热烹调，如烤、煎、扒等，通常配蛋类食用，也可单独食用。

（四）土豆类

早餐的土豆品种通常是用煎、炒方法制作的，常见的有海什布朗土豆（Hashed Brown Potato）、里昂式炒土豆（Lyonnaise Potato）等。

图8-12　火腿、培根、早餐肠

（五）谷物类

根据食用温度，早餐谷物类有冷、热两大基本类型。冷食谷物类只需在食用时拌入冷牛奶即可，常见的有粟米片、卜卜米、全麦维、干果麦片、麦圈、可可米等。热食谷物类的制作也很简单，一般是用整粒或磨碎的谷物与水、牛奶加热成糊状，有时加奶油、糖、黄油、水果等食用，如麦片粥。

另外，早餐常用食品还有包饼类和新鲜水果及果汁类。常见包饼类包括牛角包（Croissant）、丹麦包（Danish Pastry）、吐司、圆餐包、唐纳子（Doughnuts）、马芬（Muffin）等。任何水果都可用于早餐，洗净、分切后直接食用。新鲜果汁是早餐很受欢迎的食品，常见的有橙汁、西柚汁、苹果汁、菠萝汁、番茄汁等，这些都可以直接从市面采购，食用前，倒入标准的果汁杯（4oz.）上桌。

鸡蛋的最佳起泡性何以实现

在我们的现实生活中，鸡蛋制品之所以被人们广泛地接受，其主要原因一方面是其营养价值较高，食用方便；另一方面鸡蛋制品良好的口感也是其重要的原因。鸡蛋的起泡性是造就鸡蛋制品良好口感的主要因素之一。那么如何才能获得鸡蛋的最佳起泡性呢？不妨从以下五个方面来努力。一是掌握适宜的搅拌温度。蛋清、蛋黄和全蛋液在不同温度下，其发泡性有很大的差异。实践证明，全蛋液在25℃左右（室温）的温度下搅拌，能充分发挥其膨松与乳化作用；蛋黄在45℃的温度下搅拌，其乳化作用最大，也易于膨发；而蛋清在17℃～22℃温度下，会获得最佳搅拌效果。二是控制好搅拌程度。蛋清搅拌，既不能不足，也不能太充足，通常搅拌的程度为湿性发泡为佳。即蛋糊看起来湿润发亮，用手指钩起时，可在手指上停留 2 秒钟左右，再缓缓地从手指间滑落。三是注意搅拌器具的清洁。因为油脂会抑制鸡蛋的起泡性，即使是微量的油脂，尤其是在搅打蛋清时。四是糖的使用，糖能使鸡蛋泡沫更具稳定性，尤其是在搅打蛋清时。五是添加少量味淡的酸有助于起泡和稳定。通常是使用柠檬酸或酒石酸（塔塔粉），可使蛋清有更大的体积和稳定性。蛋清偏碱性，pH 值达到 7.6，而蛋清在偏酸的环境下也就是 pH 值在 4.6～4.8 时才能形成膨松安定的泡沫。故要想获得良好的鸡蛋制品，把握好鸡蛋的特性是至关重要的环节之一。

模块小结

　　本模块主要系统介绍早餐蛋品的制作工艺。从认识鸡蛋的组织结构、特性、品质保持、安全卫生到烹调要求；在熟悉常见早餐蛋品品种的基础上，应用烹调基本原理，烹制早餐各式蛋品，包括烤蛋、乳蛋饼、煎蛋、熘糊蛋、奄列蛋、煮蛋以及水波蛋等。

？ 思考与训练

一、课后练习

（一）填空题

1. 鸡蛋的三大基本特性分别是_____、_____和_____。

2. 鸡蛋被感染上的病毒通常是_____。

3. 全蛋液在_____温度下搅拌，其发泡效果最佳。

4. 煮蛋是西式早餐的常见品种，通常煮老蛋的时间为_____分钟、煮嫩蛋的时间为_____分钟。

5. 水波蛋制作时，通常会在水中添加少量的醋，其好处是_____。

（二）选择题

1. 蛋黄的凝固温度通常是（　　）。

A. 60℃～65℃　　　　B. 62℃～70℃　　　　　C. 69℃　　　　　　D. 65℃～75℃

2. 新鲜鸡蛋通常在（　　）温度下存放，可以保持数周的品质。

A. 5℃　　　　　　　B. 2℃　　　　　　　　C. 0℃～5℃　　　D. 5℃～10℃

3. 在搅打蛋白时，为了能获取更大的体积和稳定性，通常会加入（　　）物质。

A. 精盐　　　　　　B. 味淡的酸　　　　　C. 细砂糖　　　　D. 碱

4. 制作烘烤鸡蛋时，其最佳的温度一般为（　　）。

A. 160℃　　　　　　B. 200℃　　　　　　　C. 175℃　　　　D. 185℃

5. 蛋清搅拌时的最佳起泡温度为（　　）。

A. 10℃～20℃　　　B. 17℃～22℃　　　　C. 25℃　　　　D. 15℃～22℃

（三）问答题

1. 煮蛋中蛋黄表面的绿色是如何形成的？如何避免？

2. 如何获取鸡蛋的最佳起泡性？

3. 如何保持新鲜鸡蛋的品质？

4. 请列举出早餐常见的蛋类品种。

5. 鸡蛋在烹调时有哪些基本要求？

6. 请简述乳蛋饼、烘烤蛋的基本操作程序。

7. 煎蛋、熘糊蛋在烹制过程中要注意哪些问题？

8. 普通奄列蛋、开口奄列蛋有何差异？

9. 水波蛋的操作要点有哪些？

10. 常见早餐食品有哪些？

二、拓展训练

（一）运用所学技能，开发早餐蛋品1款。

（二）利用鸡蛋的特性，研发1款早餐外的蛋类制品。

冷菜制作工艺

模块九

冷菜是西餐的重要组成部分，且种类繁多，广泛应用于各种就餐形式和场合，有时在整餐份额中甚至超过热菜，如冷餐会等。通过学习训练，使学生掌握冷菜制作基本技能，培养学生综合运用各种原料和不同工艺的能力，制作常用的色拉、三明治及冷肉制品。

本模块主要学习冷菜制作工艺，按色拉、三明治、冷肉制品进行分别讲解示范。围绕三个工作任务的操作练习，制作基本冷菜菜品，熟练掌握冷菜制作技能。

学习目标 »

知识目标

1. 了解冷菜制作基本要求，理解相关专业术语并掌握其外文名。

2. 了解色拉、三明治、肉酱的基本类型，熟悉不同色拉、三明治、冷肉制品的制作工艺及操作关键。

能力目标

1. 能根据色拉的特点和要求，调制基本色拉调味汁并制作色拉。

2. 能根据三明治的构成及种类特点，制作各类常用三明治。

3. 能按照冷肉制品的不同工艺制作肉酱类制品，并能运用盐腌、卤泡、烟熏工艺制作相关制品。

任务分解 »

任务一　色拉制作

任务二　三明治制作

任务三　冷肉制品制作

冷菜制作中的问题

　　南方某职业学校烹饪系在校园内举办了首届校园美食节。根据安排，西餐工艺专业学生负责制作并销售3款美食，即"土豆色拉"、"水果色拉"、"火腿鸡蛋三明治"。同学们积极性很高，当天一早在班长的带领下，大家分工协作，切的切、煎的煎、包的包、装的装，井然有序，上午8点，就完成了3个品种的生产制作，并立即送到美食广场销售区。10点，美食节正式开始，慕名前来购买美食的学生排起了长龙，不出1小时，上千份色拉、三明治销售一空。看到自己的美食作品如此受欢迎，学生们脸上洋溢着满意的笑容，内心充满了成就感。

　　活动结束后，销售组带来了品尝美食的老师和学生的反馈意见：土豆色拉，口味好，但土豆大小不一，调味酱不能裹在土豆上，生菜叶边缘干蔫，看起来不新鲜；水果色拉，颜色搭配鲜艳和谐，但吃起来没有特别的风味，和吃新鲜水果没什么区别；火腿鸡蛋三明治，形状规则整齐，但吃起来口感油腻，味咸。下午，大家集中在实训厨房，及时进行了总结。专业老师一方面对活动的组织给予了充分的肯定和鼓励，另一方面对当天几种食品的品质、制作过程的细节进行了分析，同时，还对此次活动的得失进行了总结。经过一番实操和总结，同学们都觉得受益匪浅。

　　1.请分析土豆色拉、水果色拉、火腿鸡蛋三明治品质问题的主要原因。

　　2.请讨论冷菜制作过程中的细节问题。

任务一　色拉制作

任务目标

　　能合理选用色拉菜；能调制常用色拉调味汁；能熟练制作常用色拉。

色拉，英文"Salad"的音译，即"凉拌菜"，是指将加工处理（加热、切配、成形等）的原料与调味汁拌和而成的凉拌菜，北方称沙拉，南方称沙律。色拉是菜单上流行而常见的菜品，因用料不同，其用途也不同，一般可用作头盆（Appetizer）、主菜（Main Course）、旁菜（Side Dish）、甜品（Dessert）等。

头盆色拉是最基本的类型，用作一餐的开始。常用生菜、番茄角、黄瓜片、面包丁等与调味汁调配而成。上等餐厅则会选用用料精致、制作考究的色拉作为头盆。

主菜色拉则相当注重荤素的搭配与营养的平衡，分量应该足够大，以满足就餐者食量的需要。加有扒鸡的恺撒色拉是常见的主菜色拉。主菜色拉主要流行在北美地区，在欧洲则很少见。

旁菜色拉分量小，一般用作主菜的配菜。如果主菜丰厚，旁菜色拉则应清淡，清新爽口的蔬菜色拉是首选；如果主菜清淡，旁菜色拉则应该丰厚一些，如意大利面条色拉、谷物类色拉、土豆色拉都是很好的选择。有时，很小份的色拉也可用作主菜的装饰。

甜品色拉，通常是用水果、果仁和甜味蔬菜（如胡萝卜）为原料，用酸奶、打发奶油或柑橘类果汁作调味汁。

活动一　色拉菜的选用与加工

色拉菜（Salad Greens）就是指用于制作色拉的叶用蔬菜。色拉菜不一定都是绿色蔬菜，也有红色、黄色、白色或棕色的，但一定是蔬菜的叶片，生菜、包菜、菊苣、菠菜、西洋菜、可食用花卉、新鲜香草均可用作色拉菜，但最常用的是各种生菜，常见的生菜有罗马生菜、球生菜、玻璃生菜等。

色拉菜的加工处理：

- 将黄叶、老叶等不能食用部分及泥沙等杂质剔除。
- 用冷水反复冲洗干净，或在浓度为 2% 的盐水中浸泡 10 分钟左右，再用清水冲洗干净。
- 浸泡在冰水中，以保持其质地脆爽。
- 使用时沥尽水分。

活动二 色拉调味汁的制作

虽然用于制作色拉调味汁的原料有很多，但大部分的调味汁都是以油醋汁、蛋黄酱或其他乳化调味汁为基础而制作的。

（一）油醋汁

1. 原理

最简单的油醋汁（Vinaigrette Dressing）就是将植物油和醋混合，以盐、胡椒粉调味而成，其标准比例为3份油与1份醋，但视情况可进行变化，当使用味浓的油时，油分应适当减少。有时，醋或部分醋可用柑橘类果汁代替，柠檬汁最常用，这时柑橘类果汁或醋的分量可适当增加。

不同品种的油、醋各具风味，这也决定了油与醋的适配性。橄榄油适合搭配红酒醋；果仁油适合搭配香脂酸或雪利酒醋；味柔和的油，如玉米油、葵花籽油适合搭配风味醋。

因为油、醋互不相溶，油醋汁调制完成不久后即分离，每次使用前应充分搅匀。

2. 原料

（1）植物油。用于制作油醋汁的植物油（Oils）有很多种，味轻淡的色拉油、玉米油、棉籽油、豆油和葵花籽油因价格较低廉而被广泛使用。其他植物油，如橄榄油则常少量用以增加风味；果仁油，如榛子和核桃油较昂贵，但可增加独特和诱人的风味，用香料浸泡过的风味油也常使用。

（2）醋。用于调制调味汁的醋（Vinegars）也有许多种，红酒醋价格便宜，且其风味适合与许多食物搭配，因而使用最为普遍；水果风味醋、香草风味醋、蒜味醋也相当流行。风味醋很容易制得，将水果、香草或蒜头等放入葡萄酒醋中浸泡几天，然后过滤即得不同的风味醋。柠檬汁、橙汁和青柠汁有时被用来代替全部或部分醋制作油醋汁，其天然的果香味，使油醋汁独具宜人的风味。

（3）调味料。各种香草、香料、冬葱头、蒜头、芥末、糖、盐、胡椒粉等常用于确定和增进油醋汁的滋味。新鲜香草、冬葱头、蒜头应剁碎后使用。干香草调制的油醋汁应至少放置 1 小时，待其滋味充分形成后再使用。

3. 工艺流程

图9-1 油醋汁

- 选择适配的植物油和醋。
- 将醋及各种调料混合。
- 用蛋扦将油搅入。
- 让搅好的油醋汁在室温下放置数小时，让滋味充分混合。
- 使用时搅和均匀（图 9-1）。

基本油醋汁（Basic Vinaigrette Dressing）

配料：

葡萄酒醋 200 毫升，盐少许，胡椒粉少许，色拉油 600 毫升

制作步骤：

将所有原料充分混合均匀，在室温下保存待用，使用时摇匀。

- 香草油醋汁——另加入 2 汤匙新鲜香草或 1 汤匙干香草（如紫苏、龙蒿、百里香、马佐林或香葱）。
- 第戎芥末油醋汁——另加入 100 克第戎芥末酱（Dijon-style Mustard）。

（二）蛋黄酱

虽然现在多采购成品蛋黄酱（Mayonnaise）使用，但对于每位职业厨师来说，仍应掌握它的制作方法，并充分懂得它的使用，更重要的是要通过加入其他调味料来创制不同风味的蛋黄酱类调味汁。

1. 原理

蛋黄酱是一种乳化少司。乳化少司就是将两种原本无法融合的液体强制混合而成的一种稳定的混合物。蛋黄酱是将植物油与少量的醋搅打混合在一起，当油和醋在一起搅打时，油和醋被打散成细小的颗粒状，并彼此分隔，如果将它们分别单独放置，细小的油、醋颗粒又会重新聚集起来。为防止它们重新聚集，就需

加入乳化剂，对于蛋黄酱而言，乳化剂就是蛋黄中的卵磷脂（醋中的酸性物质也有助于乳化物的形成）。卵磷脂具有使油和水融合的特殊能力，它包裹在油颗粒的周围，阻止它们相互接触而重新聚集，油分越多，则少司越稠，醋分越多，则少司越稀。

每只蛋黄可以乳化的油量是有限度的，通常一只蛋黄包含的卵磷脂足够乳化200毫升的油，如果超过这个量，少司将容易散开，也就是说油和醋就会分离。

2. 原料

（1）油。标准蛋黄酱一般使用味清淡的植物油，如色拉油，有时也使用其他油类，如橄榄油，以增加特殊风味。

（2）醋。标准蛋黄酱一般使用葡萄酒醋。风味醋，如他拉根香草醋，则通常用来创造独特的风味。

（3）调味料。调味料的使用根据需要而定，常用的包括芥末粉、盐、胡椒粉和柠檬汁等。

3. 工艺流程

- 将所有原料置于室温下（室温便于乳化作用的发生）。
- 快速将蛋黄搅打起泡。
- 加入调味料，搅打均匀。
- 加入少许液体，如醋，搅匀。
- 将植物油逐渐加入，边加边搅打，使油与液体乳化。
- 此时稍稍加快加油速度，边加边搅打。
- 随着油的加入，混合物越来越稠，可适时加入少量液体来稀释。
- 最后待油加完后进一步调味，冷藏待用（图9-2）。

蛋黄酱（Mayonnaise）

配料：

蛋黄2只，盐、白胡椒粉少许，芥末粉1/2茶匙，葡萄酒醋1.5汤匙，色拉油400毫升，柠檬汁少许

制作步骤：

- ●将蛋黄高速搅拌至起泡。
- ●加入干性调料和一半醋搅匀。
- ●慢慢加入色拉油并搅拌至混合物变稠且开始形成乳化物。
- ●加入剩余的色拉油，适时加入醋稀释，并继续搅拌至油用完。
- ●调味后入冰箱冷藏待用。

图9-2　蛋黄酱

4. 蛋黄酱类调味汁

蛋黄酱类调味汁，就是指以蛋黄酱为基础材料，通过加入其他配料和调料而得到的各种色拉调味汁。这些材料通常有奶制品，如牛奶、酸奶油等，以及醋、果汁、蔬菜蓉、番茄少司、蒜头、洋葱、香草、香料、酸黄瓜、酸豆、鳀鱼柳和煮鸡蛋等。这类调味汁常见的有：千岛汁（图9-3）、法汁、鸡尾汁、雷莫拉德少司等。

图9-3　千岛汁

千岛汁（Thousand Island Dressing）

配料：

红酒醋1汤匙，蛋黄酱450毫升，番茄少司250克，酸黄瓜（剁碎）90克，酸豆（剁碎）90克，煮老蛋（剁碎）4只，鲜番茜（剁碎）2汤匙，青葱花适量，盐、胡椒粉少许，伍斯特少司少许

制作步骤：

将所有材料混合均匀，调味。

（三）乳化油醋汁

1. 原理

乳化油醋汁（Emulsified Vinaigrette Dressing）是在标准油醋汁基础上加入整鸡蛋乳化而成，它比蛋黄酱类调味汁稀而轻，而比基本油醋汁厚而重，其风味与基本油醋汁相似，但因乳化作用的存在而不易分离。

2. 原料

参见油醋汁和蛋黄酱的原料。

3. 工艺流程

- 将各种原料放置于室温下，因为室温便于乳化作用的发生。
- 将鸡蛋搅打起泡。
- 加入干性原料和调味料，如蒜头、冬葱头、香草，搅匀。
- 再加入少量液体，混合均匀。
- 逐渐将油加入，边加边搅拌，直至乳化物形成。
- 稍稍加快加油速度，并不断搅拌。
- 若较稠厚，可适时加入少量水、醋或柠檬汁稀释。

乳化油醋汁（Emulsified Vinaigrette Dressing）

配料：

　　整鸡蛋 1 只，盐、白胡椒粉少许，甜红椒粉 1/2 汤匙，芥末粉 1/2 汤匙，糖 1/2 汤匙，杂香草 1/2 汤匙，辣椒粉少许，葡萄酒醋 60 毫升，色拉油 350 毫升，柠檬汁 40 毫升

制作步骤：

- 将鸡蛋搅打至起泡。
- 加入各种干性调料和 30 毫升醋并搅打均匀。
- 在高速搅打的同时，慢慢加入色拉油直至乳化物形成。
- 继续加入剩余的色拉油，不时加入醋和柠檬汁稀释，直至油、醋、柠檬汁加完。
- 进一步调味，入冰箱冷藏待用。

课 堂 思 考

试分析蛋黄酱制作失败可能的原因。

活动三　色拉的制作

（一）翻拌色拉

翻拌色拉（Tossed Salads）是将色拉菜先放入大色拉碗中，撒入配料，浇以色拉调味汁，然后翻拌均匀。

1. 组成部分

（1）色拉菜。翻拌色拉的主要原料是色拉菜，用得较多的是各种生菜、菠菜、西洋菜等。

（2）装饰配料。翻拌色拉的制作常加入一些装饰配料，如水果、蔬菜、果仁或芝士等，它们通常被加工成小巧精致的形状，撒在色拉菜上。常用的装饰配料有：

①蔬菜：几乎包括所有蔬菜，生的可以直接使用，或焯水或完全加工成熟后使用，常切成适中的大小和规则的形状。

②水果：柑橘类、苹果或梨、果干（如葡萄干）、加伦子或杏子。

③肉类和禽类：成熟的肉类、禽类，切成片或丁。

④芝士：硬芝士，如帕马森，擦碎；半软芝士，如切打，切丝或小片。

⑤水产品：鱼肉氽熟或扒熟，切丁或撕碎；熟的虾仁和鲜贝；成熟的龙虾或蟹肉，切片或丁，或剁碎。

⑥果仁：任何果仁均可，经烘烤、烟熏或糖渍后使用。

⑦面包丁：面包切丁后煎炸至金黄色。

（3）调味汁。不同的调味汁适用于不同的色拉菜（表9-1），选用调味汁的基本原则是：色拉菜质地越细嫩，味越柔和，调味汁应越清淡。油醋汁类调味汁一般要比蛋黄酱类调味汁清淡得多。所以，翻拌色拉尽管适用的调味汁种类很多，但以油醋类调味汁最适宜。有时也可撒入热的培根碎调味。

表9-1 调味汁与色拉菜的搭配

调 味 汁	色 拉 菜
油醋汁（蔬菜油与红葡萄酒醋）	一切色拉菜
油醋汁（果仁油与香脂酸）	质地细嫩的色拉菜
乳化油醋汁	一切色拉菜
蛋黄酱类调味汁（如蓝纹芝士）	质硬的色拉菜

2. 工艺流程

- 调制调味汁。
- 根据不同颜色、质地和滋味，选择合适的色拉菜。
- 洗净并沥干水分，分切或撕成片。
- 准备装饰配料。
- 将色拉菜、配料混合，浇入调味汁并翻拌均匀。
- 装盘并装饰（图9-4）。

图9-4 恺撒色拉

树莓油醋汁（Raspberry Vinaigrette）

配料：

红酒醋250毫升，柠檬汁1.5汤匙，干百里香草1/2汤匙，盐、胡椒粉少许，蒜蓉1/2汤匙，蜂蜜60克，树莓酱（去籽）125克，橄榄油175毫升，色拉油225毫升

制作步骤：

- 将柠檬汁、醋、百里香草、盐、胡椒粉和蒜蓉搅匀。
- 搅入树莓酱和蜂蜜。
- 慢慢搅入油。
- 冷藏待用。

树莓油醋汁生菜色拉
（Lettuce Salad with Raspberry Vinaigrette）（3 客）

配料：

什锦生菜叶 4 棵，新鲜香草叶 1 汤匙，树莓油醋汁 60 毫升

制作步骤：

● 生菜洗净并沥干水分。

● 与新鲜香草叶一起放入色拉碗，浇入调味汁拌匀。

（二）组合色拉

组合色拉（Composed Salads）一般有较考究的外观，通常是先用色拉菜垫底，上面再将其他材料拼摆成艺术造型，另配以调味汁。它一般有 4 个部分，即底垫、主体、装饰配料和调味汁（图 9-5）。

图9-5 厨师色拉

1. 组成部分

（1）底垫。即选用适当的色拉菜（通常用生菜）垫于色拉盘底，根据需要，色拉菜可呈杯状或平铺于盘底。

（2）主体。即主要原料，是色拉的主要部分，可以是生菜或其他色拉菜，或者是其他各种肉、禽、水产、果蔬等。

（3）装饰配料。装饰配料的使用是为了丰富色彩、质地和滋味，它可用考究的材料，如铁扒鸭胸片，也可用极简单的材料，如新鲜香草；可以是热的也可以是凉的。总之，其选用没有限制，但不管选用什么材料，都应该作为主体部分滋味的补足或平衡。

（4）调味汁。调味汁应当是作为味的补足，而不应掩盖主料的本味。对于组合色拉，调味汁一般是待色拉装盘后浇于其上。有时，色拉中的不同原料先分别拌汁，分别再装盘。在工作特别忙时，为了节省时间，可事先将色拉一份份准备好，

摆放在大托盘内，上桌前，将它们分别移至色拉盘中，淋上调味汁。

2. 工艺流程

- 将各种原料洗净，按需要进行分切、熟制、冷却。
- 根据需要将各种原料分别拌以调味汁。
- 将所有原料摆入色拉盘呈美观造型。
- 需热食的配料在食用前加热或熟制，然后放入色拉中。

尼哥斯色拉（Salad Nicoise）（3 客）

配料：

> 红酒醋 60 毫升，盐、胡椒粉少许，橄榄油 180 毫升，鲜紫苏叶（切细丝）
> 6 片，菊苣叶 1 棵，番茄 3 只，黄瓜 300 克，青豆 150 克，煮老蛋 3 只，朝
> 鲜蓟 3 只，生菜叶 6 片，青灯笼椒（切条）1 只，鲜吞拿鱼（扒熟后冷却）
> 300 克，尼哥斯橄榄 60 克

制作步骤：

- 用红酒醋、盐、胡椒粉、橄榄油和紫苏叶调制油醋汁。
- 菊苣叶洗净，番茄去蒂，切成番茄角（每只切 8 块），黄瓜去皮切片，青
  豆煮熟冲凉，熟鸡蛋去壳切角，朝鲜蓟煮熟，剥去外层叶片仅留芯部，每
  只等切为 4 块。
- 生菜叶垫于盘底，将其他原料分别整齐地排列其上，呈美观的造型。
- 上桌时，将油醋汁搅匀，浇于色拉上。

（三）黏合色拉

　　有创造力的厨师善于用各种成熟的肉、禽、水产、土豆、面食、谷物和豆类等
与调味汁混合，创制出各种各样的色拉。虽然混合的产物不尽相同，但因各种材料
均通过调味汁粘连在一起而被归为同一类，即是黏合色拉（Bound Salads），也就是
说每款色拉中的一种或多种原料均粘连成为一团。黏合剂多为稠厚的蛋黄酱类调味
汁（图9-6）。

　　用于制作黏合色拉的材料十分广泛，制作技术也较复杂。黏合色拉类似于组合

色拉，大体分 4 个部分，即底垫、主体、装饰配料和调味汁。调味汁的使用不同于组合色拉，通常是事先和主体拌和成团。

图9-6　华尔道夫色拉

1. 基本要求

（1）充分利用边角料制作，但要确保新鲜和质佳，以保证色拉的品质。

（2）选用那些风味能相互融合、相互补充的原料。

（3）原料色彩应和谐、悦目。

（4）为使色拉外形美观，所有原料应切成同等大小、同样形状，如果主料切丁，配料也应切丁，避免将切成丁、片、丝等不同形状的原料混合在一起做色拉。

（5）一般情况下，将原料切成小片，以便于用叉取食。

（6）确保所用的肉、禽、水产品等在使用前完全成熟，以免中毒、致病。

（7）熟制的原料应冷透后使用，温热的原料会促进细菌的生长繁殖，尤其是以蛋黄酱类调味汁拌制的色拉。

（8）应有节制地使用调味汁，调味汁应当增进色拉的滋味，而不应掩盖原料的本味。

黏合色拉可以用作组合色拉的主体，有些黏合色拉还可用作三明治的夹心，但一般不用作旁菜，如吞拿鱼色拉、鸡色拉等，有些黏合色拉可用作旁菜，但不能用作三明治夹心，如土豆色拉、意大利面食色拉等。

2. 工艺流程

● 各种原料熟制、分切。

● 调制调味汁。

● 将原料与调味汁混合均匀。

● 色拉菜垫底，将拌好的色拉装于其上，装饰点缀。

> **杜果酱鸡色拉（Chutney Chicken Salad）（4 客）**
>
> **配料：**
>
> 　　熟鸡肉 1 千克，芹菜 100 克，青葱 40 克，杜果酱 150 克，蛋黄酱 250 克，
> 无籽葡萄 150 克
>
> **制作步骤：**
>
> - ●鸡肉切大丁，芹菜切小丁，青葱切葱花，葡萄切成两半。
> - ●将鸡肉、芹菜、葱花、杜果酱、蛋黄酱一起拌和均匀。
> - ●倒入葡萄，轻轻拌匀。

（四）蔬菜色拉

1. 原理与要求

　　蔬菜色拉（Vegetable Salads）是用生或熟的蔬菜或是两者混合制成，常用于自助餐作头盘或用于色拉吧。与其他色拉一样，蔬菜色拉也必须将原料色彩、质地和风味成功地组合。尽管有些蔬菜色拉，如包菜色拉、胡萝卜葡萄干色拉是用蛋黄酱拌制，但大多数是用腌渍过的蔬菜制成或将蔬菜用油醋汁拌和制成。

　　几乎所有的蔬菜都能用来腌渍，浸泡时间视蔬菜质地和腌渍液的种类而定，但几个小时至隔夜已足够滋味的渗入。质软的蔬菜，如蘑菇、意大利黄瓜、黄瓜等，可直接浸入冷的腌渍液中；质硬的蔬菜，如胡萝卜、花菜，应先焯水、冲凉并沥干，然后泡入冷的腌渍液中。胡萝卜、朝鲜蓟、蘑菇、花菜、意大利黄瓜、珍珠洋葱等有时泡入加有柠檬汁和橄榄油的腌渍液中，用文火略煮片刻，冷透后食用，这种方法称为希腊式。

　　许多腌渍色拉往往在冰箱中冷藏几天，其外表、色泽和形态及其质地会发生变化，有些变化是期望的，而有些变化却是不理想的，例如，蘑菇、朝鲜蓟经过浸泡滋味越来越浓，但对于绿色蔬菜而言，其绿色却因酸的作用而退去了。因此，事先准备的腌渍色拉，在上桌食用前应仔细检查其外观及滋味。

2. 工艺流程

- ●选择并清洗蔬菜。

- 将蔬菜加工分切成所需形状。
- 视需要将蔬菜焯水或煮制。
- 将蔬菜浸入腌渍液或与调味汁拌和均匀。

番茄芦笋色拉

（ Tomato and Asparagus Salad with Fresh Mozzarella ）（ 3 客 ）

配料：

鲜芦笋 500 克，油醋汁 250 毫升，番茄 3 只，生菜叶 9 片，鲜马苏里拉芝士 150 克，鲜紫苏叶 6 片

制作步骤：

- 鲜芦笋焯水，冲凉后沥干，泡入 150 毫升油醋汁中约 15 分钟。
- 番茄去蒂，切成番茄角，每只切 6 块。
- 生菜叶洗净，马苏里拉芝士切成 9 片，紫苏叶切成细丝。
- 生菜叶垫盘底，将番茄、芝士和芦笋摆放于其上，浇上剩余的油醋汁，撒紫苏叶点缀。

（五）水果色拉

水果色拉（Fruit Salads）是完全选用水果与调味汁拌制而成的，它的制作简单易行，水果色拉常用于自助餐，也可用作晚餐的第一道菜。

水果色拉应尽可能在临近食用时制作，因为许多水果在分切后放置较长的时间会因水分的流失而变软，有些水果，如苹果、梨等表面会氧化变色。

1. 组成

（1）主体。可用于制作色拉的水果品种很多，但一般选用味甜、质脆、色彩鲜艳的水果，洗净去皮后切成同样大小的块。

（2）调味汁。水果色拉的调味汁通常是甜味的，一般用鲜果汁或果蓉加蜂蜜或酸奶调和均匀而成。

（3）其他调味料。其他调味料仅是一些果味甜酒，常用的有金万利（Grand Marnier）、薄荷酒（Crème de Menthe）等，待水果色拉装入色拉斗上桌前，将酒淋

于其上。

2. 工艺流程

- 选用合适的水果去核、去皮切成规则形状。
- 用果汁（果蓉）或酸奶等调制调味汁。
- 将水果与调味汁拌匀。
- 装入玻璃斗或色拉盘，淋上甜酒（图9-7）。

图9-7 水果色拉

热带水果色拉（Tropical Fruit Salad）（2 客）

配料：

  杧果肉 80 克，菠萝肉 80 克，木瓜肉 60 克，柚子肉 50 克，菠萝汁或柚子汁 30 毫升，酸奶 60 毫升，蜂蜜 10 毫升，青柠汁 1/2 汤匙，猕猴桃肉 1/2 只

制作步骤：

- 将杧果肉、菠萝肉、木瓜肉、柚子肉切成 1.5 厘米的丁。
- 与菠萝汁或柚子汁混合。
- 将酸奶、蜂蜜和青柠汁混合制成调味汁。
- 将水果装盘，浇上调味汁。
- 猕猴桃切片作点缀。

任务二　三明治制作

任务目标

  能合理选择和使用三明治的原料；能制作常用的三明治、汉堡、比萨。

  三明治是英文"Sandwich"的音译，又称"三文治"，旧时还称"三味吃"，实际上就是夹心面包。据说，它得名于美国独立战争时期一位英国海军大臣三明治伯

爵，他发明了这种"懒人食物"，不料却传遍了全球各地。三明治的制作简便易行，随心所欲，即使不懂烹调的人只要善于想象，灵活地选用食物原料，也能创制出诱人的三明治。

活动一 三明治构成与原料选择

三明治由面包、涂抹酱和夹心三大部分组成，这三部分应当仔细选择搭配，成品才富有风味、外观诱人。

（一）面包

面包（Bread）是三明治最基本的材料，它吸附涂抹酱，承载夹心，确定三明治的基本形状，丰富三明治的滋味、质地、营养、色彩，也决定三明治的总体外形。

食物健康与创新的理念使厨师们获得了充分的自由来创制各种三明治，而不再仅仅局限于两片普通的白吐司面包。事实上，几乎任何面包均可用于三明治的制作，包括小圆包、饼干、面包圈、牛角包、水果和果仁面包、全麦包、香料面包、薄饼、玉米饼等。

无论选用何种面包，其滋味只能是作为夹心的补充，而不能掩盖夹心的滋味。面包应当新鲜，其质地应当能阻止涂抹酱和夹心的水分渗入，过硬过松的面包将使三明治难以下咽。

（二）涂抹酱

涂抹酱（Spread）能为三明治增加滋味和湿度，甚至还有助于三明治各部分的黏合，有时涂抹酱尤其是黄油，也是一种自然屏障，可阻止夹心中的水分渗入面包内部。涂抹酱有三大基本种类，即黄油、蛋黄酱、蔬菜蓉。

黄油。黄油（Butter）是最常用的涂抹酱之一，它可丰富滋味，也是隔阻水分的屏障。风味黄油或混合黄油作为优良的涂抹酱，极大程度地丰富了成品的风味。制作三明治时，任何黄油涂抹酱都应当软化或搅软后使用，以便于涂抹。

蛋黄酱。蛋黄酱（Mayonnaise）也是较流行的涂抹酱，它可增加滋味和湿度，适应面广，适合与大多数的肉、禽、水产品、蔬菜、蛋、芝士类夹心搭配。与黄油一样，通过加入各种调味料，蛋黄酱滋味会更丰富诱人，而自制的蛋黄酱还可通过使用不同的油，如橄榄油、核桃油等，来改变其风味。

　　蔬菜蓉。蔬菜蓉（Vegetable Purée）也常用作三明治的涂抹酱，但不像黄油，蔬菜蓉不能起到阻止夹心中水分进入面包的屏障作用。

（三）夹心

　　夹心（Filling）是三明治的主体，它确定三明治的主要风味，一个三明治通常有几种夹心。冷三明治的夹心必须事先加热熟制并冷透后使用；而热三明治的夹心一般应即时加热熟制，趁热使用。常用的夹心有（表9–2）：

　　牛肉。事实上，汉堡包是典型的热牛肉夹心三明治。其他热或冷牛肉制品也很常用，例如，热或冷的小牛扒、大片牛柳、切片的烤牛肉等。热或冷的牛肉副制品也很流行，如腌牛肉、烟熏牛肉、牛舌及牛肉香肠，如色拉米肠、热狗肠等。

　　猪肉。各种火腿和培根使用相当普遍，热或冷均可。另外，猪里脊、外脊，质嫩味淡色白，适合与各种风味搭配，适用于多种烹调方法，烧烤猪肉、猪肉香肠和猪肉热狗肠都很常见。

　　禽肉。烤的或烟熏的火鸡胸片常用于冷或热三明治的制作，此外，人造火鸡制品因其脂肪含量低而越来越流行。鸡胸适合于许多制作方法，能与许多风味相配，且脂肪含量较低，因而也相当流行。

　　水产品。煎鱼柳是比较传统的用法，扒鱼三明治则越发受欢迎；罐装鱼制品，特别是吞拿鱼和三文鱼也被广泛使用。水产品，尤其是吞拿鱼、虾和蟹等常与蛋黄酱拌制成黏合色拉，用作夹心；沙丁鱼和鳗鱼虽然用得不多，但有时也制成黏合色拉作夹心或用作开口三明治的表面点缀。

　　蔬菜。蔬菜的使用为三明治增湿增味，增加营养。新鲜蔬菜，如生菜、洋葱、番茄、黄瓜等，通常与肉、芝士和其他夹心搭配使用，当然新鲜蔬菜也可单独用作夹心，腌渍的或扒制的蔬菜也用于冷热三明治的制作。

　　鸡蛋。煮老蛋，常剁碎后与其他材料加蛋黄酱拌制成色拉，也常切薄片用作开口三明治的表面装饰，煎蛋或熘糊蛋可夹于面包片之间而制成早餐三明治。

　　芝士。芝士有不同质地、风味、颜色和品种，几乎都可用作三明治的夹心。芝士片可用作冷热三明治的夹心；融化的芝士或芝士少司则常用来覆盖或浇于开口三明治表面；味佳的奶油芝士也用作涂抹酱或夹心，特别是用于面包圈和水果或果仁面包类三明治。

黏合色拉。富含蛋白质的黏合色拉是流行的三明治夹心，包括鸡肉、火鸡、海鲜、吞拿鱼、鸡蛋火腿色拉等。

表9-2 常用三明治夹心

类　别	举　例	类　别	举　例
牛肉类	烤牛肉薄片 汉堡肉饼 咸牛肉 薄牛扒	海鲜类	吞拿鱼（新鲜鱼排或罐头） 鱼柳 虾 龙虾 蟹 沙丁鱼
猪肉类	培根 烧烤猪肉 扒猪里脊 加拿大培根 火腿	芝士类	切打芝士 瑞士芝士 美国芝士 马苏里拉芝士 奶油芝士
香肠类	意大利肠 法兰克福肠（热狗肠） 午餐肉肠	黏合色拉	鸡色拉 海鲜色拉 吞拿鱼色拉 火鸡色拉 火腿色拉 鸡蛋色拉
禽肉类	鸡胸 火鸡胸	蔬菜与水果	生菜 番茄 黄瓜 红洋葱 豆芽 花生酱 果冻、果酱、烩水果

活动二　三明治的分类与制作

（一）三明治制作的基本准备工作

原料制备。所有原料应当清洁或熟制、混合、切片，并事先准备就绪，以便于上桌前组合拼装。

原料存放。三明治原料应存放在便于取用的工作区域内。冷食必须一直放于冰箱内，肉片、芝士片和蔬菜片必须包上保鲜膜以防干燥或污染，许多原料可事先按重量或数量分成一份份，用保鲜膜按份包好存放。

设备用具的选用。用于制作三明治的设备包括刨片机、扒炉、炸炉、面火焗炉、吐司炉、三明治吧等，基本的手工工具有抹刀、厨刀、锯刀、砧板等，工具应当齐备，确保生产效率，避免延误上桌时间。

（二）三明治的种类与制作

根据夹心的夹入方式和成品展示方式的不同，三明治有热、冷，封口式、开口式之分。

1. 热三明治

（1）热封口式三明治。这类三明治包括热夹心类（如汉堡包和热狗）和成形后整体加热类（如扒芝士三明治）。其又可分为基本、铁扒和油炸三种。

① 基本类。这类三明治的制作是将热夹心夹入两片面包之间，当然也常常配冷夹心，如番茄片、生菜叶。墨西哥的塔可（Tacos）等则可认为是此类三明治的变化形式。

汉堡包（Hamburger）（4 客）

配料：

　　绞牛肉 480 克，蒜蓉 1 瓣，新鲜番茜碎 2 汤匙，汉堡面包 4 只，波士顿生菜叶 4 片，番茄片 4 片，酸泡菜 40 克，盐适量，胡椒粉适量

制作步骤：

● 将绞牛肉、蒜蓉、番茜、盐、胡椒粉混合均匀，分成 4 等份，搓成球形，再压扁成汉堡牛扒。

● 扒至需要的成熟度。

● 同时将汉堡面包平批为二，切面抹黄油朝下扒黄。

● 取汉堡面包底，黄油面向上，依次放生菜叶、番茄片、汉堡牛扒、酸泡菜。

● 装盘，将面包上一半斜靠其上。

---

②铁扒类。这类三明治的制作是将夹心夹入两片面包之间，然后整个置于平扒炉或平底煎锅将表面扒黄，夹心在扒制过程中变热，但是如果夹心是培根或肉片，则应熟制后夹入，再扒制。

扒火腿芝士三明治（Grilled Ham and Cheese Sandwich）（1 客）

配料：

　　吐司面包片 2 片，黄油 20 克，火腿 1 片，芝士 1 片

制作步骤：

- ●分别在每片面包的一面涂抹黄油。
- ●两片面包间夹入火腿和芝士。
- ●上平扒炉扒至两面金黄且芝士融化。
- ●切去边皮，沿对角线对切为二。

---

③油炸类。这类三明治的制作是将成形后的三明治挂上蛋糊或裹上面包粉后炸黄炸热。最典型的例子就是蒙特克里斯多三明治，就是在白吐司面包片之间夹入火腿、瑞士芝士和第戎芥末酱。

蒙特克里斯多三明治（Monte Cristo Sandwich）（1 客）

配料：

　　白吐司面包 2 片，黄油（软化）适量，熟火鸡胸片 30 克，火腿片 2 片，瑞士芝士 1 片，鸡蛋 1 只，牛奶 30 毫升

制作步骤：

- ●分别在每片面包的一面涂抹黄油。
- ●取一片面包（有黄油面朝上），依次放上火鸡胸、火腿、芝士。
- ●将另一片面包（有黄油面朝下）盖上。
- ●将鸡蛋和牛奶混合均匀，将成形的三明治沾取蛋液，待蛋液渗入面包。
- ●以 190℃的油温将其炸黄炸熟，取出沥油，沿对角线分切 4 块。

（2）热开口式三明治。开口火鸡或牛扒三明治很久以前就已出现，这种三明治

的制作是将面包（扒、烤或新鲜的）放入餐盘，上面盖上热的肉或其他夹心，再浇上适当的少司或盖上芝士。食用前通常进面火焗炉将表面烘黄，旁边伴以调味料和装饰配料。

牛扒芝士三明治 Steak and Cheese Sandwich（1 客）

配料：

牛柳 150 克，吐司面包 2 片，马苏里拉芝士片 2 片，洋葱圈 4 只，青椒圈 2 只，红椒圈 2 只，软黄油 20 克，黑胡椒碎适量，盐适量

制作步骤：

- 在每片面包的一面抹黄油。
- 牛柳分切 2 等份，拍成薄牛排，撒盐、胡椒碎。用旺火煎至半熟，分别放在 2 片面包上。
- 然后分别放上芝士片、2 只洋葱圈和青、红椒圈各 1 只。
- 立即送入面火焗炉，焗黄后取出，装盘。

其实，比萨也是一种热开口式三明治，即将面包面团擀成圆饼状，涂抹上比萨专用少司，撒上芝士、肉和蔬菜等，进烤炉烤熟（图 9-8）。

比萨，"pizza"的音译名，起源于意大利的那不勒斯，现流行于世界各地。比萨的成熟方法是烘烤，烘烤的形式也是多种多样，在餐厅里，多用热源来自顶部的砖石烤炉、电力层烤炉、履带式烤炉，高档一点的餐厅，则用炭火耐火砖烤炉。许多西方家庭中，常将比萨放在比萨石上放入层烤炉烘烤，以获得砖石烤炉的效果。比萨的组成：

图9-8 比萨

①饼底。饼底（Crust）有两种基本类型。一种是薄饼，用手抛方式成形，这类饼底做成的比萨也称手抛比萨或罗马比萨；另一种是厚饼，用这类饼底做的比萨通常放在比萨盘里烘烤，也称为盘烤比萨或芝加哥比萨。

②比萨酱。比萨酱（Pizza Sauce）是用洋葱、蒜蓉、新鲜番茄等材料调制成的番茄酱，当然少不了被称为"比萨草"的奥里根奴香草（oregano）。

③芝士。最流行的芝士是马苏里拉（Mozzarella）、波伏罗尼（Provolone）、切打（Cheddar）和帕马森（Parmesan）。罗马诺（Romano）和丽可塔（Ricotta）则常用来撒面，而专为比萨定制的混合芝士则用于比萨的大批量生产。混合芝士的使用，为比萨创造出更好的品质，有上好的色泽，又有融化性、延展性和湿润度。

④馅料及顶部装饰。几乎任何原料都可以用作比萨的馅料或顶部装饰（Toppings），常见的有：鳀鱼柳、培根、牛肉末、蘑菇、橄榄、洋葱、香肠、辣椒、海鲜、风干番茄、番茄、蔬菜等。

南太平洋比萨（South Pacific Pizza）

配料：

橄榄油适量，比萨面团150克，番茄少司20克，火腿（切丁）50克，菠萝（切丁）50克，马苏里拉芝士（擦碎）90克

制作步骤：

● 比萨盘刷油。

● 面团擀成圆形，略大于比萨盘，铺入盘内，刷油后，涂上番茄少司。

● 撒入火腿和菠萝，再撒上芝士，送入200℃烤炉烤黄烤熟。

比萨面团

配料：

水480毫升，速溶干酵母30毫升，高筋粉840克，盐2茶匙，橄榄油60毫升，蜂蜜30毫升

制作步骤：

● 将所有原料一起混合并搅打成光滑的面团，待其醒发30分钟。

● 挤出气体，按需分切成小团，用保鲜纸包好，入冰箱速冻待用。

---

2. 冷三明治

冷三明治（Cold Sandwiches）就是冷食的三明治。它是用生的原料，如蔬菜和芝士，或事先熟制并冷却的肉、水产等原料作为夹心，冷三明治也有封口和开口之分。

（1）冷封口式三明治。它包含两片或多片面包、一种或多种夹心和一种或多种涂抹酱，通常用手抓食，有基本、多层和茶用3种。

①基本类。这种三明治用两片面包或一只剖开的圆形面包和一种或多种夹心制成，例如吞拿鱼三明治或意大利潜水艇三明治。

吞拿鱼三明治（Tuna Sandwich）（1 客）

配料：

　　吐司面包片2片，黄油20克，洗净生菜叶1片，罐装吞拿鱼80克，苹果粒10克，西芹粒10克，蛋黄酱20克

制作步骤：

- 分别在每片面包的一面涂抹黄油。
- 将吞拿鱼、苹果、西芹、蛋黄酱拌匀，即成吞拿鱼色拉。
- 取一片面包（有黄油面朝上），依次放上生菜、吞拿鱼色拉，抹平。
- 将另一片面包（有黄油面朝下）盖上。
- 切去边皮，沿对角线对切为二。

---

②多层类。这种三明治用三片或多片面包，一种或多种涂抹酱和两种或多种夹心制成，公司三明治便是典型的多层三明治。

公司三明治（Club Sandwich）（1 客）

配料：

　　吐司面包片（烘黄）3片，蛋黄酱适量，生菜叶2片，番茄片2片，培根（煎熟）3片，熟火鸡胸片90克

制作步骤：

- 每片面包抹上蛋黄酱（仅一面）。
- 取一片面包（抹蛋黄酱一面朝上），铺上生菜、番茄和培根。
- 放上第二片面包，铺上生菜、番茄和火鸡。
- 放上第三片面包（抹蛋黄酱一面朝下）。
- 插上牙签，切去边皮，沿对角线等切为四份。

---

③茶用类。起源于英国，用作下午茶的小吃。这种三明治造型精致小巧，用质地轻软的面包、滋味柔和的夹心和涂抹酱制成，通常切成钻石形、圆形、椭圆形、三角形、风车形、手指形等。

烟三文鱼三明治（茶用）

（Smoked Salmon–Wasabi Tea Sandwich）（8 客）

配料：

薄吐司面包片 4 片，青芥末酱 1/4 汤匙，奶油芝士 80 克，烟熏三文鱼薄片 180 克

制作步骤：

- 用擀面杖将面包片擀压紧。
- 将青芥末酱与奶油芝士混合均匀。
- 每片面包涂抹青芥奶油芝士（仅一面）。
- 取 4 片面包，抹有酱的一面向上，均匀铺上三文鱼片。
- 将剩余 4 片面包盖上（有涂抹酱的一面向下）。
- 切掉边皮，然后沿对角线切成四等份。

（2）冷开口式三明治。它实际上是大型的开拿批（见下一模块），最常见的是开口挪威三明治。和开拿批一样，制作时应更注重其外观。单片面包上抹上涂抹酱，铺上肉、禽、鱼或一薄层黏合色拉，再小心地摆上点缀配料，如煮鸡蛋、新鲜香草、泡菜、洋葱和洋花萝卜等。

（三）三明治的成形与装盘

三明治尤其是冷封口三明治，通常切成二等份、三等份、四等份（图9-9），分切后的三明治便于顾客取食，且外观更具吸引力，增加了装盘的立体感，展现了夹心的丰富色彩和层次。热封口三明治，如汉堡包，则常开口装盘，调味料（如芥末和蛋黄酱）和装饰配料（如番茄片、洋葱圈和生菜等）裸露在外，这样装盘展示更具诱惑力。

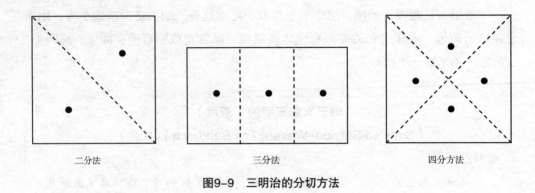

图9-9 三明治的分切方法

（四）三明治的配菜

三明治可单独食用，也常配以色拉或淀粉类配菜，薯片或薯条是最为常见的标准配菜，可能是因为它们与三明治一样，同属于手抓食物且质地松脆；黏合色拉，如土豆色拉、通心粉色拉，也是常用淀粉类配菜；包菜色拉、水果色拉或小份什锦青色拉是传统的三明治的旁菜。标准分量的汤和三明治的组合——半份三明治和一盅汤，一直是流行午餐的选择。

三明治的由来

关于三明治的故事要追溯到18世纪的英国。三明治，原是英国一港口名，这里有位伯爵名叫约翰·蒙塔古（John Montague），被称为三明治伯爵四世。他曾任英军上校、海军大臣，曾资助库克船长发现了南太平洋上的一小群岛屿，因此取名三明治群岛，也就是今天大家熟知的夏威夷群岛。

据说，约翰·蒙塔古是当今三明治的发明者。三明治便是得名于他的头衔。一说，他有玩牌赌博的嗜好，为了不因为吃饭而离开牌桌，就让他的仆人将烤肉夹在2片面包之间送到牌桌旁，这样，他就一只手抓着吃，另一只手握牌，又不会弄脏牌。另一说，他是个大忙人，他让仆人把肉夹在2片面包之间，如此，就可以边进餐边工作了。

任务三　冷肉制品制作

任 务 目 标　　　　　　　　　　　　　　　　　　　　　　　　　　　　》

能调制常用肉酱；能运用常用肉酱制作特林、肉批、加伦丁；制作基本盐腌、卤泡、烟熏制品。

活动一　肉酱及其制品的制作

肉酱（Forcemeat）是生的肉、禽、水产等原料搅打成泥后调味，并与脂肪乳化的产品，它是制作肉批、特林、加伦丁和香肠的基本材料。由于加工方法不同，其质地可以从细腻到粗糙，由此也有不同的用途，但不管下一步作何使用，肉酱成品生时都应表面光润，而熟制后都应切片食用。

肉酱是乳化制品，乳化是将两种原本不相溶的原料相互融合于一体的过程，肉、禽、水产等原料与脂肪和液体混合一体，其中的蛋白质扮演了促使脂肪和液体融合为一体的稳定剂角色。当乳化不当的肉酱熟制时，脂肪将分离出来，使成品萎缩、变干、起沙，为使肉酱恰当乳化，应做到：原料必须新鲜质佳；脂肪与其他材料的比例必须恰当；各原料温度不得高于 4℃；混合方法必须恰当。

（一）肉酱原料

肉酱通常是用肉、禽、水产等与黏合剂、调味料和装饰配料混合而成的，各种材料必须质量最佳，投入比例应当正确。

1. 肉类

肉酱有时会用几种肉混制，分量最多的称为主成分肉，它确定肉酱的名称和基本滋味。主成分肉，不只是牛肉、小牛肉、羊肉、猪肉，还可以是家禽、野味、水产品。在加工处理各种肉时，应去尽表皮、筋络、骨头（包括软骨），以便于绞烂成泥，从而得到细滑的产品。许多肉酱制作时常加入猪肉，猪肉将增进制品的湿度和细滑度。如果没有猪肉，禽类肉酱将会老韧如橡胶，而野味类肉酱将变得干燥，一般猪肉的用量为主成分肉的二分之一。许多肉酱加入动物肝，猪肝、鸡肝较为常用，肝不仅增进了滋味，也增加了肉酱的黏合力。为使肉酱质地更细腻，肝应当先搅烂成泥并过筛，然后再混入肉酱。

2. 脂肪

此处脂肪（Fats）是指独立取用的，并非指含于肉中的脂肪。肉类应当是净瘦肉，不含有脂肪，这样才能确保脂肪与肉的比例精确。实践中，通常使用猪肥膘或厚奶油，以增加肉酱的湿度和滋味。

3. 黏合剂

（1）巴拿大。巴拿大（Panada）是加入肉酱的一种黏合材料，通常是指牛奶面包糊（白色面包去皮后用牛奶泡烂）、厚贝夏梅尔少司、米饭。它可以增进肉酱的细滑程度，也可促进乳化作用，它的使用量一般不得超过肉酱总量的20%。

（2）鸡蛋。鸡蛋或蛋清用作某些肉酱的基本黏合剂，一方面可以增强乳化作用，另一方面因其凝固作用将有助于肉酱的黏合。特别是用于肝酱或液体用量较多的肉酱中，将大大改善制品的质地。

4. 调味料

肉酱的调味料一般有盐、香草、香料、酒、硝、柑橘类水果皮屑、辣椒粉等。盐不仅起调味作用，还可以增强乳化作用。硝的主要成分为亚硝酸钠，它能抑制细菌的生长繁殖，同时还可改善制品的颜色，使其呈诱人的粉红色，但应严格控制其用量，因为它有致癌的危险。

用于制肉批的肉酱通常要加入"肉批香料"，它是多种香草和香料的混合物。

肉批香料（Pâté Spice）

配料：

　　丁香60克，干生姜60克，豆蔻粉60克，甜红椒粉60克，干紫苏叶40克，
　　黑胡椒粉40克，白胡椒粉40克，干百里香草40克，干牛至草20克，香叶
　　20克

制作步骤：

　　将上述香料和香草混合后碾磨过筛即成。

---

5. 装饰配料

　　肉酱的装饰配料（Garnishes）一般是指用于丰富滋味、改变质地、增进美观的材料。其用量少，通常切丁或剁碎使用，常用的装饰配料有肉、水产、蔬菜及青果仁、肥膘、黑菌、火腿、舌头等。

（二）制作肉酱的工具

　　肉酱的制作，应当配备多功能食品加工机、不锈钢滤筛及附件齐全包括大、中、小孔滤模的绞肉机（图9-10）等。

（三）肉酱的制作

1. 基本要求

图9-10　大、中、小孔滤模

　　（1）卫生要求。制作肉酱所用的肉、肝、蛋和乳制品等未经加热熟制，是细菌的良好培养基，为避免病菌的感染及生长繁殖，制作过程中应当严格控制温度，工具和食物保持干净整洁。

　　（2）温度要求。为确保乳化作用的效果，肉酱必须始终保持在4℃以下，因此，各种原料应当事先保存在冰箱中，各种工具及设备的主要配件也应当事先置冰箱中冷透。

　　（3）料形要求。各种食物原料应当切成合适的大小和形状，以便于粉碎绞烂。

（4）过筛要求。为使成品细腻，肉酱一般用不锈钢滤筛过滤，去除筋络或疙瘩等。

2. 肉酱的种类及其制作

（1）乡村式肉酱。传统的乡村式肉酱（Country-Style Forcemeats）使用洋葱、蒜头、胡椒粉、杜松子和香叶调味，因而其滋味较强烈，主要用于特色肉批和香肠的制作。工艺流程：

- 彻底冷却各种原料和工具，整个过程温度应当保持在 4℃以下。
- 将肉切成适当的大小、形状。
- 主成分和猪肉加入香料、香草和酒等，入冰箱腌渍。
- 如需加肝，则先绞烂成泥后过筛。
- 将肥膘切成适当的大小形状并冷却。
- 准备好盛装肉酱的容器，底下垫冰水。将主成分肉、猪肉、肥膘上绞肉机绞制成泥（通常第一次通过大孔滤模，第二次通过中孔滤模）。
- 如使用肝、鸡蛋、巴拿大或装饰配料，手工拌入，切记容器始终垫在冰水中。
- 取少许加热成熟后尝味，按需要进一步调味。
- 存放于冰箱中待用。

乡村式肉酱

配料：

瘦猪肉（切丁）450 克，肉批香料 1 汤匙，盐、胡椒粉少许，白兰地 30 毫升，猪肝（切丁）200 克，肥膘（切丁）200 克，洋葱（切小丁）40 克，蒜泥 1/2 汤匙，鲜番茜（剁碎）1.5 汤匙，鸡蛋 3 只

制作步骤：

- 猪肉加香料、盐、胡椒粉、白兰地混合，送入冰箱腌渍几小时。
- 猪肝绞烂后过筛，放冰箱待用。
- 将猪肉和肥膘绞制（通过大孔滤模），取一半与洋葱、蒜头和番茜一起再绞一次（通过中孔滤模），再二者混合在一起（垫冰水操作）。
- 加入肝、鸡蛋混合均匀。
- 取少许肉酱熟制后试味，根据需要调味。

（2）基本肉酱。基本肉酱（Basic Forcemeats）的质地要比乡村式肉酱细腻，其用途也最广泛。它应当充分调味，但又不能掩盖主成分肉的滋味。主要用于野味肉批、特林和松酥肉批的制作。

肉和肥膘一般分开绞制，肉绞二次，肥膘绞一次，然后二者混合（通过手工或食品加工机）。另有一种较快捷的方法是把肥膘和肉一起绞制，再放入食品加工机中搅合。无论采用哪种方法，在绞制过程中都需要加入少量碎冰，以降低摩擦产生的热量，起到降温、增湿的作用。工艺流程：

- 前面 5 个步骤参见"乡村式肉酱"。
- 将肉绞两次，第一次通过大孔滤模，第二次通过中孔滤模，然后保存在垫于冰水中的容器。
- 将冷却的肥膘绞一次（通过中孔滤模）。
- 将肥膘混入垫于冰水中的肉中，或用冷透的食品加工机混合。
- 根据需要，加入鸡蛋、巴拿大和装饰配料，拌匀（垫冰水中）。
- 取少许肉酱放基础汤或水中氽熟试味，根据需要调味，入冰箱保存待用。

另一种便捷方法，开始 5 个步骤同上，接下来 4 步骤作了改变：

- 将肉和肥膘一起绞两次。
- 倒入食品加工机搅合。
- 根据需要，加入鸡蛋或巴拿大，搅匀（在食品加工机上进行）。
- 将肉酱倒入垫于冰水中的容器，手工拌入装饰配料。

基本肉酱

配料：

小牛肉（切丁）600 克，瘦猪肉（切丁）600 克，白兰地 50 毫升，肉批香料 2 茶匙，盐、白胡椒粉少许，肥膘（切丁）600 克，鸡蛋 3 只，火腿（切中丁）100 克，青果仁 50 克，黑橄榄（切粒）50 克

制作步骤：

- 小牛肉、猪肉加白兰地、肉批香料、盐和白胡椒粉混合，入冰箱腌渍数小时。
- 将肉绞制两次（第一次用大孔滤模，第二次用小孔滤模）。
- 将肥膘绞一次（用小孔滤模）。

- ●将肉、肥膘用食品加工机搅合至乳化。
- ●加鸡蛋搅匀。
- ●拌入火腿、青果仁、黑橄榄。
- ●取少许氽或煎熟后试味，并调味。

（3）莫司林肉酱。莫司林肉酱（Mousseline Forcemeats）应当质地轻细、滋味清淡，含有空气，最常用的原料是水产品，有时也用小牛肉、猪肉、家禽或野禽。它是将绞肉和奶油放入食品加工机中搅合而成，通过加入蛋清、奶油，使其质地轻柔细滑。主成分肉和蛋清、奶油的用量比例相当重要，蛋清太多，肉酱就会老韧如橡胶，蛋清太少，肉酱则不能黏合为一体；奶油太多，肉酱就会太软或松散。

莫司林肉酱成品冷、热食用均可，它可用于制作鱼肉香肠和特林等。工艺流程：
- ●将各种原料和工具充分冷却，温度保持在4℃以下。
- ●将肉切成适当大小。
- ●放入食品加工机搅打至细滑状，注意不要搅打过度。
- ●加入蛋清搅打均匀。
- ●边搅边匀速加入奶油和调味料（在此过程中，停下机器一两次，将容器壁上的肉酱刮下，当肉酱已达所需光滑细腻程度，停止操作）。
- ●将肉酱过筛，去除筋络等。
- ●垫于冰水中，手工拌入装饰配料。
- ●取少许肉酱放入汤或水中氽熟，视需要调味。
- ●入冰箱待用。

莫司林肉酱

配料：

　　鱼、鲜贝、净鸡胸肉或小牛肉900克，蛋清4只，盐、白胡椒粉少许，豆蔻粉少许，辣椒粉少许，厚奶油1升

制作步骤：

- ●将主成分肉绞制（用大孔滤模）。
- ●放入食品加工机搅打至细滑程度。

- 加入蛋清搅匀。

- 将容器壁上的肉酱刮下，加入香料。

- 边搅打边匀速加入奶油，直至肉酱细腻光滑。

- 倒入垫有冰水的容器中（视需要过筛）。

- 取少许汆熟试味，并调味。

（四）肉酱的应用

肉酱一般用作特林、肉批、加伦丁和香肠等食物的基本材料，当然，这些食物的制作不可缺少啫喱冻（表9-3）。

表9-3　啫喱冻的配制

软硬度	明胶用量（克/升水）	用　　　途
软	15	切丁后作装饰等
较　硬	30	刷于切片的肉批或加伦丁；可食展示品的上光；特林的定型
硬	60	不食用（不食用的展示品的表面装饰或盘底部装饰）

1. 特林、肉批和加伦丁

传统肉批是将美味的肉酱包入油酥面皮烤熟而成，冷热食用均可。传统的特林则是将调好味的肉酱装入陶瓷模具内烤熟而成，只有冷食。现今，许多肉批是装在面包模具内烤制而不用油酥面皮，它实际上就是传统的特林，而包裹面皮烘烤的则称为酥批（Pâté en Crôute）。因此，现在肉批和特林几乎是同种的食物。加伦丁是将肉酱（通常用家禽、野味或乳猪制得）包或卷入家禽（或动物）的表皮中，再放入基础汤内汆熟而成。

特林、肉批和加伦丁制作通常是用肉酱作为基本材料，而肉酱中常加有装饰配料。成品切片后将见到其镶嵌于截面，起到装饰作用。用作装饰配料的材料很广泛，通常有火腿条、肥膘、舌头、蘑菇、黑菌、青果仁，装饰配料一般应熟制后加入肉酱，否则会在加热过程中收缩，而使成品产生孔洞。

（1）特林。法文"Terrine"的音译，又称"肉冻"，它是将肉酱直接装入模具中烘制而成的，模具一般是陶瓷材料的，也可以是金属的或玻璃的。任何肉酱都能用于制作特林。有些特林并非用传统肉酱制作，甚至有些根本不用任何肉酱，但也称作特林，是因为它们均装入陶瓷的特林模中定形并熟制，它们包括肝酱特林、蔬菜特林、鱼或虾特林、莫司、胶冻等。特林的工艺流程：

- 准备所需要的肉酱和装饰配料，保存于冰箱中待用。
- 在特林模内先铺上薄肥膘片或焯水的菜叶（拼接处应稍微重叠不留缝隙）。
- 装入肉酱和装饰配料，轻轻掼几下，以免留有气孔，并使表面平整。
- 用余留在模具外的肥膘或菜叶，将肉酱包裹起来。
- 表面放香草或香料。
- 模具加盖或用锡纸包起来，放入盛有水的烤盘，送入 180℃烤炉烘烤。
- 烘烤至特林内部达到合适的温度（肉类肉酱 66℃，鱼或蔬菜类肉酱 60℃）即可。
- 取出后稍冷却，滗去其中的油脂和液体，注入冷的嗜喱水。

猪肝冻（Liver Terrine）

配料：

猪肝 1200 克，猪肥膘（切丁）700 克，洋葱（切丁）360 克，鸡蛋 4 只，盐 2 汤匙，青胡椒籽 1 茶匙，牙买加胡椒籽 1 茶匙，丁香粉 1/2 茶匙，生姜粉 1/2 茶匙，奶油少司 500 毫升，棕色基础汤（牛仔）360 毫升，猪肥膘片适量

制作步骤：

- 将猪肝剔净筋络，切丁。与猪肥膘丁一起上绞肉机（细孔滤模）绞一次。
- 再与洋葱一起绞一次。
- 将鸡蛋、盐、青胡椒、牙买加胡椒、丁香、生姜搅打均匀。
- 将奶油少司和基础汤混合，加入鸡蛋混合均匀。
- 再与猪肝混合物搅打均匀，即成肉酱。
- 取模具（30 厘米×10 厘米×7.5 厘米）2 只，垫上肥膘片（要长出模具几厘米），装入肉酱，再将长出的肥膘片盖上。

●盖上盖子或锡箔，放入烤盘，烤盘内加水，送入 180℃的烤箱，烘烤至中心温度为 66℃，约 1.5 小时，取出待用。

（2）酥批。酥批又称"肉酱馅饼"，是将肉酱包入油酥面皮中烤制而成。乡村式肉酱、基本肉酱或莫司林肉酱均可使用，但基本肉酱最为常用，虽然酥批可不用模具烘烤，但模具将使成品更具有美观的造型。肉酱和面团准备完毕后，接下来就是酥批的组合和烘烤，肉酱及面团的用量取决于模具的大小。酥批的工艺流程：

●准备肉酱和面团，置冰箱待用。

●将面团擀压成 3 毫米厚的长方形面皮。

●根据模具大小，将面皮切成两片，一片用于垫底，一片用作盖。

●模具内刷油，将作底的一片面皮垫入，边角处压实压平。

●将面皮边缘修切整齐（注意留出约 2 厘米边），再垫入薄的肥膘片，以防止肉酱中的水分渗入面皮。

●装入肉酱和装饰配料，轻掼几下，以使肉酱填满角落，避免留有气孔。

●将余留在外的肥膘包盖在肉酱顶部，再将另一片面皮盖上，边缘与垫底面皮粘连压紧。

●在顶部面皮上刻两个小洞（便于烘烤过程中释放蒸汽），表面刷上蛋液。

●送入 180℃的烤炉烤至内部达到合适的温度（肉酱 66℃，鱼和蔬菜酱 60℃）出炉。

●冷却 1 小时后，用漏斗将啫喱液从洞口灌入，注满烘烤时因收缩留出的空隙，冷透后切片。

兔肉酥批（Rabbit Pâté en Crôute）

配料：

兔肉（切丁）2000 克，猪臀肉（切丁）900 克

腌泡料（肉批香料 2 汤匙，橙皮屑 4 汤匙，青柠皮屑 2 汤匙，白兰地 240 毫升，新鲜百里香 1 束，杜松子 12 粒，盐、胡椒粉适量），猪肥膘（切丁）900 克，鸡蛋 8 只，青果仁（粗碎）500 克，火腿丁 360 克，黑橄榄（粗碎）120 克，兔柳（煎黄）8 条，兔肝（煎黄）12 只，酥批面团 1400 克，猪肥膘适量

制作步骤：

- 将兔肉、猪肉、腌泡料混合，腌渍数小时或过夜。同时，肥膘丁冷藏。
- 将百里香、杜松子拣出，将腌过的肉连同剩下的腌泡料一起上冷却的绞肉机绞两次，第一次用大孔模，第二次用中孔模，绞好的肉垫冰水保存。
- 将猪肥膘丁用绞肉机绞一次（中孔滤模），然后加入绞肉中。
- 再放入冷却过的多功能食品加工机里，快速搅打至乳化上劲。
- 加鸡蛋，打匀。
- 拌入青果仁、火腿和橄榄。
- 然后按照上述酥批的组合和烘烤步骤完成制作。

酥批面团

配料：

普通面粉 900 克，起酥黄油 400 克，盐 3 茶匙，水 300 毫升，鸡蛋 2 只

制作步骤：

- 将面粉、起酥黄油一起上搅拌机以慢速搅拌均匀。
- 盐、水、鸡蛋混合后倒入。
- 搅成光滑的面团，放冰箱待用（最好放置 1 小时以上，这样容易擀压）。

（3）加伦丁。加伦丁，法文"Galantine"的音译，传统的加伦丁是指去骨后填入鸡肉类肉酱并保持原形的整鸡，故又称"冷鸡卷"。但现在其内涵已扩展，虽然主要还是用整只鸡和鸭制作，但也可使用野味、小牛肉或水产品。通常情况下是将肉酱填入整片的动物表皮，有时表皮带有肉；若没有表皮或使用无皮的水产品制作时，则将肉酱包入纱布或塑料保鲜膜，最后卷入锡纸中，然后氽熟。加伦丁只作冷菜，常常切片后刷上啫喱液，常用于自助餐。加伦丁（家禽类）的工艺流程：

- 用净禽肉制作肉酱，放冰箱待用。
- 光禽沿脊骨将皮剖开，去掉骨架，肉保留在皮上。
- 去掉中翅及翅尖，沿翅根和腿内的骨头将皮肉剖开，剔去骨头。
- 皮朝下展开（下铺保鲜膜），扯掉筋腱，剔净软骨，用刀排几遍。

- 将肉酱和装饰配料沿其中线堆放成圆柱形。
- 拉住保鲜膜一端将其卷紧，两端扎牢，用锡纸卷紧。
- 放入基础汤中氽熟（肉酱66℃，鱼或蔬菜酱60℃即可）。
- 保留在汤中至冷透，揭去锡纸、保鲜膜，再用干净保鲜膜包好送冰箱保存（隔夜）。
- 切片后刷啫喱水。

2. 香肠

香肠（Sausage）是将肉酱装入肠衣而制成的，几个世纪以来，香肠用肉酱通常使用绞猪肉。现今，香肠不只使用猪肉制作，还使用野味、牛肉、小牛肉、家禽、水产品，甚至用蔬菜。

（1）香肠主要有三大类型。

①新鲜香肠。选用新鲜原料而非腌或熏制的原料制作，包括早餐肠系列和意大利香肠。

②烟熏和熟制香肠。选用生肉制作，加化学防腐剂（通常是硝），最后需烟熏或加热成熟，例如热狗肠。

③干或硬质香肠。选用腌肉制作，然后在可控制的条件下风干，干香肠可以是烟熏或熟制的，例如色拉米肠（Salami）。

（2）香肠的原料。

①肉馅。实际上是具有独特风味的肉酱，例如：质粗的意大利香肠和羊肉香肠，选用没有肝的乡村肉酱制作；热狗肠，则用基础肉酱制作。

②肠衣。a. 天然肠衣。选自猪、羊或牛肠的某部分，猪肠衣最流行，羊肠衣则被认为是质量最好的小型肠衣，猪或羊肠衣用于制作热狗肠和许多猪肉香肠，牛肠衣很大因而用于大型香肠的制作，如波兰香肠。大多数天然肠衣购进时裹满了盐，为除去盐及污物，必须小心地在温水中漂洗，再用冷水浸泡数小时或整个晚上。b. 生胶质肠衣。用牛皮提炼出的生胶质加工而成，滋味和质地一般不如天然肠衣，但也有其优点，生胶质肠衣使用前不需漂洗和浸泡，而且大小一致，粗细均匀。

（3）制作香肠的设备。主要设备有灌肠机、带灌嘴的香肠搅拌机。若批量生产，最好选用灌肠机，香肠搅拌机的灌嘴应当大小齐全，以适合不同大小的肠衣。

（4）香肠的工艺流程

●制作肉酱。

●彻底冷却灌肠机上有机会接触肉酱的所有部件。

●漂洗和浸泡肠衣（若使用天然肠衣），切成 1 ~ 2 米长的段。

●将香肠肉酱装入灌肠机。

●肠衣整个套在灌肠机嘴上，上端扎紧，用针扎孔放气。

●随着肉酱挤入肠衣，引导肠衣渐渐从嘴上滑下。

●根据需要，将香肠扭成一段段，呈链状。

意大利香肠（Spicy Italian Sausage）

配料：

> 猪臀肉 1100 克，盐 3/4 汤匙，黑胡椒粉 3/4 茶匙，茴香籽 3/4 茶匙，甜红椒粉 1/2 汤匙，红胡椒碎 3/4 茶匙，香菜末 1/2 茶匙，冷水 125 毫升，肠衣适量

制作步骤：

> ●将猪肉切成块。
>
> ●将所有调料加入，搅拌。
>
> ●上冷却过的绞肉机绞一次（大孔滤模）。
>
> ●倒入冷水，混合均匀。
>
> ●灌入肠衣，待用。

活动二 盐腌、卤泡和烟熏工艺应用

盐腌、卤泡和烟熏是古代的食物贮存的方法，现在则成为改善食物风味的技术。火腿、卤牛肉和烟三文鱼是盐腌、卤泡和烟熏技术的代表。

（一）盐腌

盐腌（Salt-Curing）是将原料通体撒上盐或盐、糖、硝、香料的混合物，利用渗透压的作用使原料脱去部分水分，抑制细菌的生长繁殖，并使滋味渗入原料的内

部。盐腌是较漫长的过程，以火腿为例，一般每磅火腿腌制约需 1 天半时间，这就意味着普通整只火腿的腌制需 2 ～ 3 周时间。盐腌主要用于猪肉及鱼类。

（二）卤泡

卤泡（Brining）是将肉浸入事先调制好的卤泡液中，卤泡液中一般有盐、糖、硝、香料和酒等，大多数卤泡液含盐量达 20%。现在，大多数肉品卤泡都使用注射的方法，即将卤泡液用注射器注入肉内部，使其迅速均匀地分布。卤牛肉就采用这种方法，大多数火腿也改用此法，然后再进行烟熏。

（三）烟熏

烟熏（Smoking）有两种基本方法，即冷熏和热熏。两者的不同主要在于：热熏使食物成熟，而冷熏则不能。两种熏法均在专门的熏箱内进行，熏箱一般有气用和电用两种，它一般由熏箱、发烟室、热源三部分构成。多种树木可用于食物的熏制，一般选用特殊的树木以获得独特的风味，山核桃木经常用于猪肉制品，桤木常用于三文鱼的熏制。另外，枫树木、栗子树木、杜松木等也常使用。但含树脂的树木，如松木因会带来苦味而不应使用。

冷熏。冷熏（Cold Smoking）在 10℃ ~ 29℃ 的温度下进行。肉、家禽、野味、水产品、芝士、果仁甚至蔬菜均可冷熏，大多数肉类冷熏前应盐腌或卤泡，一方面便于入味，更为重要的是能脱去肉中部分水分，从而使烟易于渗入内部。冷熏的食物实际上还是生的，三文鱼等无须进一步熟制就可直接食用，而培根、火腿等则必须熟制后才能食用。

热熏。热熏（Hot Smoking）在 93℃ ~ 121℃ 的温度下进行。和冷熏一样，可用于热熏的食物原料也很多，包括肉类、家禽、野味、水产品，热熏前也需盐腌或卤泡。虽然大多数热熏食物已完全成熟，但有时还需进一步加热后才可食用。

烟熏三文鱼（Smoked Salmon）

配料：

三文鱼柳（带皮）半片，粗盐 80 克，红糖 80 克，威士忌 30 毫升，绿茶 100 克

图9-11 烟熏三文鱼

制作步骤：

● 将三文鱼整理干净，拔去大刺。

● 盐、糖、威士忌混合，浇至三文鱼上，腌渍过夜。

● 第二天，将鱼取出，分切成段，依次排放于金属架上（皮向下）。

● 取一烤盘，铺一层锡箔，撒入茶叶，将金属架移入烤盘。

● 将烤盘置于火上加热，待茶叶发烟时，另取同样大小烤盘一只反扣在上面，压紧，确保烟不散失。

● 转文火继续加热，10分钟后，将鱼取出（图9-11）。

课 堂 思 考

常用肉酱有哪几种？有何不同？

拓展知识 搜索

Garde Manger

　　Garde Manger，法语，原指冷菜厨房。"Garde Manger"一词起源于法国大革命前，当时，有大量食物储备被看作权力、财富和地位的象征，而食物保存和使用监管的职责被解释为"Garde Manger"。因为地底下温度较低，适合食物保存，所以城堡或家庭里储存食物之地通常位于地下室等处，随着时间的推移，它们渐渐演变成现代的冷菜厨房或叫"冻房"。

　　现在也指冷菜或负责制作冷菜的大厨（也称Chef Garde Manger，英语Pantry Chef）。按照法国传统厨房队伍体系的架构，烹饪大师艾斯可菲对冷菜大厨的定位是，负责一切冷食的制作，包括色拉与色拉调味汁、冷肉与冷肉盘、芝士盘、水果和蔬菜盘、三明治、冷餐前开胃品等。高档饭店或大型餐厅，冷菜大厨还负责大型创意装饰品的制作，如冰雕、芝士或油脂类装饰品等。

模块小结

本模块主要系统介绍冷菜制作工艺，分别就色拉、三明治、冷肉制品的制作要求、流程和方法进行详细的阐述和剖解。色拉色彩鲜艳，风味自然，富有营养，所以相当流行，它一般由底垫、主体、装饰配料、调味料4部分构成；三明治是制作简单便捷的快餐食物，它由面包、涂抹酱、夹心3部分构成；冷肉制品尤其是肉批、肉冻的制作技术难度较大，在投料比例、温度、卫生、用具上均有很高的要求。

❓ 思考与训练

一、课后练习

（一）填空题

1.最基本的色拉调味汁有＿＿＿＿＿、＿＿＿＿＿、＿＿＿＿＿3种。

2.色拉通常有＿＿＿＿＿、＿＿＿＿＿、＿＿＿＿＿和＿＿＿＿＿4类。

3.色拉一般由＿＿＿＿＿、＿＿＿＿＿、＿＿＿＿＿和＿＿＿＿＿4部分组成。

4.三明治通常由＿＿＿＿＿、＿＿＿＿＿和＿＿＿＿＿3部分组成。

5.熏箱一般有气用和电用两种，它一般由＿＿＿＿＿、＿＿＿＿＿和＿＿＿＿＿3部分构成。

（二）选择题

1.每只蛋黄可以乳化的油量是有限度的，通常一只蛋黄包含的卵磷脂足够乳化的油量是（　　）。

A. 200毫升　　　　B. 300毫升　　　　C. 400毫升　　　　D. 500毫升

2. 不同的调味汁适用于不同的色拉菜，蛋黄酱类调味汁适合配（　　）。

A. 一切色拉菜　　　　B. 质地细嫩的色拉菜

C. 质硬的色拉菜　　　D. 质地软嫩的色拉菜

3. 比萨起源于意大利的（　　）。

A. 米兰　　　　　　B. 罗马　　　　　C. 那不勒斯　　　　D. 佛罗伦萨

4. 为使肉酱恰当乳化，各原料温度不得高于（　　）。

A. 15℃　　　　　　B. 10℃　　　　　C. 8℃　　　　　　D. 4℃

5. 冷熏的温度范围一般在（　　）。

A. 5℃～10℃　　　B. 10℃～29℃　　C. 30℃～40℃　　D. 40℃～50℃

（三）问答题

1. 什么是色拉？有何用途？

2. 如何正确加工处理色拉菜？

3. 简述油醋汁的调制过程。

4. 简述蛋黄酱的调制过程。

5. 常用蛋黄酱的衍生调味汁有哪些？

6. 油醋汁与乳化油醋汁有何不同？

7. 三明治有哪几类？

8. 三明治怎样分切成形和配菜？

9. 特林与肉批有何不同？

10. 说说冷熏与热熏的异同。

二、拓展训练

（一）运用所学技能，每人创制色拉1款。

（二）根据三明治的构成，每人研制三明治1款。

开胃品制作工艺

开胃品应用广泛，常见于正餐前、鸡尾酒会、下午茶等场合。其制作工艺有其特殊性，尤其对制作者的食材组合的创意、造型和色彩搭配等艺术天赋有较高的要求。通过学习训练，让学生掌握开胃品的基本制作技能，同时培养学生的新品开发能力和艺术表现能力。

本模块主要学习开胃品制作工艺，按冷开胃品、热开胃品分别进行讲解示范。围绕两个工作任务开展训练，制作基本冷、热开胃品，熟练掌握开胃品制作技能。

学习目标

知识目标

1. 了解开胃品制作基本要求，掌握相关专业术语及其外文名。
2. 了解开胃品基本种类，熟悉不同冷、热开胃品的制作工艺及操作关键。

能力目标

1. 能根据开胃品的特点和工艺要求，熟练制作常用冷、热开胃品。
2. 能根据需求和标准，设计小型鸡尾酒会、正餐开胃品菜单。

任务分解

任务一　冷开胃品制作

任务二　热开胃品制作

迎接新生的鸡尾酒会

　　酒店职业院校迎接新生的活动是具有行业和专业特色的，某学校烹饪系西餐工艺专业首次尝试了鸡尾酒会。在专业老师的指导下，二年级全体学生根据所掌握的专业知识和技能，策划了迎新鸡尾酒会，设计了鸡尾酒会菜单，安排了4冷2热6款开胃小食和饮品。下午3：30，迎新鸡尾酒会在理实一体化教室举行。全体新生应邀来到现场，看到陌生的环境、陌生的人、陈列着的精美小食，新生们个个既好奇又略显紧张。在学长们的介绍、引领下，新生们放松了下来，开始交谈、熟悉起来。新生们对现场的美食产生了浓厚兴趣，问了很多问题，学长们一一耐心作答。看到实训教学区几位学长正在制作当天的开胃小食，新生们纷纷围拢过去，跃跃欲试。此时，专业教师也参与了进来，师生们边品尝美食，边轻松地交流起来。一小时的迎新活动在不知不觉中结束了，虽然短暂，大家在轻松的氛围中消除了陌生感，特别是新生对自己的专业有了初步的感性认识，大家对未来的专业学习充满了期待。

案 例 分 析

　　1. 什么是鸡尾酒会？为什么将这种形式用作迎新会？
　　2. 什么是开胃品？有何特点？
　　3. 请设计一套鸡尾酒会的开胃品菜单。

　　"Hors d'Oeuvre"是法语，即开胃品，是一种餐前食用的精致小巧的开胃小食物，可冷可热，一般由服务人员优雅地呈递给顾客或陈列在餐盘中由客人取食。开胃头盘（Appetizer/Starter）则是正餐的第一道菜。两者易混淆，但随着近年来简单健康饮食观的深入，两者渐趋合一，即有开胃品，则不再安排开胃头盘，或有开胃头盘，则不再安排开胃品。

　　"Hors d'Oeuvre"，原意为"厨房外围工作"，在传统厨房分工体系中，它是由服务人员负责为顾客准备的餐前小食物，而厨房仅负责生产正式菜点。但现在，它也归于厨房准备。根据食用温度不同，开胃品分为两大基本类型，即冷开胃品和热开胃品。冷开胃品由冷菜厨房制作，热开胃品则由主厨房制作。制作开胃品的基本要求：形状小巧，一般每只一口至二口；别具风味，但不过分强烈；外观精美诱人（包括色彩、造型）；在风味上应是正餐食物的补充，避免重复。

任务一　冷开胃品制作

任务目标 >>

能根据开拿批的构成制作开拿批；能根据鱼子酱的特性制配鱼子酱；能选用合适的蔬菜制作生鲜蔬菜；能根据不同食物选配并制作冷热蘸酱。

根据制作方法、基本原料或展示方式不同，冷开胃品（Cold Hor d'Oeuvre）可以分为四大基本种类，即开拿批、鱼子酱、生鲜蔬菜、蘸酱。

活动一　开拿批制作

开拿批，法文"Canapés"的音译，实际上是造型小巧的开口三明治，它由底托、涂抹酱和一种或多种装饰配料构成（图10-1）。

图10-1　开拿批

（一）开拿批的构成

1.底托

（1）常用底托。最常用的底托材料是面包片，通常刻成小巧有趣的形状并烤黄，几乎各种面包都可使用，但少数味浓烈的香料面包等不太适用，因为其可能影响涂抹酱或装饰配料的风味；小挞底（船形或圆形）、小泡芙壳及某些蔬菜，如樱桃番茄、蘑菇帽、比利时菊苣叶等，有时也用作底托；饼干和质脆的蔬菜片，如黄瓜或意大利青瓜，也是常用的底托材料。

（2）底托的基本要求。无论什么材料做底托，质地必须足够硬实，能支撑涂抹酱和装饰配料的重量。口味不能过分浓烈，否则会掩盖涂抹酱和装饰配料的滋味。

2. 涂抹酱

涂抹酱是涂抹于底托上的调味酱，为开拿批提供基本滋味。

（1）常用涂抹酱。常用的基本涂抹酱有风味黄油、奶油芝士或它们的混合物，即在软化的黄油或奶油芝士中混入不同的配料及调味料。另外，黏合色拉，如吞拿鱼色拉、虾泥或肝酱莫司也常用作涂抹酱。面包底托会吸收涂抹酱中的水分而变软，使用黄油涂抹酱则避免了这一问题，在使用非黄油类涂抹酱时，若先抹上一层薄薄的黄油，可阻止水分的渗入。当然最好的方法是，尽可能在临近食用时制作，以保持底托的脆硬度。

（2）涂抹酱的基本要求。

● 涂抹酱应当足够细腻，以便于涂抹或裱挤成形。

● 涂抹酱应软硬适中，既能裱挤成形，也能将底托和装饰配料黏合为一体。

● 涂抹酱的滋味应当是装饰配料的补充，并应刺激食欲，但又不能过分浓烈。

3. 装饰配料

装饰配料相当于三明治的夹心，对开拿批起美化装饰作用。

用作装饰配料的材料很广泛，它决定着涂抹酱的选用或作为涂抹酱的补充（表10-1）。同一种开拿批可用几种装饰配料，但必须服从于开拿批的形状、大小和用途。传统的装饰配料有卷成小玫瑰花形的烟熏三文鱼片、卷成牛角状的色拉米香肠（内部挤入涂抹酱）、形态自然的熟虾仁等。

表10-1 涂抹酱与装饰配料的搭配

涂 抹 酱	装 饰 配 料
鳀鱼黄油	煮老蛋、酸豆、青或黑橄榄片
蓝纹芝士	葡萄（切半）、核桃仁、烤牛肉卷、梨片、加伦子、西洋菜
鱼子酱黄油	鱼子酱、柠檬、蛋片、青葱
辣味火腿酱	酸黄瓜、芥末黄油、洋花萝卜片
辣根黄油	烟三文鱼、烤牛肉、烟鳟鱼、咸鲱鱼、酸豆、番茜
柠檬黄油	虾、蟹、鱼子酱、三文鱼、青葱、番茜、黑橄榄片
肝酱批	黑菌片、酸黄瓜
芥末黄油	烟熏肉、肉批、色拉米肠（牛角形）、酸黄瓜

续表

涂抹酱	装 饰 配 料
奶油芝士	烟熏三文鱼、沙丁鱼、番茜
虾仁黄油	余熟鲜贝或虾、鱼子酱、番茜
吞拿鱼色拉	酸豆、洋花萝卜片、酸黄瓜

（二）开拿批的工艺流程

以下过程适用于各种开拿批的制作，如选用面包作底托，从第一步开始，如选用其他材料作底托，则从第四步开始。

- 面包切去边皮，切成8毫米厚的片。
- 将面包片切（或刻）成所需的形状（图10-2）。
- 刷上黄油后烤黄，冷却待用（或者整片面包先刷黄油烤黄后再切成需要的形状）。
- 视情况，涂抹一薄层软黄油。
- 抹上涂抹酱，如果仅需一薄层，则使用抹刀，如需较厚或具装饰效果，可用裱花袋（嘴）裱挤（或整片面包刷黄油、烤黄、冷却、涂上涂抹酱，然后切成所需形状）。
- 根据需要按上装饰配料。
- 根据需要，刷（或喷）上啫喱水以增加光泽。

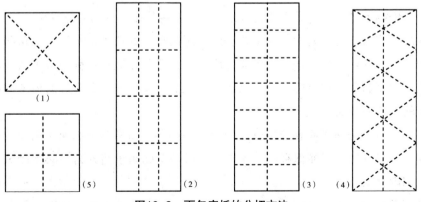

（1）　　　　（5）　　　　（2）　　　　（3）　　　　（4）

图10-2　面包底托的分切方法

番茄马苏里拉芝士开拿批
(Tomato and Mozzarella Canapés with Basil Pesto)

配料：

法包1根，橄榄油250毫升，新鲜紫苏叶200克，帕马森芝士碎60克，松子仁300克，蒜瓣（剁碎）2瓣，马苏里拉芝士460克，樱桃西红柿32只，盐、胡椒粉适量

制作步骤：

- 将法包斜切成1厘米厚的片（约32片）。
- 每片法包刷橄榄油，排放在烤盘内，送入180℃烤箱内烤至表面金黄，取出。
- 紫苏叶入开水中焯水2秒钟，迅速浸入冰水中。
- 将紫苏叶、帕马森芝士碎、松子仁、蒜一起粉碎，加剩余橄榄油，搅匀。
- 每片法包涂抹上紫苏橄榄油酱。
- 将马苏里拉芝士切成薄片，每只开拿批上放1片。
- 将樱桃西红柿切成均匀的片，排放在开拿批顶部做点缀（每只西红柿对应1只开拿批）。
- 撒盐和胡椒粉调味。

活动二　鱼子酱制作

鱼子酱（Caviar）是最奢华的开胃品之一，也被誉为"西方三大珍味"（另两者为鹅肝、松露）之一。鱼子酱是咸鱼卵，许多人将其作为首选的开胃品。

从颜色来看，鱼子酱常见的主要有红、黑两种。红鱼子酱选用三文鱼卵，黑鱼子酱则选用鲟鱼卵。只有来自鲟鱼卵制成的黑鱼子酱才能真正称为鱼子酱，其他鱼卵制成的鱼子酱一般都应标上鱼的品种，如三文鱼鱼子酱。最上等的鱼子酱由来自里海中的鲟鱼卵制成。

市面上有新鲜鱼子酱和经过巴氏消毒过的两种。新鲜鱼子酱保质期短，最多两个星期，一旦开封，只能保存3~4天。巴氏消毒的鱼子酱开封后必须冷藏，最好在一星期内食用完。

鱼子酱应原装上桌食用，或装于非金属碗中，碗下垫碎冰，伴以抹有黄油的吐

司、酸奶油。真正的美食家喜欢用瓷质或骨质等非金属餐具来取食鱼子酱。勺子则要用珍珠母贝做的专用鱼子酱勺。金属餐具是绝对不能用的，因为金属会与鱼子酱起反应导致鱼子酱带有金属味。

普通的鱼子酱常放置在冰上上桌食用，伴以红洋葱末、老蛋末（蛋、蛋黄分开）、柠檬汁、酸奶油和黄油吐司。

活动三 生鲜蔬菜制作

生鲜蔬菜（Crudités）指直接食用的生蔬菜或经焯水的蔬菜（图10-3）。最常用的蔬菜有西蓝花、花菜、胡萝卜、芹菜、芦笋（这些蔬菜需焯水）和黄瓜、意大利青瓜、洋花萝卜、樱桃西红柿、比利时菊苣叶、蘑菇、辣椒（这些蔬菜生食）。

生鲜蔬菜都应选用新鲜质佳的，形状应当精致诱人。食用时，通常伴以一种或多种蘸酱。

图10-3 生鲜蔬菜杯

生鲜蔬菜盘（Crudités Platter with Vegetable-Dill Dip）（4 客）

配料：

蔬菜：胡萝卜2根，西芹2根，黄瓜1根，樱桃西红柿8只

蘸酱：蛋黄酱100克，酸奶油100克，冬葱头（切碎）1只，胡萝卜（擦碎）1汤匙，新鲜莳萝碎1汤匙，盐适量

制作步骤：

- 将蘸酱材料一起混合均匀，盛装在调料盅里。
- 将胡萝卜、西芹、黄瓜切条，与樱桃西红柿一起摆放在盘子里。
- 与蘸酱一起上桌。

活动四 蘸酱制作

蘸酱（Dips）即配给菜肴蘸取食用的调味酱，冷热均有，一般用于生鲜蔬菜、饼干、吐司、面包等。

（一）冷蘸酱

冷蘸酱常用蛋黄酱、酸奶油或奶油芝士作基料制成。蛋黄酱类或酸奶油类蘸酱的制法与蛋黄酱类色拉调味汁基本一样，主要区别在于，蘸酱一般较厚。如用奶油芝士做蘸酱基料，应先将其打软，然后加入配料及调味料，包括切碎的熟蔬菜、熟水产品、香草、香料、蒜泥、洋葱碎，再加入牛奶、奶油、酸奶油或其他适当的液体，调节浓稠度。也有些冷蘸酱使用水果、蔬菜蓉作为基料。

文蛤蘸酱（Clam Dip）

配料：

> 奶油芝士 500 克，伍斯特少司 30 毫升，法国芥末酱 1 汤匙，酸奶油 500 克，
> 熟文蛤肉（剁碎）500 克，柠檬汁 30 毫升，盐、胡椒粉少许，辣椒汁少许，
> 葱花 50 克

制作步骤：

- 奶油芝士搅软。
- 加入伍斯特少司、芥末酱和酸奶油，搅至细滑。
- 倒入文蛤、柠檬汁、盐、胡椒粉和辣椒汁搅匀。
- 撒入葱花，拌匀。

（二）热蘸酱

热蘸酱常用贝夏梅尔少司、奶油少司或芝士少司作基料，加入某些配料，如剁碎的菠菜或贝甲类水产肉等调制而成。蘸酱上桌时一般装在少司盅、小碗或碗形的蔬菜叶、果壳中，热蘸酱则通常以保温盅盛载。

菠菜洋蓟蘸酱（Spinach and Artichoke Dip）

配料：

> 洋葱碎 45 克，蒜蓉 1 茶匙，清黄油 15 毫升，冻菠菜（去筋络剁碎）350 克，
> 罐头洋蓟芯（剁碎）230 克，奶油少司 500 毫升，伍斯特少司 5 毫升，帕马
> 森芝士碎 90 克，盐、胡椒粉适量，辣椒汁适量

制作步骤：

- ●将洋葱、蒜蓉用黄油炒软（不上色）。
- ●加入菠菜，炒热。
- ●倒入洋蓟、奶油少司、伍斯特少司、60克帕马森芝士碎，混合均匀。
- ●加盐、胡椒粉、辣椒汁调味。

任务二　热开胃品制作

任务目标　　　　　　　　　　　　　　　　》

能选用小挞底或小泡芙等作底制作迷你馅饼；能选用常用原料制作肉串；能选用常用原料制作肉丸；能选用不同馅心制作培根卷；能制作并开发其他常见的热开胃品。

热开胃品（Hot Hor d'Oeuvre）的品种很多，要列举穷尽是不可能的，这里仅介绍一些常用且制作简单的品种。

活动一　迷你馅饼制作

选用小挞底或小泡芙作底，装入肉类、家禽、水产品、蔬菜、蛋与奶的混合物，烘烤成熟即成。

菠菜培根挞（Spinach and Bacon Tartlets）

配料：

培根140克，洋葱（切碎）1只，菠菜叶250克，帕马森芝士碎70克，菲达芝士碎（feta）70克，鸡蛋6只，农夫芝士（cottage）70克，盐、胡椒粉适量，酥批面团240克

制作步骤：

- ●取24只挞仔模，用酥批面团捏成挞底，摆入烤盘。

- 用法兰盘将培根煎黄煎脆，取出，用餐巾纸吸干油分，切碎。
- 用原法兰盘将洋葱碎炒软，加入菠菜，翻炒 2～3 分钟，加培根碎，翻匀。
- 将炒过的菠菜均匀地分别装入每只挞底。
- 上面撒帕马森芝士、菲达芝士。
- 将鸡蛋打散，加入农夫芝士、盐、胡椒粉，搅匀，注入挞底。
- 送入 180℃烤箱内烤约 25 分钟，至馅完全成熟。
- 趁热食用。

活动二　肉串制作

常用于制作肉串（Brochette）的原料有肉类、家禽、野味、水产品及各种蔬菜，它们通常切成小方块，肉类、家禽也常切成条，先腌渍，再串在肉扦上，食前烘烤、铁扒或是炙烤，伴以蘸酱。

作为开胃品的肉串应很小，稍大于牙签。串肉时，肉扦两端应留有足够的余地，便于取用。如果使用木或竹签，最好在串肉前将其浸于水中，以免熟制时烧焦。

兔肉蘑菇串（Rabbit and Mushroom Skewers）（6 串）

配料：

兔肉 500 克，蘑菇帽 500 克，玫瑰玛丽香草枝 6 支，盐、胡椒粉少许，橄榄油 30 克

制作步骤：

- 兔肉切成 1.5 厘米的丁（18 只）。
- 蘑菇洗净，切成 1.5 厘米的小丁（12 只）。
- 将兔肉、蘑菇串在玫瑰玛丽香草枝上（每串 3 只兔肉、2 只蘑菇）。
- 撒盐、胡椒粉调味，刷上橄榄油，用中火扒黄扒熟。

活动三　肉丸制作

肉丸（Meatball）是流行的自助式热开胃品，一般选用绞制的牛肉、小牛肉、猪肉和禽肉制作，常伴以少司食用。最为著名的是瑞典肉丸，它是用牛肉或小牛肉和猪肉加鸡蛋、面包粉混合制成，伴以加莳萝香草的瓦鲁迪沙司或蘑菇沙司、红酒沙司及番茄少司等。

瑞典肉丸（Swedish Meatballs）

配料：

洋葱粒 100 克，黄油 30 克，绞牛肉 500 克，绞猪肉 500 克，新鲜面包粉 60 克，鸡蛋 2 只，盐、胡椒粉、豆蔻粉少许，柠檬皮屑 1/2 茶匙，浓缩布朗少司（热）500 毫升，厚奶油（热）100 毫升，鲜莳萝香草（剁碎）1 汤匙

制作步骤：

- 将洋葱炒软（不上色），冷却。
- 将洋葱与其他材料（布朗少司、莳萝香草除外）一起混合均匀。
- 将其搓成肉丸（25 ~ 30 克/只）。
- 送入 200℃烤炉烤至半熟，沥干。
- 布朗少司、奶油和莳萝香草混合，浇于肉丸上。
- 加盖后入 180℃烤炉烤至成熟。

活动四　培根卷制作

培根卷（Rumaki）传统的做法是用培根卷鸡肝，然后炙烤或烘烤成熟。现今，越来越多的原料都可用作培根卷的馅心，包括橄榄、泡西瓜皮、马蹄、菠萝、芦笋、枣子、扇贝、蜗牛、青口等。培根卷一般经炙烤、烘烤或炸熟后趁热食用。

马蹄培根卷（Water Chestnut Rumaki）（6 串）

配料：

切片培根 3 片，马蹄 6 只

制作步骤：

- 马蹄去皮（也可用听装去皮马蹄）。
- 培根等切为二段。
- 每半段培根卷一只马蹄，串在牙签上。
- 送入 200℃ 烤炉烤黄烤熟，趁热食用。

活动五　其他热开胃品制作

（一）千层酥类

将酥皮擀成 3 毫米厚的皮，卷入各种调好味的肉馅，然后烘烤成熟。

猪肉酥批卷（Sausage Roll）

配料：

基本肉酱 400 克，酥皮面团 400 克

制作步骤：

- 将酥皮面团擀成 3 毫米厚的面皮，移入烤盘，分切成 9 厘米 × 40 厘米的长方形。
- 将基本肉酱沿面皮长的一侧从一端码放至另一端，另一侧刷蛋液。
- 沿码放肉酱的一侧，将面皮卷起至另一侧，接头处向下，压紧。
- 表面刷蛋液，用锯刀均匀地划几刀，深至肉馅。
- 送入预热至 190℃ 的烤箱烤黄烤熟，取出改刀。

酥皮面团（Puff Pastry）

配料：

高筋粉140克，低筋粉60克，盐1/4茶匙，黄油（软化）50克，水125克，柠檬汁5克，黄油（裹入用）150克

制作步骤：

- 面粉过筛，与盐、黄油、水、柠檬汁混合，揉上劲，成光滑的面团，盖保鲜膜，静置30分钟。
- 将黄油整成正方形（若黄油较硬，则用擀锤敲软，软硬度和面团一致为佳）。
- 将面团擀成正方形（要大于黄油），中间略高，四角稍稍拉长。
- 将黄油斜放面团中间（黄油中线压在面团对角线上），拉起面团四角压紧。
- 将面团擀成长方形，三折法将其折叠，盖保鲜膜，静置30分钟以上（气温高时应送入冷藏冰箱）。
- 再将面团擀成长方形，重复三折法，静置30分钟以上。
- 再重复上述操作一次，总共折3次，入冰箱待用。

（二）蘑菇类

将蘑菇柄去掉，蘑菇帽作适当的初步熟处理，然后顶部向下，填入馅心，烘烤成熟（图10-4）。

图10-4　填馅蘑菇

填馅蘑菇（Stuffed Mushroom Caps）

配料：

白蘑菇（中等大小）30只，清黄油30毫升，洋葱碎60克，面粉7毫升，厚奶油60毫升，熟火腿碎60克，番茜碎15毫升，盐、胡椒粉适量，瑞士芝士碎60克

制作步骤：

- 将蘑菇洗净，切下柄部。取 6 只蘑菇帽，连同蘑菇柄一起切碎。
- 将剩余的蘑菇帽用少许黄油炒至半熟（质地仍较硬），取出待用。
- 煎锅内加入剩余黄油，将洋葱、蘑菇碎炒干。加面粉，炒约 1 分钟，加入奶油，小火加热约 2 分钟。倒入火腿、番茜碎，搅匀，加盐、胡椒粉调味。倒出待用。
- 待蘑菇馅稍冷却，将其填入蘑菇帽，撒芝士碎。
- 送入预热至 180℃ 的烤箱烘烤约 10 分钟，取出食用。

（三）小红土豆类

填入酸奶油和鱼子酱或罗克福特芝士和核桃仁。

填馅小红土豆

（ Red Potatoes with Walnuts and Gorgonzola ）

配料：

小红土豆 10 只，盐、胡椒粉适量，新鲜百里香叶 2 片，橄榄油 30 毫升，奶油芝士 130 克，意大利戈尔贡佐拉羊奶酪 50 克，培根粒（炒熟）15 克，酸奶油 60 克，核桃仁粒 25 克，伍斯特少司适量，辣椒汁适量，葱花适量

制作步骤：

- 将土豆一切为二，用挖球器挖出大部分肉。
- 撒盐、胡椒粉、百里香，淋橄榄油，翻匀。
- 将土豆排放在烤盘里（切口面朝下），送入 200℃ 的烤箱烘烤成熟（约 15 分钟），再将切口面反转向上。
- 将奶油芝士搅打软滑，加入戈尔贡佐拉羊奶酪、培根、酸奶油、核桃仁，混合均匀，加伍斯特少司、辣椒汁调味。
- 装入带平口花嘴的裱花袋，分别将馅挤入每半只土豆内，撒葱花。

（四）小朝鲜蓟

整形后焯水处理，填馅后烘烤成熟。

（五）文蛤弗打

文蛤肉清理后，挂上预制的面糊，炸熟即成。

（六）鸡翅

调味或腌渍后进行烤、炸、炙烤、铁扒。

水牛城鸡翅（Buffalo Wings）

配料：

> 鸡中翅24只，面粉200克，盐4茶匙，胡椒粉2茶匙，鸡蛋4只，牛奶80毫升，面包糠400克，辣椒汁4汤匙，白醋2汤匙，辣椒粉1茶匙，黄油4汤匙

制作步骤：

- 将辣椒汁、醋、辣椒粉、黄油混合均匀，即成鸡翅调味汁。
- 将面粉、盐、胡椒粉混合均匀。
- 将鸡蛋打散，加牛奶搅拌均匀。
- 将鸡翅拍面粉、挂蛋液、裹面包糠。
- 放入180℃的热油中炸黄炸熟。
- 蘸取调味汁食用。

注：本菜得名于其发源地美国纽约州的水牛城，它通常配以西芹段和蓝纹芝士蘸酱（图10-5）。

图10-5　水牛城鸡翅

蓝纹芝士蘸酱（Blue Cheese Dip）

配料：

> 奶油芝士 110 克，蓝纹芝士碎 35 克，酸奶油 3 汤匙，洋葱 1/4 只，盐少许

制作步骤：

- ●将洋葱放入粉碎机搅打，过滤取洋葱汁。
- ●将所有原料与洋葱汁倒入粉碎机，慢速搅打均匀，倒出。
- ●送冰箱冷藏待用。

随着菜点创新理念的普及和深入，开胃品也是新品辈出，多姿多彩，其设计制作没有固定的模式，可充分发挥想象力，但应掌握这样一条原则，即原料的搭配应当和谐，尤其滋味上应互为补充，不能相互掩盖。

课 堂 思 考

开胃品制作有哪些基本要求？

拓展知识 🔍 搜索

开胃品的安排与服务

开胃品其实不仅仅用作正餐前的开胃小食，在许多场合，也常常被用作唯一的供应食品，如鸡尾酒会。但是，不管是作餐前开胃小食还是独立供应，它们都必须制作精巧，展示雅致。

任何活动都有其主题，正式程度也不一样。满满篮筐的生鲜蔬菜，红薯片配蘸酱，蘸酱装在挖空的南瓜和包菜里……客人自行取用，这非常适合普通人庆丰收的活动；而经过精心制作的开拿批盛装在精美的银盘里，由穿着礼服戴着洁白手套的管家彬彬有礼地派送给客人，则适合上流社会的社交活动。所以，在设计、准备和服务开胃品时，要始终牢记活动的主题，并按此主题进行。

1. 品种与数量

选定开胃品时，应充分考虑不同风味、不同口感质地、不同风格样式的组合搭配。就品种而言，并无限制，对于大多数场合，冷、热开胃品各3～4个品种就已足够。而至于数量，一般情况下，即后面安排有正餐，则以每小时每人3～4只为宜；若在只提供开胃品的情况下，以每小时每人4～5只为宜。

2. 服务方式

（1）管家式服务。也称为派送服务，是由服务人员用托盘盛装，根据客人的喜好优雅地派送给客人的服务方式。开胃品可冷可热，但要足够小巧，便于客人食用，而无须刀叉。冷、热开胃品应当分开派送，以保证各自恰当的温度。

（2）自助式服务。就是事先将各种开胃品装盘陈列，由客人自己挑选取用。开胃品的陈列展示应当美观精致，诱人食欲。用作自助式的开胃品，冷热均可，设计菜单时，必须充分考虑到色彩、口感、风味的合理搭配。热开胃品常常保温在自助餐保温炉里，冷开胃品可以陈列在托盘、镜面、餐盘、篮筐里，甚至植物叶片、花垫纸上。

3. 装盘陈列

当用托盘、镜面等陈列开胃品时，应该造型精致美观，吸引客人眼球，最好配有诱人的主装饰品。食物最常用的陈列方法是，沿对角线、斜线、弧线平行摆放（图10-6）。值得一提的是，要简洁而简单，避免过分装饰和拥挤杂乱。

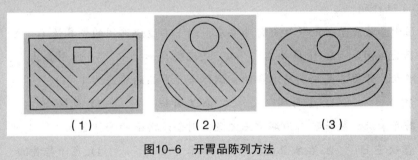

（1） （2） （3）

图10-6 开胃品陈列方法

模块小结

本模块主要系统介绍了开胃品的制作工艺，分别就冷、热开胃品的制作要求、流程和方法进行了详细的阐述和剖解。开胃品精致、小巧、诱人，为厨师提供了展示创新能力和食物装点艺术的绝佳机会，因此，我们应在全面掌握菜点制作知识和技艺的基础上，不断提升自身的美学和艺术修养。

❓ 思考与训练

一、课后练习

（一）填空题

1. 常见的冷开胃品有＿＿＿＿＿＿＿＿＿＿、＿＿＿＿＿＿＿＿＿＿、＿＿＿＿＿＿＿＿＿＿、＿＿＿＿＿＿＿＿＿＿ 4 类。

2. 开拿批由＿＿＿＿＿＿＿＿＿＿、＿＿＿＿＿＿＿＿＿＿、＿＿＿＿＿＿＿＿＿＿ 3 部分组成。

3. 鱼子酱有红、黑两种，红鱼子酱选用＿＿＿＿＿＿＿＿＿＿鱼卵，黑鱼子酱则选用＿＿＿＿＿＿＿＿＿＿鱼卵。

4. 冷蘸酱常用＿＿＿＿＿＿＿＿＿＿、＿＿＿＿＿＿＿＿＿＿或＿＿＿＿＿＿＿＿＿＿作基料制成。也有些冷蘸酱使用＿＿＿＿＿＿＿＿＿＿、＿＿＿＿＿＿＿＿＿＿作为基料。

5. 热蘸酱常用＿＿＿＿＿＿＿＿＿＿、＿＿＿＿＿＿＿＿＿＿或＿＿＿＿＿＿＿＿＿＿作基料，加入某些配料，如剁碎的菠菜或贝甲类水产肉等调制而成。

（二）选择题

1. 用于盛装鱼子酱的餐具有特殊要求，以下不适合选用的餐具是（　　）。

A. 陶瓷餐具　　　B. 金属餐具　　　C. 玻璃餐具　　　D. 冰制餐具

2. 现在，开胃品是由厨房准备的，制作冷开胃品的厨房为（　　）。

A. 冻房　　　B. 主厨房　　　C. 加工厨房　　　D. 包饼房

3. 若开拿批的装饰配料为烟熏三文鱼，则合适搭配的涂抹酱为（　　）。

A. 蓝纹芝士　　B. 吞拿鱼色拉　　C. 辣根芝士　　　D. 鱼子酱黄油

4. 若开拿批的装饰配料为色拉米肠（牛角形），则合适搭配的涂抹酱为（　　）。

A. 鹅肝批　　　B. 吞拿鱼色拉　　C. 虾仁黄油　　　D. 芥末黄油

5. 肉丸是流行的自助式热开胃品，最为著名的是（　　）。

A. 美国肉丸　　B. 挪威肉丸　　　C. 瑞士肉丸　　　D. 瑞典肉丸

（三）问答题

1. 什么是开胃品？它有哪些种类？

2. 什么是开拿批？各部分有哪些要求？

3. 简述开拿批的制作流程。

4. 普通的鱼子酱常搭配哪些食物？

5. 常用于制作生鲜蔬菜的蔬菜原料有哪些？

二、拓展训练

（一）开发开胃品 3 款。

（二）设计小型鸡尾酒会的开胃品菜单 1 份。

（三）设计正餐前开胃品菜单 1 份。

主要参考书目

[1] Sarah R. Labensky, Alan M. Hause. *On Cooking* [M]. Prentice–Hall, Inc. 1999.

[2] Philip Pauli. *Classical Cooking the Modern Way: Methods and Techniques* [M]. John Wiley & Sons, Inc.1999.

[3] 陆理民. 西餐烹调技术 [M]. 北京旅游教育出版社，2004 年.

[4] 韦恩·吉伦斯. 专业烹饪 [M]. 大连：大连理工大学出版社，2005 年.

[5] Chef Michael J. Mcgreal. *Culinary Arts* [M]. American Technical Publishers. Inc.2008.

[6] The Culinary Institute of America. *The Professional Chef* [M]. John Wiley & Sons, Inc, Hoboken, New Jersey, 2011.

项目策划：段向民
责任编辑：张芸艳
责任印制：谢　雨
封面设计：鲁　筱

图书在版编目（CIP）数据

西餐工艺与实训 / 陆理民主编. -- 北京：中国旅
游出版社, 2013.9（2021.8重印）
中国旅游院校五星联盟教材编写出版项目 中国骨干
旅游高职院校教材编写出版项目
ISBN 978-7-5032-4805-4

Ⅰ.①西…　Ⅱ.①陆…　Ⅲ.①西式菜肴－烹饪－高等
职业教育－教材　Ⅳ.①TS972.118

中国版本图书馆CIP数据核字（2013）第215040号

书　　　名：西餐工艺与实训

作　　　者：陆理民　主编
出版发行：中国旅游出版社
　　　　　　（北京静安东里6号　邮编：100028）
　　　　　　http://www.cttp.net.cn　E-mail: cttp@mct.gov.cn
　　　　　　营销中心电话：010-57377108，010-57377109
　　　　　　读者服务部电话：010-57377151
排　　　版：北京中文天地文化艺术有限公司
印　　　刷：河北省三河市灵山芝兰印刷有限公司
版　　　次：2013年9月第1版　2021年8月第5次印刷
开　　　本：720毫米×970毫米　1/16
印　　　张：21.5
字　　　数：380千
定　　　价：39.80元
I S B N　978-7-5032-4805-4

版权所有　翻印必究
如发现质量问题，请直接与营销中心联系调换